超人气 PPT 模版设计素材展示

毕业答辩类模板

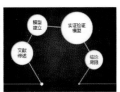   

  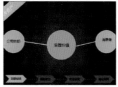  

教育培训类模板

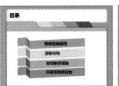 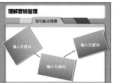   

 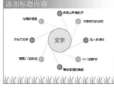   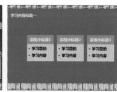

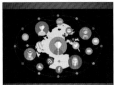
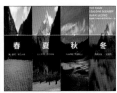

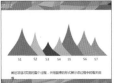

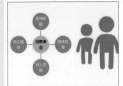

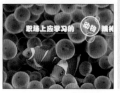

龙马高新教育

◎ 编著

Word/Excel/PPT
2016 办公应用
从入门到精通

北京大学出版社

PEKING UNIVERSITY PRESS

图书在版编目（CIP）数据

Word/Excel/PPT 2016 办公应用从入门到精通 / 龙马高新教育编著 .——
北京：北京大学出版社，2016.7
ISBN 978-7-301-27123-0

Ⅰ.① W… Ⅱ.①龙… Ⅲ.①办公自动化－应用软件 Ⅳ.① TP317.1

中国版本图书馆 CIP 数据核字 (2016) 第 101140 号

内容提要

本书通过精选案例引导读者深入学习，系统地介绍了用 Word/Excel/PPT 办公的相关知识和应用方法。

全书分为 5 篇，共 21 章。第 1 篇"Word 办公应用篇"主要介绍 Office 2016 的安装与设置、Word 的基本操作、使用图和表格美化 Word 文档及长文档的排版等；第 2 篇"Excel 办公应用篇"主要介绍 Excel 的基本操作、Excel 表格的美化、初级数据处理与分析、图表、数据透视表和透视图及公式和函数的应用等；第 3 篇"PPT 办公应用篇"主要介绍 PPT 的基本操作、图形和图表的应用、动画和多媒体的应用及放映幻灯片等；第 4 篇"行业应用篇"主要介绍 Office 在人力资源中的应用、在行政文秘中的应用、在财务管理中的应用及在市场营销中的应用等；第 5 篇"办公秘籍篇"主要介绍办公中不得不了解的技能及 Office 组件间的协作等。

在本书附赠的 DVD 多媒体教学光盘中，包含了 18 小时与图书内容同步的教学录像及所有案例的配套素材和结果文件。此外，还赠送了大量相关学习内容的教学录像及扩展学习电子书等。为了满足读者在手机和平板电脑上学习的需要，光盘中还赠送龙马高新教育手机 APP 软件，读者安装后可观看手机版视频学习文件。

本书不仅适合电脑初、中级用户学习，也可以作为各类院校相关专业学生和电脑培训班学员的教材或辅导用书。

书　　　名	Word/Excel/PPT 2016 办公应用从入门到精通
	Word/Excel/PPT 2016 BANGONG YINGYONG CONG RUMEN DAO JINGTONG
著作责任者	龙马高新教育 编著
责 任 编 辑	尹毅
标 准 书 号	ISBN 978-7-301-27123-0
出 版 发 行	北京大学出版社
地　　　址	北京市海淀区成府路 205 号　100871
网　　　址	http://www.pup.cn　　　新浪微博：@北京大学出版社
电 子 信 箱	pup7@pup.cn
电　　　话	邮购部 62752015　发行部 62750672　编辑部 62580653
印 刷 者	北京大学印刷厂
经 销 者	新华书店
	787 毫米 ×1092 毫米　16 开本　28 印张　660 千字
	2016 年 7 月第 1 版　2017 年 4 月第 6 次印刷
定　　　价	59.00 元

Word/Excel/PPT 2016 很神秘吗？

不神秘！

学习 Word/Excel/PPT 2016 难吗？

不难！

阅读本书能掌握 Word/Excel/PPT 2016 的使用方法吗？

能！

为什么要阅读本书

Office 是现代公司日常办公中不可或缺的工具，主要包括 Word、Excel、PowerPoint 等组件，被广泛地应用于财务、行政、人事、统计和金融等众多领域。本书从实用的角度出发，结合实际应用案例，模拟真实的办公环境，介绍 Word/Excel/PPT 2016 的使用方法和技巧，旨在帮助读者全面、系统地掌握 Word/Excel/PPT 在办公中的应用。

本书内容导读

本书共分为 5 篇，共设计了 21 章，内容如下。

第 0 章共 5 段教学录像，主要介绍了 Word、Excel、PPT 的最佳学习方法，使读者在阅读本书之前对 Office 有初步了解。

第 1 篇（第 1～4 章）为 Word 办公应用篇，共 86 段教学录像。主要介绍 Word 中的各种操作，通过对本篇的学习，读者可以掌握如何在 Word 中进行文字录入、文字调整、图文混排及在文字中添加表格和图表等操作。

第 2 篇（第 5～10 章）为 Excel 办公应用篇，共 140 段教学录像。主要介绍 Excel 中的各种操作，通过对本篇的学习，读者可以掌握如何在 Excel 中输入和编辑工作表，美化工作表，图表、数据透视表和透视图及公式和函数的应用等操作。

第 3 篇（第 11～14 章）为 PPT 办公应用篇，共 95 段教学录像。主要介绍 PPT 中的各种操作，通过对本篇的学习，读者可以学习 PPT 的基本操作、图形和图表的应用、动画和多媒体的应用及放映幻灯片等操作。

第 4 篇（第 15～18 章）为行业应用篇，共 16 段教学录像。主要介绍 Office 在人力资源、行政文秘、财务管理及市场营销中的应用等。

第 5 篇（第 19 ~ 20 章）为办公秘籍篇，共 25 段教学录像。主要介绍电脑办公中常用的技能，如打印机、复印机的使用等，及 Office 组件间的协作等。

选择本书的 N 个理由

❶ 简单易学，案例为主

以案例为主线，贯穿知识点，实操性强，与读者需求紧密吻合，模拟真实的工作学习环境，帮助读者解决在工作中遇到的问题。

❷ 高手支招，高效实用

每章最后提供有一定质量的实用技巧，满足读者的阅读需求，也能解决在工作学习中一些常见的问题。

❸ 举一反三，巩固提高

每章案例讲述完后，提供一个与本章知识点或类型相似的综合案例，帮助读者巩固和提高所学内容。

❹ 海量资源，实用至上

光盘中，赠送大量实用的模板、实用技巧及学习辅助资料等，便于读者结合光盘资料学习。另外，本书附赠《手机办公 10 招就够》手册，在强化读者学习的同时也可以为读者在工作中提供便利。

超值光盘

❶ 18 小时名师视频指导

教学录像涵盖本书所有知识点，详细讲解每个实例及实战案例的操作过程和关键点。读者可更轻松地掌握 Office 2016 软件的使用方法和技巧，而且扩展性讲解部分可使读者获得更多的知识。

❷ 超多、超值资源大奉送

随书奉送 Office 2016 软件安装指导录像、通过互联网获取学习资源和解题方法、办公类手机 APP 索引、办公类网络资源索引、Office 十大实战应用技巧、200 个 Office 常用技巧汇总、1000 个 Office 常用模板、Excel 函数查询手册、Office 2016 软件安装指导录像、Windows 10 安装指导录像、Windows 10 教学录像、《微信高手技巧随身查》手册、《QQ 高手技巧随身查》手册及《高效能人士效率倍增手册》等超值资源，以方便读者扩展学习。

❸ 手机 APP，让学习更有趣

光盘附赠了龙马高新教育手机 APP，用户可以直接安装到手机中，随时随地问同学、问专家，尽享海量资源。同时，我们也会不定期向你手机中推送学习中常见难点、使用技

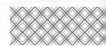

巧、行业应用等精彩内容，让你的学习更加简单有效。扫描下方二维码，可以直接下载手机 APP。

光盘运行方法

1. 将光盘印有文字的一面朝上放入光驱中，几秒钟后光盘就会自动运行。

2. 若光盘没有自动运行，可在【计算机】窗口中双击光盘盘符，或者双击 "MyBook.exe" 光盘图标，光盘就会运行。播放片头动画后便可进入光盘的主界面，如下图所示。

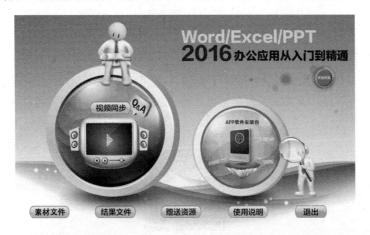

3. 单击【视频同步】按钮，可进入多媒体教学录像界面。在左侧的章节按钮上单击鼠标左键，在弹出的快捷菜单上单击要播放的小节，即可开始播放相应小节的教学录像。

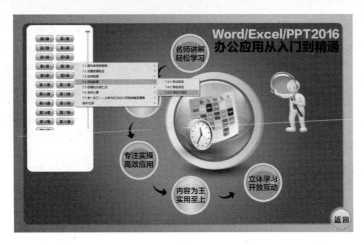

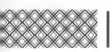

4．另外，主界面上还包括 APP 软件安装包、素材文件、结果文件、赠送资源、使用说明和支持网站 6 个功能按钮，单击可打开相应的文件或文件夹。

5．单击【退出】按钮，即可退出光盘系统。

本书读者对象

1．没有任何办公软件应用基础的初学者。

2．有一定办公软件应用基础，想精通 Office 2016 的人员。

3．有一定办公软件应用基础，没有实战经验的人员。

4．大专院校及培训学校的老师和学生。

后续服务：QQ 群（218192911）答疑

本书为了更好地服务读者，专门设置了 QQ 群为读者答疑解惑，读者在阅读和学习本书过程中可以把遇到的疑难问题整理出来，在"办公之家"群里探讨学习。另外，群文件中还会不定期上传一些办公小技巧，帮助读者更方便、快捷地操作办公软件。"办公之家"的群号是 218192911，读者也可直接扫描二维码加入本群，如下图所示。欢迎加入"办公之家"！

创作者说

本书由龙马高新教育策划，左琨任主编，李震、赵源源任副主编，为您精心呈现。您读完本书后，会惊奇地发现"我已经是 Office 办公达人了"，这也是让编者最欣慰的结果。

本书编写过程中，我们竭尽所能地为您呈现最好、最全的实用功能，但仍难免有疏漏和不妥之处，敬请广大读者不吝指正。若您在学习过程中产生疑问，或有任何建议，可以通过 E-mail 与我们联系。

我们的电子邮箱是：pup7@pup.cn。

目录
CONTENTS

第 0 章　Word/Excel/PPT 最佳学习方法

第 1 篇　Word 办公应用篇

第 1 章　快速上手——Office 2016 的安装与设置

本章 16 段教学录像

使用 Office 2016 软件之前，首先要掌握 Office 2016 的安装与基本设置，本章主要介绍软件的安装与卸载、启动与退出、Microsoft 账户、修改默认设置等操作。

高手支招

第 2 章　Word 的基本操作

本章 29 段教学录像

本章主要介绍输入文本、编辑文本、设置字体格式、段落格式、添加背景及审阅文档等内容。

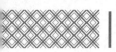
高手支招

第3章　使用图和表格美化 Word 文档

本章 16 段教学录像

　　在 Word 中可以通过插入艺术字、图片、自选图形、表格以及图表等展示文本或数据内容，本章就以制作店庆活动宣传页为例介绍使用图和表格美化 Word 文档的操作。

高手支招

第 4 章　Word 高级应用——长文档 的排版

本章 25 段教学录像

　　使用 Word 提供的创建和更改样式、插入页眉和页脚、插入页码、创建目录等操作，可以方便地对这些长文档排版。

第2篇 Excel 办公应用篇

第5章 Excel 的基本操作

📺 本章 33 段教学录像

　　Excel 2016 提供了创建工作簿、工作表、输入和编辑数据、插入行与列、设置文本格式、页面设置等基本操作，可以方便地记录和管理数据。

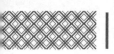
第 6 章 Excel 表格的美化

📽 本章 17 段教学录像

用 Excel 提供的设计艺术字效果、设置条件样式、添加数据条、应用样式及应用主题等操作，可以快速地对这类表格进行编辑与美化。

第 7 章 初级数据处理与分析

📽 本章 22 段教学录像

用 Excel 提供的设计艺术字效果、设置条件样式、添加数据条、应用样式及应用主题等操作，可以快速地对表格进行编辑与美化。

第 8 章 中级数据处理与分析
——图表

📽 本章 22 段教学录像

在 Excel 中使用图表不仅能使数据的统计结果更直观、更形象，还能够清晰地反映数据的变化规律和发展趋势，使用图表可以制作产品统计分析表、预算分析表、工资分析表、成绩分析表等。

第 9 章 中级数据处理与分析
——数据透视表和透视图

📽 本章 23 段教学录像

数据透视可以将筛选、排序和分类汇总等操作依次完成，并生成汇总表格，对数据的分析和处理有很大的帮助，熟练掌握数据透视表和透视图的运用，可以在处理大量数据时发挥巨大作用。

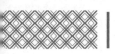
高手支招

第 10 章　高级数据处理与分析
——公式和函数的应用

本章 23 段教学录像

公式和函数是 Excel 的重要组成部分，有着强大的计算能力，为用户分析和处理工作表中的数据提供了很大的方便，使用公式和函数可以节省处理数据的时间，降低在处理大量数据时的出错率。

高手支招

第 3 篇　PPT 办公应用篇

第 11 章　PPT 的基本操作

本章 31 段教学录像

使用 PowerPoint 2016 提供的为演示文稿应用主题、设置格式化文本、图文混排、添加数据表格、插入艺术字等等操作，可以方便地对包含图片的演示文稿进行设计制作。

高手支招

第 12 章 图形和图表的应用

本章 20 段教学录像

使用 PowerPoint 2016 提供的自定义幻灯片母版、插入自选图形、插入 SmartArt 图形、插入图表等操作，可以方便地对这些包含图形图表的幻灯片进行设计制作。

高手支招

第 13 章 动画和多媒体的应用

本章 21 段教学录像

动画和多媒体室演示文稿的重要元素，在制作演示文稿的过程中，适当地加入动画和多媒体可以使演示文稿变得更加精彩。

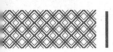
第 14 章　放映幻灯片

📽 本章 23 段教学录像

使用 PowerPoint 2016 提供的排练计时、自定义幻灯片放映、放大幻灯片局部信息、使用画笔来做标记等操作，可以方便地放映幻灯片。

第 4 篇　行业应用篇

第 15 章　在人力资源中的应用

📽 本章 4 段教学录像

人力资源管理是一项系统又复杂的组织工作，使用 Office 2016 系列组件可以帮助人力资源管理者轻松、快速地完成各种文档、数据报表及演示文稿的制作。

第 16 章　在行政文秘中的应用

📽 本章 4 段教学录像

　　本章主要介绍 Office 2016 在行政办公中的应用，包括排版公司奖惩制度文件、制作会议记录表、制作年会方案 PPT 等。

第 17 章　在财务管理中的应用

📽 本章 4 段教学录像

　　使用 PowerPoint 制作财务支出分析报告 PPT，通过本章学习，读者可以掌握 Word/Excel/PPT 在财务管理中的应用。

第 18 章　在市场营销中的应用

📽 本章 4 段教学录像

　　使用 PowerPoint 制作市场调查 PPT，通过本章学习，读者可以掌握 Word/Excel/PPT 在市场营销中的应用。

第 5 篇　办公秘籍篇

第 19 章　办公中不得不了解的技能

📽 本章 17 段教学录像

　　打印机是自动化办公中不可缺少的组成部分，是重要的输出设备之一，具备办公管理所需的知识与经验，能够熟练操作常用的办公器材，是十分必要的。

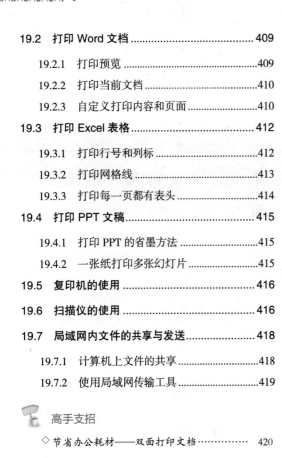

第 20 章　Office 组件间的协作

本章 8 段教学录像

　　使用 Office 组件间的协作进行办公，会发挥 Office 办公软件的最大能力。

第0章

Word/Excel/PPT 最佳学习方法

📖 本章导读

  Word 2016、Excel 2016、PowerPoint 2016是办公人士常用的Office系列办公组件，受到广大办公人士的喜爱，本章就来介绍Word/Excel/PPT的最佳学习方法。

✈ 思维导图

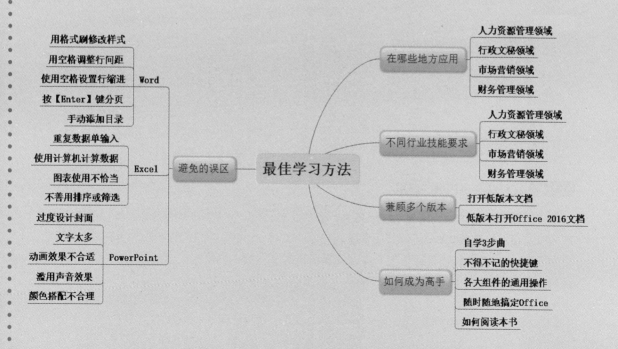

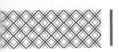

0.1 Word/Excel/PPT 都可以在哪些地方应用

Word 2016 可以实现文档的编辑、排版和审阅，Excel 2016 可以实现表格的设计、排序、筛选和计算，PowerPoint 2016 主要用于设计和制作演示文稿。

Word/Excel/PPT 主要应用于人力资源管理、行政文秘管理、市场营销和财务管理等领域。

1. 在人力资源管理领域的应用

人力资源管理是一项系统又复杂的组织工作。使用 Office 2016 系列应用组件可以帮助人力资源管理者轻松、快速地完成各种文档、数据报表及幻灯片的制作。如可以使用 Word 2016 制作各类规章制度、招聘启示、工作报告、培训资料等；使用 Excel 2016 制作绩效考核表、工资表、员工基本信息表、员工入职记录表等；使用 PowerPoint 2016 制作公司培训 PPT、述职报告 PPT、招聘简章 PPT 等。下图所示为使用 Word 2016 制作的公司培训资料文档。

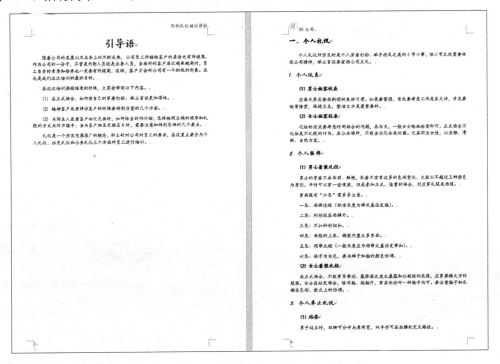

2. 在行政文秘领域的应用

在行政文秘管理领域需要制作出各类严谨的文档。Office 2016 系列办公软件提供有批注、审阅以及错误检查等功能，可以方便地核查制作的文档。如使用 Word 2016 制作委托书、合同等；使用 Excel 2016 制作项目评估表、会议议程记录表、差旅报销单等；使用 PowerPoint 2016 可以制作公司宣传 PPT、商品展示 PPT 等。下图所示为使用 PowerPoint 2016 制作的公司宣传 PPT。

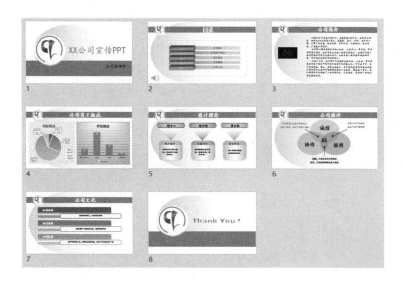

3. 在市场营销领域的应用

在市场营销领域，可以使用 Word 2016 制作项目评估报告、企业营销计划书等；使用 Excel 2016 制作产品价目表、进销存管理系统等；使用 PowerPoint 2016 制作投标书、市场调研报告 PPT、产品营销推广方案 PPT、企业发展战略 PPT 等。下图所示为使用 Excel 2016 制作的销售业绩工作表。

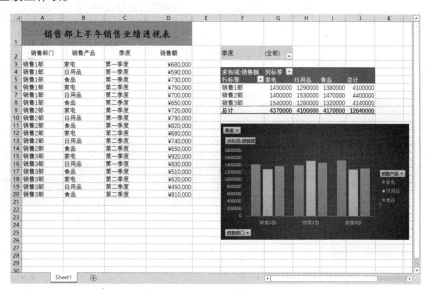

4. 在财务管理领域的应用

财务管理是一项涉及面广、综合性和制约性都很强的系统工程，通过价值形态对资金运动进行决策、计划和控制的综合性管理，是企业管理的核心内容。在财务管理领域，可以使用 Word 2016 制作询价单、公司财务分析报告等；使用 Excel 2016 可以制作企业财务查询表、成本统计表、年度预算表等；使用 PowerPoint 2016 制作年度财务报告 PPT、项目资金需求 PPT 等。下图所示为使用 Excel 2016 制作的住房贷款速查表。

0.2 不同行业对 Word/Excel/PPT 技能要求

不同行业的从业人员对 Word/Excel/PPT 技能的要求不同，下面就以人力资源、行政文秘、市场营销和财务管理等行业为例介绍不同行业必备的 Word、Excel 和 PPT 技能。

	Word	Excel	PPT
人力资源	1. 文本的输入与格式设置 2. 使用图片和表格 3. Word 基本排版 4. 审阅和校对	1. 内容的输入与设置 2. 表格的基本操作 3. 表格的美化 4. 条件格式的使用 5. 图表的使用	1. 文本的输入与设置 2. 图表和图形的使用 3. 设置动画及切换效果 4. 使用多媒体 5. 放映幻灯片
行政文秘	1. 页面的设置 2. 文本的输入与格式设置 3. 使用图片、表格、艺术字 4. 使用图表 5. Word 高级排版 6. 审阅和校对	1. 内容的输入与设置 2. 表格的基本操作 3. 表格的美化 4. 条件格式的使用 5. 图表的使用 6. 制作数据透视图和透视表 7. 数据验证 8. 排序和筛选 9. 简单函数的使用	1. 文本的输入与设置 2. 图表和图形的使用 3. 设置动画及切换修改 4. 使用多媒体 5. 放映幻灯片
市场营销	1. 页面的设置 2. 文本的输入与格式设置 3. 使用图片、表格、艺术字 4. 使用图表 5. Word 高级排版 6. 审阅和校对	1. 内容的输入与设置 2. 表格的基本操作 3. 表格的美化 4. 条件格式的使用 5. 图表的使用 6. 制作数据透视图和透视表 7. 排序和筛选 8. 简单函数的使用	1. 文本的输入与设置 2. 图表和图形的使用 3. 设置动画及切换修改 4. 使用多媒体 5. 放映幻灯片

续表

	Word	Excel	PPT
财务管理	1. 文本的输入与格式设置 2. 使用图片、表格、艺术字 3. 使用图表 4. Word 高级排版 5. 审阅和校对	1. 内容的输入与设置 2. 表格的基本操作 3. 表格的美化 4. 条件格式的使用 5. 图表的使用 6. 制作数据透视图和透视表 7. 排序和筛选 8. 财务函数的使用	1. 文本的输入与设置 2. 图表和图形的使用 3. 设置动画及切换修改 4. 使用多媒体 5. 放映幻灯片

0.3 万变不离其宗: 兼顾 Word/Excel/PPT 多个版本

Office 的版本由 2003 更新到 2016，新版本的软件可以直接打开低版本软件创建的文件。如果要使用低版本软件打开高版本软件创建的文档，可以先将高版本软件创建的文档另存为低版本类型，再使用低版本软件打开进行文档编辑。下面以 Word 2016 为例介绍。

1. Office 2016 打开低版本文档

使用 Office 2016 可以直接打开 2003、2007、2010、2013 格式的文件。将 2003 格式的文件在 Word 2016 文档中打开时，标题栏中会显示出【兼容模式】字样。

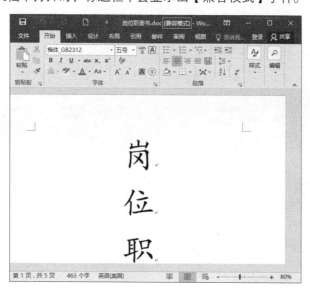

2. 低版本 Office 软件打开 Office 2016 文档

使用低版本 Office 软件也可以打开 Word 2016 创建的文件，只需要将其类型更改为低版本类型即可，具体操作步骤如下。

第1步 使用 Word 2016 创建一个 Word 文档，单击【文件】选项卡，在【文件】选项卡下的左

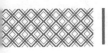

侧选择【另存为】选项，在右侧【这台电脑】选项下单击【浏览】按钮。

第2步 弹出【另存为】对话框，在【保存类型】下拉列表中选择【Word 97-2003 文档】选项，单击【保存】按钮即可将其转换为低版本。之后，即可使用 Word 2003 打开。

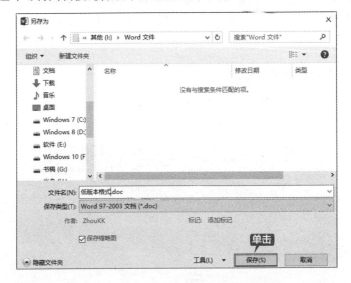

0.4 必须避免的 Word/Excel/PPT 办公使用误区

在使用 Word/Excel/PPT 办公软件办公时，一些错误的操作，不仅耽误文档制作的时间，影响办公效率，看起来还不美观，再次编辑时也不容易修改，下面就简单介绍一些办公中必须避免的 Word/Excel/PPT 使用误区。

1. Word

① 长文档中使用格式刷修改样式。

在编辑长文档时，特别是多达几十页或上百页的文档时，使用格式刷应用样式统一是不正确的，一旦需要修改该样式，则需要重新刷一遍，影响文档编辑速度，这时可以使用样式来管理，再次修改时，只需要修改样式，则应用该样式的文本将自动更新为新

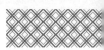

的样式。

② 用空格调整行距。

调整行间距或段间距时,可以通过【段落】对话框【缩进和间距】选项下【间距】组来设置行间距或段间距。

③ 使用空格设置段落首行缩进。

在编辑文档时,段前默认情况下需要首行缩进2个字符,切忌使用空格调整,可以在【段落】对话框【缩进和间距】选项下【缩进】组中来设置缩进。

④ 按【Enter】键分页。

使用【Enter】键添加换行符可以达到分页的目的,但如果在分页前的文本中删除或添加文字,添加的换行符就不能起到正确分页的作用,可以单击【插入】选项卡下【页面】组中的【分页】按钮或单击【布局】选项卡下【页面设置】组中的【分隔符】按钮,在下拉列表中添加分页符,也可以直接按【Ctrl+Enter】组合键进行分页。

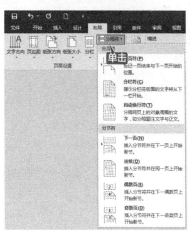

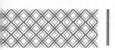

⑤ 手动添加目录。

Word 提供了自动提取目录的功能，只需要为需要提取的文本设置大纲级别并为文档添加页码，即可自动生成目录，不需要手动添加。

2. Excel

① 一个个输入大量重复或有规律的数据。

在使用 Excel 时，经常需要输入一些重复或有规律的大量数据，一个个输入会浪费时间，可以使用快速填充功能输入。

	A	B
1	2016/1/1	
2	2016/1/2	
3	2016/1/3	
4	2016/1/4	
5	2016/1/5	
6	2016/1/6	
7	2016/1/7	
8	2016/1/8	
9	2016/1/9	
10	2016/1/10	
11	2016/1/11	
12	2016/1/12	
13	2016/1/13	
14	2016/1/14	
15	2016/1/15	
16	2016/1/16	
17	2016/1/17	

② 使用计算机计算数据。

Excel 提供了求和、平均值、最大值、最小值、计数等简单易用的函数，满足用户对数据的简单计算，不需要使用计算机即可准确计算。

③ 图表使用不恰当。

创建图表时首先要掌握每一类图表的作用，如果要查看每一个数据在总数中所占的比例，这时如果创建柱形图就不能准确表达数据，因此，选择合适的图表类型很重要。

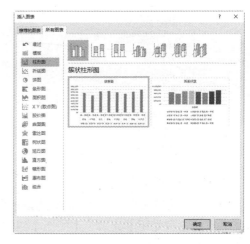

④ 不善用排序或筛选功能。

排序和筛选功能是 Excel 的强大功能之一，能够对数据快速按照升序、降序或自定义序列进行排序，使用筛选功能可以快速并准确筛选出满足条件的数据。

3. PowerPoint

① 过度设计封面。

一个用于演讲的 PPT，封面的设计水平和内页保持一致即可。因为第一页 PPT 停留在听众视线里的时间不会很久，演讲者需要尽快进入演说的开场白部分，然后是演讲的实质内容部分，封面不是 PPT 要呈现的重点。

② 把公司 Logo 放到每一页。

制作 PPT 时要避免把公司 Logo 以大图标的形式放到每一页幻灯片中，这样不仅干扰观众的视线，还容易引起观众的反感情绪。

③ 文字太多。

PPT 页面中放置大量的文字，不仅不美观，还容易引起听众的视觉疲劳，给观众留下念 PPT 而不是演讲的印象，因此，制作 PPT 时可以使用图表、图片、表格等展示文字，

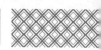

吸引观众。

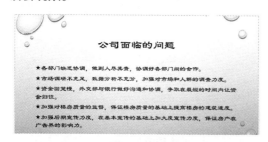

④ 选择不合适的动画效果。

使用动画是为了使重点内容等显得醒目，引导观众的思路，引起观众重视，可以在幻灯片中添加醒目的效果。如果选择的动画效果不合适，就会起到相反的效果。因此，使用动画的时候，要遵循动画的醒目、自然、适当、简化及创意原则。

⑤ 滥用声音效果。

进行长时间的讲演时，可以在中间幻灯片中添加声音效果，用来能吸引观众的注意力，防止听觉疲劳，但滥用声音效果，不仅不能使观众注意力集中，还会引起观众的厌烦。

⑥ 颜色搭配不合理或过于艳丽。

文字颜色与背景色过于近似，如下图中描述部分的文字颜色不够清晰。

0.5 如何成为 Word/Excel/PPT 办公高手

(1) Word/Excel/PPT 自学的三个步骤

学习 Word/Excel/PPT 办公软件，可以按照下面三步进行学习。

第一步：入门

① 熟悉软件界面。

② 学习并掌握每个按钮的用途及常用的操作。

③ 结合参考书能够制作出案例。

第二步：熟悉

① 熟练掌握软件大部分功能的使用。

② 能不使用参考书制作出满足工作要求的办公文档。

③ 掌握大量实用技巧，节省时间。

第三步：精通

① 掌握 Word/Excel/PPT 的全部功能，能熟练制作美观、实用的各类文档。

② 掌握 Word/Excel/PPT 软件在不同设备中的使用，随时随地办公。

(2) 快人一步：不得不记的快捷键

掌握 Word、Excel 及 PowerPoint 2016 中常用的快捷键可以提高文档编辑速度。

① Word 2016 常用快捷键。

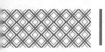
说明	按键
创建新文档	Ctrl+N
打开文档	Ctrl+O
关闭文档	Ctrl+W
保存文档	Ctrl+S
复制文本	Ctrl+C
粘贴文本	Ctrl+V
剪切文本	Ctrl+X
复制格式	Ctrl+Shift+C
粘贴格式	Ctrl+Shift+V
撤销上一个操作	Ctrl+Z
恢复上一个操作	Ctrl+Y
增大字号	Ctrl+Shift+>
减小字号	Ctrl+Shift+<
逐磅增大字号	Ctrl+]
逐磅减小字号	Ctrl+[
打开"字体"对话框更改字符格式	Ctrl+D
应用加粗格式	Ctrl+B
应用下划线	Ctrl+U
应用倾斜格式	Ctrl+I
向左或向右移动一个字符	向左键或向右键
向左移动一个字词	Ctrl+ 向左键
向右移动一个字词	Ctrl+ 向右键
向左选取或取消选取一个字符	Shift+ 向左键
向右选取或取消选取一个字符	Shift+ 向右键
向左选取或取消选取一个单词	Ctrl+Shift+ 向左键
向右选取或取消选取一个单词	Ctrl+Shift+ 向右键
选择从插入点到条目开头之间的内容	Shift+Home
选择从插入点到条目结尾之间的内容	Shift+End
显示【打开】对话框	Ctrl+F12 或 Ctrl+O
显示【另存为】对话框	F12
取消操作	Esc

② Excel 2016 快捷键。

按键	说明
Ctrl+Shift+:	输入当前时间
Ctrl+;	输入当前日期
Ctrl+1	显示【单元格格式】对话框
Ctrl+A	选择整个工作表
Ctrl+B	应用或取消加粗格式设置
Ctrl+C	复制选定的单元格
Ctrl+D	使用"向下填充"命令将选定范围内最顶层单元格的内容和格式复制到下面的单元格中

续表

按键	说明
Ctrl+F	显示【查找和替换】对话框，其中的"查找"选项卡处于选中状态
Ctrl+G	显示【定位】对话框
Ctrl+H	显示【查找和替换】对话框，其中的【替换】选项卡处于选中状态
Ctrl+I	应用或取消倾斜格式设置
Ctrl+K	为新的超链接显示【插入超链接】对话框，或为选定的现有超链接显示【编辑超链接】对话框
Ctrl+N	创建一个新的空白工作簿
Ctrl+O	显示【打开】对话框以打开或查找文件 按【Ctrl+Shift+O】组合键可选择所有包含批注的单元格
Ctrl+R	使用"向右填充"命令将选定范围最左边单元格的内容和格式复制到右边的单元格中
Ctrl+S	使用其当前文件名、位置和文件格式保存活动文件
F1	显示"Excel 帮助"任务窗格 按【Ctrl+F1】组合键将显示或隐藏功能区 按【Alt+F1】组合键可创建当前区域中数据的嵌入图表 按【Alt+Shift+F1】组合键可插入新的工作表
F2	编辑活动单元格并将插入点放在单元格内容的结尾。如果禁止在单元格中进行编辑，它也会将插入点移到编辑栏中 按【Shift+F2】组合键可添加或编辑单元格批注
F3	显示【粘贴名称】对话框。仅当工作簿中存在名称时才可用 按【Shift+F3】组合键将显示【插入函数】对话框
F4	重复上一个命令或操作（如有可能） 按【Ctrl+F4】组合键可关闭选定的工作簿窗口 按【Alt+F4】组合键可关闭 Excel
F11	在单独的图表工作表中创建当前范围内数据的图表 按【Shift+F11】组合键可插入一个新工作表
F12	显示【另存为】组合键对话框
箭头键	在工作表中上移、下移、左移或右移一个单元格
Backspace	在编辑栏中删除左边的一个字符 也可清除活动单元格的内容 在单元格编辑模式下，按该键将会删除插入点左边的字符
Delete	从选定单元格中删除单元格内容（数据和公式），而不会影响单元格格式或批注
Enter	从单元格或编辑栏中完成单元格输入，并（默认）选择下面的单元格 在数据表单中，按该键可移动到下一条记录中的第一个字段 在对话框中，按该键可执行对话框中默认命令按钮的操作 按【Alt+Enter】组合键可在同一单元格中另起一个新行 按【Ctrl+Enter】组合键可使用当前条目填充选定的单元格区域 按【Shift+Enter】组合键可完成单元格输入并选择上面的单元格

③ PowerPoint 2016 快捷键。

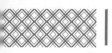
按键	说明
N Enter Page Down 右箭头（→） 下箭头（↓） 空格键	执行下一个动画或换页到下一张幻灯片
P Page Up 左箭头（←） 上箭头（↑） Backspace	执行上一个动画或返回到上一个幻灯片
B 或。（句号）	黑屏或从黑屏返回幻灯片放映
W 或，（逗号）	白屏或从白屏返回幻灯片放映
S 或 +（加号）	停止或重新启动自动幻灯片放映
Esc Ctrl+Break 连字符 (–)	退出幻灯片放映
E	擦除屏幕上的注释
H	到下一张隐藏幻灯片
T	排练时设置新的时间
O	排练时使用原设置时间
M	排练时使用鼠标单击切换到下一张幻灯片
Ctrl+P	重新显示隐藏的指针或将指针改变成绘图笔
Ctrl+A	重新显示隐藏的指针和将指针改变成箭头
Ctrl+H	立即隐藏指针和按钮
Shift+F10(相当于单击鼠标右键)	显示右键快捷菜单

（3）各大组件间的通用操作

Word、Excel 和 PowerPoint 中包含有很多通用的命令操作，如复制、剪切、粘贴、撤销、恢复、查找和替换等。下面以 Word 为例进行介绍。

① 复制命令。

选择要复制的文本，单击【开始】选项卡下【剪贴板】组中的【复制】按钮 🔲复制，或按【Ctrl+C】组合键都可以复制选择的文本。

② 剪切命令。

选择要剪切的文本，单击【开始】选项卡下【剪贴板】组中的【剪切】按钮 ✂剪切，或按【Ctrl+X】组合键都可以剪切选择的文本。

③ 粘贴命令。

复制或剪切文本后，将鼠标光标定位至要粘贴文本的位置，单击【开始】选项卡下【剪贴板】组中【粘贴】按钮 🔲 的下拉按钮，在弹出的下拉列表中选择相应的粘贴选项，或按【Ctrl+V】组合键都可以粘贴用户复制或剪切的文本。

| 提示 |::::::::::

【粘贴】下拉列表各项含义如下。

【保留原格式】选项：被粘贴内容保留原始内容的格式。

【匹配目标格式】选项：被粘贴内容取消原始内容格式，并应用目标位置的格式。

【仅保留文本】选项：被粘贴内容清除原始内容和目标位置的所有格式，仅保留文本。

④ 撤销命令。

当执行的命令有错误时，可以单击快速访问工具栏中的【撤销】按钮 ，或按【Ctrl+Z】组合键撤销上一步的操作。

⑤ 恢复命令。

执行撤销命令后，可以单击快速访问工具栏中的【恢复】按钮 ，或按【Ctrl+Y】组合键恢复撤销的操作。

提示

输入新的内容后，【恢复】按钮 会变为【重复】按钮 ，单击该按钮，将重复输入新输入的内容。

⑥ 查找命令。

需要查找文档中的内容时，单击【开始】选项卡下【编辑】组中的【查找】按钮右侧的下拉按钮，在弹出的下拉列表中选择【查找】或【高级查找】选项，或按【Ctrl+F】组合键查找内容。

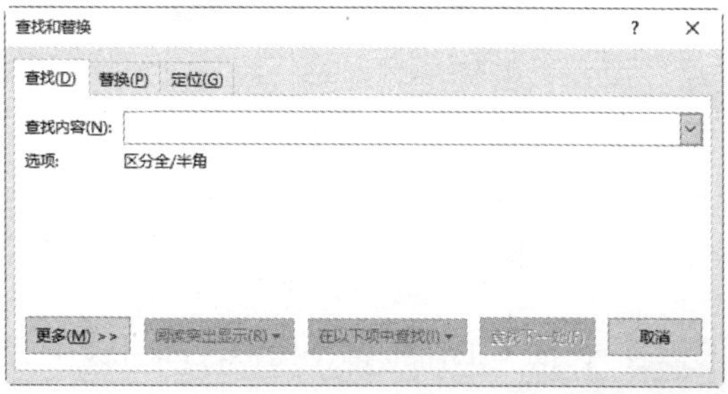

提示

选择【查找】选项或按【Ctrl+F】组合键，可以打开【导航】窗格查找。

选择【高级查找】选项可以弹出【查找和替换】对话框查找内容。

⑦ 替换命令。

需要替换某些内容或格式时，可以使用替换命令。单击【开始】选项卡下【编辑】组中的【替换】按钮，即可打开【查找和替换】对话框，在【查找内容】和【替换为】文本框中输入要查找和替换为的内容，单击【替换】按钮即可。

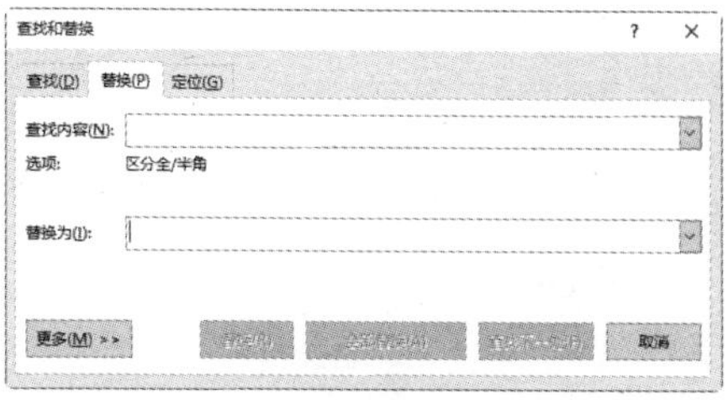

(4) 在办公室 / 路上 / 家里，随时随地搞定 Office

移动信息产品的快速发展，移动通信网络的普及，只需要一部智能手机或者平板电脑就可以随时随地进行办公，使得工作更简单、更方便。使用 OneDrive 即可实现在电脑和手持设备之间的随时传送。

① 在电脑上使用 OneDrive。

第 1 步 在【此电脑】窗口中选择【OneDrive】选项，或者在任务栏的【OneDrive】图标上单击鼠标右键，在弹出的快捷菜单中选择【打开你的 OneDrive 文件夹】选项，都可以打开【OneDrive】窗口。

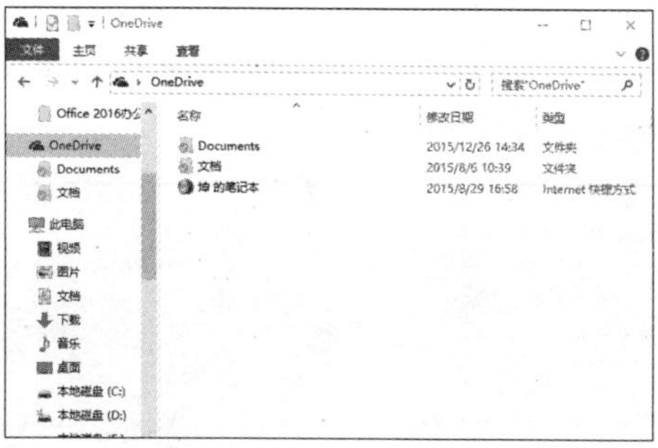

第 2 步 选择要上传的文档"工作报告.docx"文件，将其复制并粘贴至【文档】文件夹或者直接拖曳文件至【文档】文件夹中。

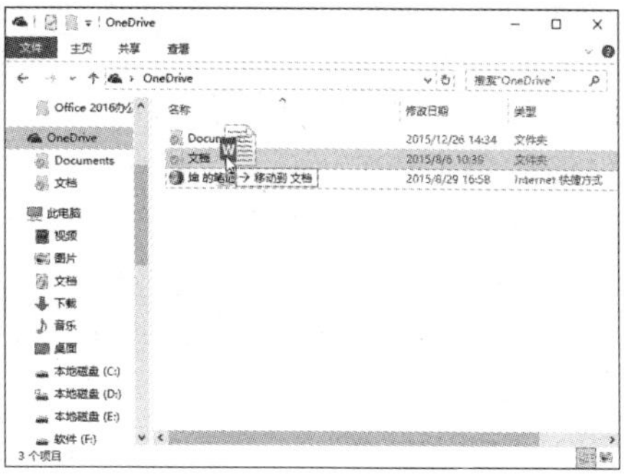

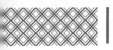
第3步 在【文档】文件夹图标上即显示刷新图标，表明文档正在同步。

第4步 在任务栏单击【上载中心】图标，在打开的【上载中心】窗口中即可看到上传的文件。

第5步 上载成功后，文件表会显示同步成功的标志，效果如下图所示。

② 在手机上使用 OneDrive。

OneDrive 不仅可以在 Windows Phone 手机中使用，还可以在 iPhone、Android 手机中使用，下面以在 iOS 系统设备中使用 OneDrive 为例介绍在手机设备上使用 OneDrive 的具体操作步骤。

第1步 在手机中安装并登录 OneDrive，即可进入 OneDrive 界面，选择要查看的文件，这里选择【文档】文件夹。

第2步 即可打开【文档】文件夹，查看文件夹内的文件，上传的工作报告文件也在文件夹内。

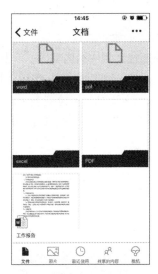

第3步 长按"工作报告"图标，即可选中文件并调出对文件可进行的操作命令。

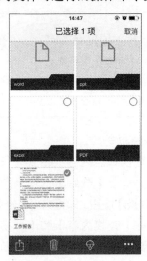

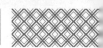

③ 在手机中打开 OneDrive 中的文档。

下面就以在手机上通过 Microsoft Word 打开 OneDrive 中保存的文件并进行编辑、保存的操作为例介绍随时随地办公的操作。

第1步 下载并安装 Microsoft Word 软件。并在手机中使用同一账号登录，即可显示 OneDrive 中的文件。

第2步 单击"工作报告 .docx"文档，即可将其文件下载至手机。

第3步 下载完成后会自动打开该文档，效果如下图所示。

第4步 对文件中的字体进行简单的编辑，并插入工作表，效果如下图所示。

第5步 编辑完成后，单击左上角的【返回】按钮⊖即可自动保存文档至 OneDrive。

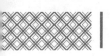

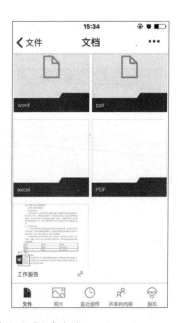

(5) 如何阅读本书

本书以学习 Word/Excel/PPT 的最佳结构

来分配章节，第 0 章可以使读者了解 Word/Excel/PPT 的应用领域记忆如何学习 Word/Excel/PPT。第 1 篇可使读者掌握 Word 2016 的使用方法，包括安装与设置 Office 2016、Word 基本操作、使用图片和表格及长文档的排版。第 2 篇可使读者掌握 Excel 2016 的使用，包括 Excel 的基本操作、表格的美化、数据的处理与分析、图表、数据透视图与数据透视表、公式和函数的应用等。第 3 篇可使读者掌握 PPT 的办公应用，包括 PPT 的基本操作、图表和图形的应用、动画和多媒体的应用、放映幻灯片等。第 4 篇通过行业案例介绍 Word/Excel/PPT 在人力资源、行政文秘、财务管理及市场营销中的应用。第 5 篇可使读者掌握办公秘籍，包括办公设备的使用以及 Office 组件间的协作。

Word 办公应用篇

　　本篇主要介绍了 Word 中的各种操作，通过本篇的学习，读者可以学习如何在 Word 中进行文字录入、文字调整、图文并排及在文字中添加表格和图表等操作。

第1章

快速上手——Office 2016 的安装与设置

本章导读

　　使用 Office 2016 软件之前，首先要掌握 Office 2016 的安装与基本设置。本章主要介绍软件的安装与卸载、启动与退出、Microsoft 账户、修改默认设置等操作。

思维导图

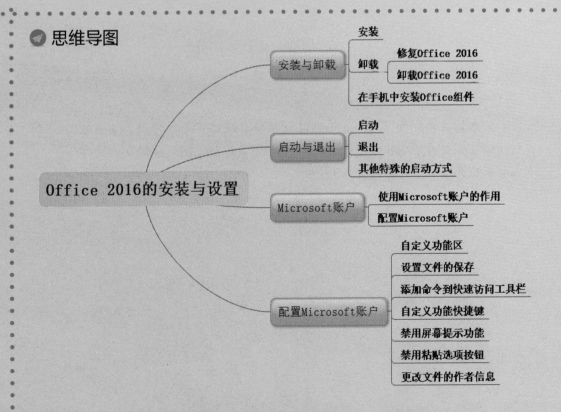

1.1 Office 2016 的安装与卸载

软件使用之前，首先要将软件移植到电脑中，此过程为安装；如果不想使用此软件，可以将软件从电脑中清除，此过程为卸载。本节介绍 Office 2016 三大组件的安装与卸载。

1.1.1 安装

在使用 Office 2016 之前，首先需要掌握 Office 2016 的安装操作，安装 Office 2016 之前，计算机硬件和软件的配置要达到以下要求。

处理器	1Ghz 或更快的 x86 或 x64 位处理器（采用 SSE2 指令集）
内存	1GB RAM（32 位）；2GB RAM（64 位）
硬盘	3.0 GB 可用空间
显示器	图形硬件加速需要 DirectX10 显卡和 1024 像素 x 576 像素分辨率
操作系统	Windows 7 SP1、Windows 8.1、Windows 10 以及 Windows 10 Insider Preview
浏览器	Microsoft Internet Explorer 8、9 或 10；Mozilla Firefox 10.x 或更高版本；Apple Safari 5；或 Google Chrome 17.x
.NET 版本	3.5、4.0 或 4.5
多点触控	需要支持触摸的设备才能使用任何多点触控功能。但始终可以通过键盘、鼠标或其他标准输入设备或可访问的输入设备使用所有功能

电脑配置达到要求后就可以安装 Office 2016 软件。安装 Office 2016 比较简单，双击 Office 2016 的安装程序，系统即可自动安装 Office 2016，稍等一段时间，即可成功安装 Office 2016 软件。

> **提示**
>
> 安装 Office 2016 的过程中不需要选择安装的位置以及安装哪些组件，默认安装所有组件。

1.1.2 卸载

如果使用 Office 2016 的过程中程序出现问题，可以修复 Office 2016，不需要使用时可以将其卸载。

1. 修复 Office 2016

安装 Office 2016 后，当 Office 使用过程中出现异常情况，可以对其进行修复。

单击【开始】→【Windows 系统】→【控

制面板】菜单命令。

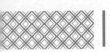
第1步 打开【控制面板】窗口，单击【程序和功能】连接。

第2步 打开【程序和功能】对话框，选择【Microsoft Office 专业增强版 2016 － zh-cn】选项，单击【更改】按钮。

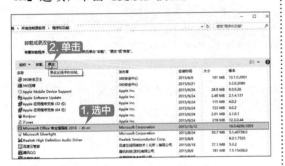

第3步 在弹出的【Office】对话框中单击选中【快速修复】单选项，单击【修复】按钮。

第4步 在【准备好开始快速修复】界面单击【修复】按钮，即可自动修复 Office 2016。

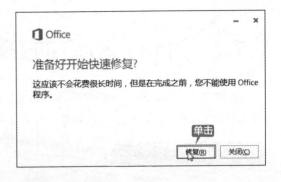

2. 卸载 Office 2016

第1步 打开【程序和功能】对话框，选择【Microsoft Office 专业增强版 2016 － zh-cn】选项，单击【卸载】按钮。

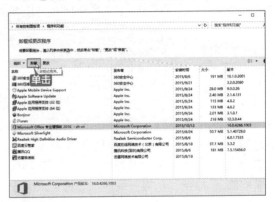

第2步 在弹出的对话框中单击【卸载】按钮即可开始卸载 Office 2016。

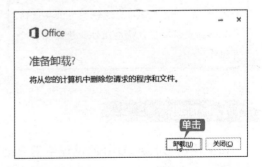

1.1.3 在手机中安装 Office 组件

Office 2016 推出了手持设备版本的 Office 组件，支持 Android 手机、Android 平板电脑、iPhone、iPad、Windows Phone、Windows 平板电脑，下面就以在安卓手机中安装 Word 组件为例进行介绍。

第1步 在 Android 手机中打开任意一个下载软件的应用商店，如腾讯应用宝、360 手机助手、

百度手机助手等，这里打开 360 手机助手程序，并在搜索框中输入"Word"，单击【搜索】按钮，即可显示搜索结果。

第2步 在搜索结果单击【微软 Office Word】下的【下载】按钮，即可开始下载 Microsoft Word 组件。

第3步 下载完成，将打开安装界面，单击【安装】按钮。

第4步 安装完成，在【安装成功】界面单击【打开】按钮。

第5步 即可打开并进入手机 Word 界面。

| 提示 |

使用手机版本 Office 组件时需要登录 Microsoft 账户。

1.2 Office 2016 的启动与退出

使用 Office 办公软件编辑文档之前，首先需要启动软件，使用完成，还需要退出软件。本节以 Word 2016 为例，介绍启动与退出 Office 2016 的操作。

1.2.1 启动

使用 Word 2016 编辑文档，首先需要启动 Word 2016。启动 Word 2016 的具体操作步骤如下。

第1步 单击【开始】→【所有应用】→【Word 2016】命令。

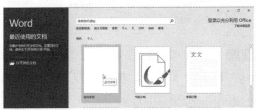

第3步 即可新建一个空白文档。

第2步 即可启动 Word 2016，在打开的界面中单击【空白文档】选项。

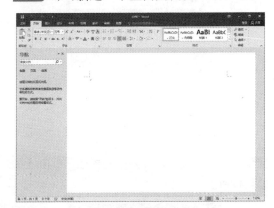

1.2.2 退出

不使用 Word 2016 时就可以将其退出，退出 Word 2016 文档有以下 4 种方法。

① 单击窗口右上角的【关闭】按钮。

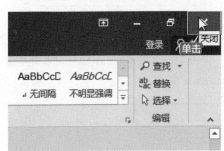

② 在文档标题栏上单击鼠标右键，在弹出的控制菜单中选择【关闭】菜单命令。

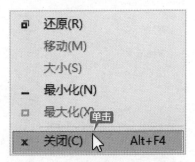

③ 单击【文件】选项卡下的【关闭】选项。

④ 直接按【Alt+F4】组合键。

1.2.3 其他特殊的启动方式

除了使用正常的方法启动 Word 2016 外，还可以在 Windows 桌面或文件夹的空白处单击鼠标右键，在弹出的快捷菜单中选择【新建】→【Microsoft Word 文档】命令。执行该命令后即可创建一个 Word 文档，用户可以直接重新命名该新建文档。双击该新建文档，Word 2016 就会打开这篇新建的空白文档。

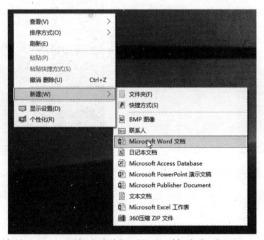

此外，双击电脑中存储的".docx"格式文档，也可以快速启动 Office 2016 软件并打开该文档。

1.3 随时随地办公的秘诀——Microsoft 账户

使用 Office 2016 登录 Microsoft 账户可以实现通过 OneDrive 同步文档，便于文档的共享与交流。

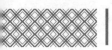
1. 使用 Microsoft 账户的作用

① 使用 Microsoft 账户登录微软相关的所有网站，可以和朋友在线交流，向微软的技术人员或者微软 MVP 提出技术问题，并得到他们的解答。

② 利用微软账户注册微软 OneDrive（云服务）等应用。

③ 在 Office 2016 中登录 Microsoft 账户并在线保存 Office 文档、图像和视频等，可以随时通过其他 PC、手机、平板电脑中的 Office 2016，对它们进行访问、修改以及查看。

2. 配置 Microsoft 账户

登录 Office 2013 不仅可以随时随地处理工作，还可以联机保存 Office 文件，但前提是需要拥有一个 Microsoft 账户并且登录。

第1步 打开 Word 文档，单击软件界面右上角的【登录】链接。弹出【登录】界面，在文本框中输入电子邮件地址，单击【下一步】按钮。

第2步 在打开的界面输入账户密码，单击【登录】按钮，即可登录账户。

> **提示**
>
> 如果没有 Microsoft 账户，可单击【立即注册】链接，注册账号。

第3步 登录后单击【文件】选项卡，在弹出的界面左侧选择【账户】选项，在右侧将显示账户信息，在该界面中可更改照片、注销、切换账户，设置背景及主题等操作。

1.4 提高你的办公效率——修改默认设置

Office 2016 各组件可以根据需要修改默认的设置，设置的方法类似。本节以 Word 2016 软件为例来讲解 Office 2016 修改默认设置的操作。

1.4.1 自定义功能区

功能区中的各个选项卡可以由用户自定义设置,包括命令的添加、删除、重命名、次序调整等。

第 1 步 在功能区的空白处单击鼠标右键,在弹出的快捷菜单中选择【自定义功能区】选项。

第 2 步 打开【Word 选项】对话框,单击【自定义功能区】选项下的【新建选项卡】按钮。

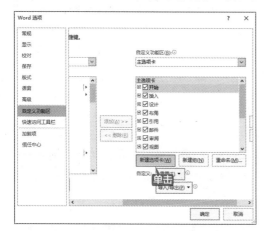

第 3 步 系统会自动创建一个【新建选项卡】和一个【新建组】选项。

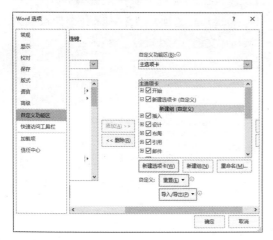

第 4 步 单击选中【新建选项卡(自定义)】选项,单击【重命名】按钮,弹出【重命名】对话框。

在【显示名称】文本框中输入"附加选项卡"字样,单击【确定】按钮。

第 5 步 单击选中【新建组(自定义)】选项,单击【重命名】按钮,弹出【重命名】对话框。在【显示名称】文本框中输入"学习"字样,单击【确定】按钮。

第 6 步 返回【Word 选项】对话框,即可看到选项卡和选项组已被重命名,单击【从下列位置选择命令】右侧的下拉按钮,在弹出的列表中选择【所有命令】选项,在列表框中选择【词典】选项,单击【添加】按钮。

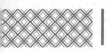

第7步 此时就将其添加至新建的【附加】选项卡下的【学习】组中。

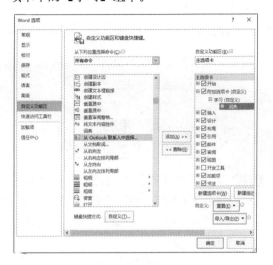

第8步 单击【确定】按钮，返回至 Word 界面，即可看到新增加的选项卡、选项组及按钮。

1.4.2 设置文件的保存

保存文档时经常需要选择文件保存的位置及保存类型，如果需要经常将文档保存为某一类型并且保存在某一个文件夹内，可以在 Office 2016 中设置文件默认的保存类型及保存位置，具体操作步骤如下。

第1步 在打开的 Word 2016 文档中选择【文件】选项卡，选择【选项】选项。

第2步 打开【Word 选项】对话框，在左侧

选择【保存】选项，在右侧【保存文档】区域单击【将文件保存为此格式】后的下拉按钮，在弹出的下拉列表中选择【Word 文档（*.docx）】选项，将默认保存类型设置为"Word 文档（*.docx）"格式。

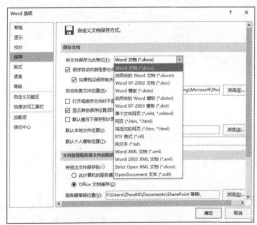

第3步 单击【默认本地文件位置】文本框后的【浏览】按钮。

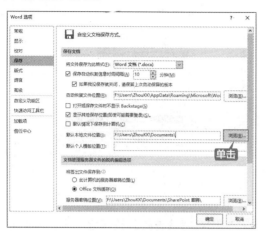

第4步 打开【修改位置】对话框，选择文档要默认保存的位置，单击【确定】按钮。

第5步 返回至【Word 选项】对话框后即可看到已经更改了文档的默认保存位置，单击

【确定】按钮。

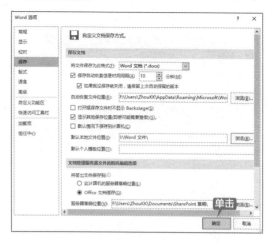

第6步 在 Word 文档中单击【文件】选项卡，选中【保存】选项，并在右侧单击【浏览】按钮，即可打开【另存为】对话框，可以看到将自动设置为默认的保存类型并自动打开默认的保存位置。

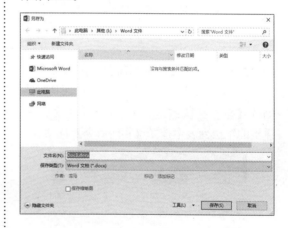

1.4.3 添加命令到快速访问工具栏

Word 2016 的快速访问工具栏在软件界面的左上方，默认情况下包含保存、撤销和恢复几个按钮，用户可以根据需要将命令按钮添加至快速访问工具栏，具体操作步骤如下。

第1步 单击快速访问工具栏右侧的【自定义快速访问工具栏】按钮，在弹出的下拉列表中可以看到包含有新建、打开等多个命令按钮，选择要添加至快速访问工具栏的选项，这里单击【新建】选项。

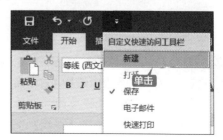

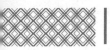
第2步 即可将【新建】按钮添加至快速访问工具栏，并且选项前将显示"√"符号。

| 提示 |

使用同样方法可以添加【自定义快速访问工具栏】列表中的其他按钮，如果要取消按钮在快速访问工具栏中的显示，只需要再次选择【自定义快速访问工具栏】列表中的按钮选项即可。

第3步 此外，还可以根据需要添加其他命令至快速访问工具栏，单击快速访问工具栏右侧的【自定义快速访问工具栏】按钮，在弹出的下拉列表中选择【其他命令】选项。

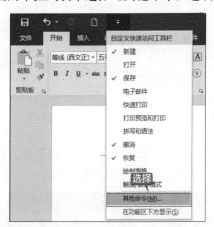

第4步 打开【Word 选项】对话框，在【从下列位置选择命令】列表中选择【常用命令】选项，在下方的列表中选择要添加至快速访问工具栏的按钮，这里选择【查找】选项，

单击【添加】按钮。

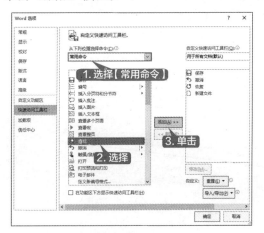

第5步 即可将【查找】按钮添加至右侧的列表框中，单击【确定】按钮。

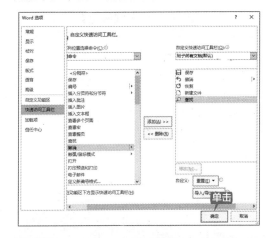

第6步 返回至 Word 2016 界面，即可看到【查找】按钮已经添加至快速访问工具栏中。

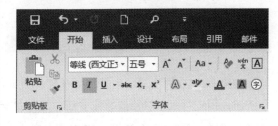

| 提示 |

在快速访问工具栏中选择【查找】按钮并单击鼠标右键，在弹出的快捷菜单中选择【从快速访问工具栏删除】选项，即可将其从快速访问工具栏删除。

1.4.4 自定义功能快捷键

在 Word 2016 中可以根据需要自定义功能快捷键，便于执行某些常用的操作，在 Word 2016 中设置添加"☞"符号功能快捷键的具体操作步骤如下。

第1步 单击【插入】选项卡下【符号】选项组中的【符号】按钮的下拉按钮 Ω符号▾，在弹出的下拉列表中选择【其他符号】选项。

第2步 打开【符号】对话框，选择要插入的"☞"符号，单击【快捷键】按钮。

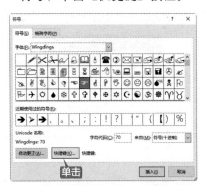

第3步 弹出【自定义键盘】对话框，将鼠标光标放在【请按新快捷键】文本框内，在键盘上按要设置的快捷键，这里按【Ctrl+1】组合键。

第4步 单击【指定】按钮，即可将设置的快捷键添加至【当前快捷键】列表框内，单击【关闭】按钮。

第5步 返回至【符号】对话框，即可看到设置的快捷键，单击【关闭】按钮。

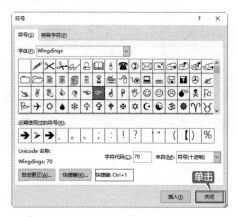

第6步 在 Word 文档中按【Ctrl+1】快捷键，即可输入"☞"符号。

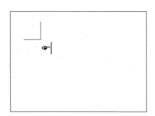

1.4.5 禁用屏幕提示功能

在 Word 2016 中将鼠标光标放置在某个按钮上，将提示按钮的名称以及作用，通过设置可以禁用这些屏幕提示功能，具体操作步骤如下。

第 1 步 将鼠标光标放在任意一个按钮上，例如放在【开始】选项卡下【字体】组中的【加粗】按钮上，稍等片刻，将显示按钮的名称以及作用。

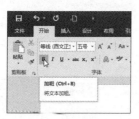

第 2 步 选择【文件】选项卡，选择【选项】选项，打开【Word 选项】对话框，选择【常规】选项，在右侧【用户界面选项】组中单击【屏幕提示样式】后的下拉按钮，在弹出的下拉列表中选择【不显示屏幕提示】选项，单击【确定】按钮。

第 3 步 即可禁用屏幕提示功能。

1.4.6 禁用粘贴选项按钮

默认情况下使用粘贴功能后，将会在文档中显示粘贴选项按钮 (Ctrl) ▾，方便使用选择粘贴选项，通过设置可以禁用粘贴选项按钮，具体操作步骤如下。

第 1 步 在 Word 文档中复制一段内容后，按【Ctrl+V】组合键，将在 Word 文档中显示【粘贴选项】按钮，如下图所示。

第 2 步 如果要禁用粘贴选项按钮，可以选择【文件】选项卡，选择【选项】选项，打开【Word 选项】对话框，选择【高级】选项，在右侧【剪切、复制和粘贴】组中撤销选中【粘贴内容时显示粘贴选项按钮】复选框，单击【确定】按钮，即可禁用粘贴选项按钮。

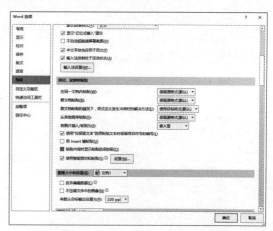

1.4.7 更改文件的作者信息

使用 Word 2016 制作文档时，文档会自动记录作者的相关信息，可以根据需要更改文件的作者信息，具体操作步骤如下。

第1步 在打开的 Word 文档中选择【文件】选项卡，选择【信息】选项，即可在右侧【相关人员】区域显示作者信息。

第2步 在作者名称上单击鼠标右键，在弹出的快捷菜单中选择【编辑属性】菜单命令。

第3步 弹出【编辑人员】对话框，在【输入姓名或电子邮件地址】文本框中输入要更改的作者名称，单击【确定】按钮。

第4步 返回至 Word 界面，即可看到作者信息已经更改了。

◇ **Office 2016 自定义选择组件的安装方法**

Office 2016 不仅能自定义安装路径，而且还能选择安装的组件，它默认安装全部组件。但很多软件其实并不常用，下面就来介绍 Office 2016 自定义选择组件安装方法，具体操作步骤如下。

第1步 在网络中搜索并下载【Office 2016 Install 】软件。然后解压 Office 2016，将解压得到的 Office 文件夹复制到 Office 2016 Install 中的 "files" 文件夹中。

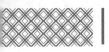
第2步 双击【Office 2016 Install 】文件夹中的 Setup.exe 软件，打开【 Office 2016 Setup v3.0】对话框，单击选中需要安装组件前的复选框，单击【Install Office】按钮即可安装自定义选择的组件。

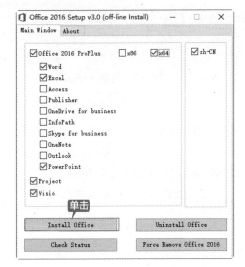

> **提示**
>
> 32 位系统需要单击选中【x86】复选框，64 位系统需要单击选中【x64】复选框，软件不会自动判断。

◇ 设置 Word 默认打开的扩展名

用户可以根据需要设置 Word 默认打开的扩展名，具体操作步骤如下。

第1步 单击【开始】按钮，选择【设置】选项，打开【设置】窗口，单击【系统】连接。

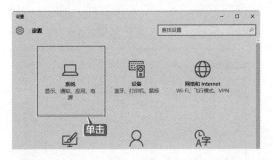

第2步 打开【设置】界面，在左侧列表中选择【默认应用】选项，并在右侧单击【按应用设置默认值】选项。

第3步 打开【设置默认程序】对话框，在左侧列表框中选择【Word 2016】选项，在右侧单击【选择此程序的默认值】选项。

第4步 打开【设置程序关联】对话框，在其中就可以设置 Word 默认打开的扩展名，设置完成，单击【保存】按钮即可。

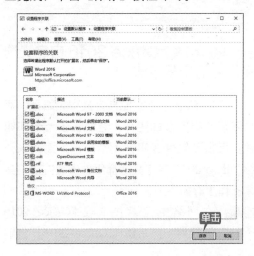

第 2 章
Word 的基本操作

本章导读

使用 Word 可以方便地记录文本内容，并能够根据需要设置文字的样式，从而制作总结报告、租赁协议、请假条、邀请函、思想汇报等各类说明性文档。本章主要介绍输入文本、编辑文本、设置字体格式、段落格式、添加背景及审阅文档等内容。

思维导图

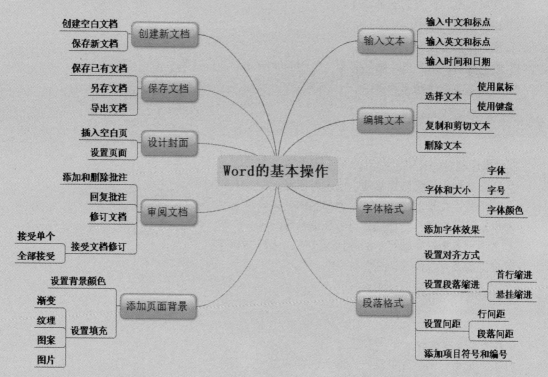

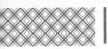

2.1 房屋租赁协议

　　房屋租赁协议是指承租人与出租人就房屋租赁的相关权利义务达成一致从而签订的协议，是最常见的协议类型之一。

实例名称：制作房屋租赁协议	
实例目的：学习 Word 的基本操作	
素材	素材 \ch02\ 房屋租赁协议 .docx
结果	结果 \ch02\ 房屋租赁协议 .docx
录像	视频教学录像 \02 第 2 章

2.1.1 案例概述

　　房屋租赁协议作为财产租赁合同的一种重要形式，对格式有着严格的要求，完整的房屋租赁协议，应包含以下几个方面。

① 房屋租赁当事人的姓名（名称）和住所。

② 房屋的坐落、面积、结构、附属设施、家具和家电等室内设施状况。

③ 租金和押金数额、支付方式。

④ 租赁用途和房屋使用要求。

⑤ 房屋和室内设施的安全性能。

⑥ 租赁期限。

⑦ 房屋维修责任。

⑧ 物业服务、水、电、燃气等相关费用的缴纳。

⑨ 争议解决办法和违约责任。

2.1.2 设计思路

　　制作房屋租赁协议可以按照以下思路进行。

① 制作文档、包含协议标题、协议内容等。

② 为相关正文修改字体格式、添加字体效果等。

③ 设置段落格式、添加项目符号和编号等。

④ 邀请别人来帮助自己审阅并批注文档、修订文档等。

⑤ 根据需要设计封面，并保存文档。

2.1.3 涉及知识点

　　本案例主要涉及以下知识点。

① 输入标点符号、项目符号、项目编号和时间日期等。

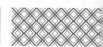

② 编辑、复制、剪切和删除文本等。

③ 设置字体格式、添加字体效果等。

④ 设置段落对齐、段落缩进、段落间距等。

⑤ 设置页面颜色、设置填充效果等。

⑥ 添加和删除批注、回复批注、接受修订等。

⑦ 添加新页面。

2.2 创建房屋租赁协议

在创建房屋租赁协议时，首先需要打开 Word 2016，创建一份新文档，具体操作步骤如下。

第 1 步 单击屏幕左下角的【开始】按钮，选择【所有应用】→【W】→【Word 2016】命令。

第 2 步 打开 Word 2016 主界面，Word 在模板区域提供了多种可供创建的新文档类型，这里单击【空白文档】按钮。

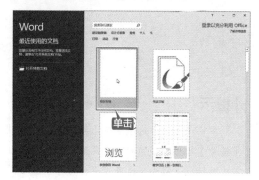

第 3 步 即可创建一个新的空白文档。

第 4 步 单击【文件】选项卡，在弹出的菜单列表中选择【保存】选项，在右侧的【另存为】区域单击【浏览】按钮，在【另存为】对话框中选择保存位置，在【文件名】输入框中输入文档名称，单击【保存】按钮即可。

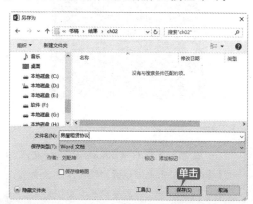

┃提示┃

单击【文件】选项卡，在弹出的菜单列表中选择【新建】选项或其他模板选项，也可以创建一个新文档。

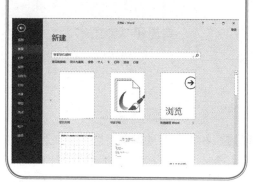

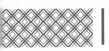

2.3 输入文本

文本的输入功能非常简便，只要会使用键盘打字，就可以在文档的编辑区域输入文本内容。个人工作总结文档保存成功后，即可在文档中输入文本内容。

2.3.1 输入中文和标点

由于 Windows 的默认语言是英语，语言栏显示的是英文键盘图标 英，因此如果不进行中/英文切换就以汉语拼音的形式输入的话，那么在文档中输出的文本就是英文。

在 Word 文档中，输入数字时不需要切换中/英文输入法，但输入中文时，需要先将英文输入法转变为中文输入法，再进行中文输入。输入中文和标点的具体操作步骤如下。

第1步 单击任务栏中的美式键盘图标 M，在弹出的快捷菜单中选择中文输入法，如这里选择"搜狗拼音输入法"。

| 提示 |

一般情况下，在 Windows 10 系统中可以按【Ctrl+Shift】组合键切换输入法，也可以按住【Ctrl】键，然后使用【Shift】键切换。

第2步 此时在 Word 文档中，用户即可使用拼音拼写输入中文内容。

第3步 在输入的过程中，当文字到达一行的最右端时，输入的文本将自动跳转到下一行。如果在未输入完一行时想要换行输入，则可

按【Enter】键来结束一个段落，这样会产生一个段落标记"↵"，然后输入其他内容。

第4步 将鼠标光标放置在文档中第二行文字的句末，按键盘上的【Shift+；】组合键，即可在文档中输入一个中文的全角冒号"："。

| 提示 |

单击【插入】选项卡下【符号】组中的【符号】按钮的下拉按钮，在弹出的快捷菜单中选择标点符号，也可以将标点符号插入到文档中。

2.3.2 输入英文和标点

在编辑文档时，有时也需要输入英文和英文标点符号，按【Shift】键即可在中文和英文输入法之间切换，下面以使用搜狗拼音输入法为例，介绍输入英文和英文标点符号的方法，具体操作步骤如下。

第1步 在中文输入法的状态下，按【Shift】键，即可切换至英文输入法状态，然后在键盘上按相应的英文按键，即可输入英文。

> 房屋租赁合同书↵
>
> 出租方（以下简称甲方）：↵
> Microsoft word↵

第2步 输入英文标点和输入中文标点的方法相同，如按【Shift+1】组合键，即可在文档中输入一个英文的感叹符号"！"。

> 房屋租赁合同书↵
>
> 出租方（以下简称甲方）：↵
> Microsoft word！↵

| **提示** |

输入的英文内容不是个人工作总结的内容，可以将其删除。

2.3.3 输入时间和日期

在文档完成后，可以在末尾处加上文档创建的时间和日期。

第1步 打开随书光盘中的"素材 \ch02\ 房屋租赁协议 .docx"，将内容复制到文档中。

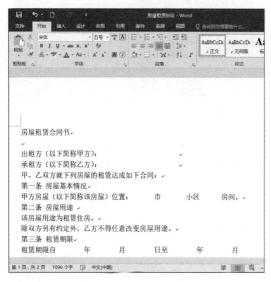

第2步 将鼠标光标放置在最后一行，按【Enter】键执行换行操作。

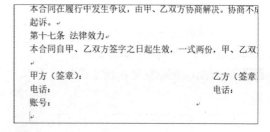

第3步 单击【插入】选项卡下【文本】组中的【日期和时间】按钮。

第4步 弹出【日期和时间】对话框，单击【语言】文本框的下拉按钮，选择【中文】选项，在【可用格式】列表框中选择一种格式，单击【确定】按钮。

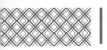

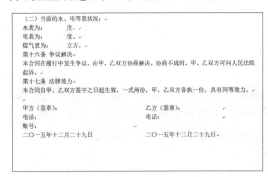

第5步 在"乙方"签字下面插入日期和时间，并调整至合适的位置。效果如下图所示。

2.4 编辑文本

输入个人工作报告内容之后，即可利用 Word 编辑文本，编辑文本包括选择文本、复制和剪切文本以及删除文本等。

2.4.1 选择文本

选定文本时既可以选择单个字符，也可以选择整篇文档。选定文本的方法主要有以下几种。

1. 使用鼠标选择文本

使用鼠标选择文本是最常见的一种选择文本的方法，具体操作步骤如下。

第1步 将鼠标光标放置在想要选择的文本之前。

第2步 按住鼠标左键，同时拖曳鼠标，直到第一行和第二行全被选中，完成后释放鼠标

左键，即可选定文字内容。

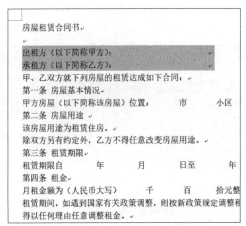

① 选中区域。将鼠标光标放在要选择的文本的开始位置，按住鼠标左键并拖曳，这时选中的文本会以阴影的形式显示，选择完成后，释放鼠标左键，鼠标光标经过的文字就被选定了。

② 选中词语。将鼠标光标移动到某个词

语或单词中间，双击鼠标左键即可选中该词语或单词。

③ 选中单行。将鼠标光标移动到需要选择行的左侧空白处，当鼠标指针变为箭头形状时，单击鼠标左键，即可选中该行。

④ 选中段落。将鼠标光标移动到需要选择段落的左侧空白处，当鼠标指针变为箭头形状时，双击鼠标左键，即可选中该段落。也可以在要选择的段落中，快速单击三次鼠标左键即可选中该段落。

⑤ 选中全文。将鼠标光标移动到需要选择段落的左侧空白处，当鼠标指针变为箭头形状时，单击鼠标左键三次，则选中全文。也可以单击【开始】→【编辑】→【选择】→【全选】命令，选中全文。

2. 使用键盘选择文本

在不使用鼠标情况下，用户也可以利用键盘组合键来选择文本。使用键盘选定文本时，需要先将插入点移动到将选文本的开始位置，然后按相关的组合键即可。

组合键	功能
【Shift+ ←】	选择光标左边的一个字符
【Shift+ →】	选择光标右边的一个字符
【Shift+ ↑】	选择至光标上一行同一位置之间的所有字符
【Shift+ ↓】	选择至光标下一行同一位置之间的所有字符
【Shift+ Home】	选择至当前行的开始位置
【Shift+ End】	选择至当前行的结束位置
【Ctrl+A】	选择全部文档
【Ctrl+Shift+ ↑】	选择至当前段落的开始位置
【Ctrl+Shift+ ↓】	选择至当前段落的结束位置
【Ctrl+Shift+Home】	选择至文档的开始位置
【Ctrl+Shift+End】	选择至文档的结束位置

2.4.2 复制和剪切文本

复制文本和剪切文本的不同之处在于，前者在是把一个文本信息放到剪贴板以供复制出更多文本信息，但原来的文本还在原来的位置，后者也是把一个文本信息放入剪贴板以复制出更多信息，但原来的内容已经不在原来的位置。

1. 复制文本

当需要多次输入同样的文本时，使用复制文本可以使原文本产生更多同样的信息，比多次输入同样的内容更为方便。具体操作步骤如下。

第1步 选择文档中需要复制的文字，单击鼠标右键，在弹出的快捷菜单中选择【复制】选项。

第2步 此时所选内容已被放入剪贴板，将鼠标光标定位至要粘贴到的位置，单击【开始】

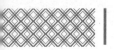
选项卡下【剪贴板】组中的【剪贴板】按钮，在打开的【剪贴板】窗口中单击复制的内容，即可将复制内容插入到文档中光标所在位置。

第3步 此时文档中已被插入刚刚复制的内容，但原来的文本信息还在原来的位置。

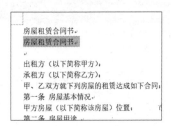

提示

用户也可以使用【Ctrl+C】组合键复制内容，使用【Ctrl+V】组合键粘贴内容。

2. 剪切文本

如果用户需要修改文本的位置，可以使用剪切文本来完成，具体操作步骤如下。

第1步 选择文档中需要修改的文字，单击鼠标右键，在弹出的快捷菜单中选择【剪切】选项。

第2步 此时所选内容被放入剪贴板，单击【开始】选项卡下【剪贴板】组中的【剪贴板】按钮，在打开的【剪贴板】窗口中单击剪切的内容，即可将内容粘贴在文档中光标所在的位置。

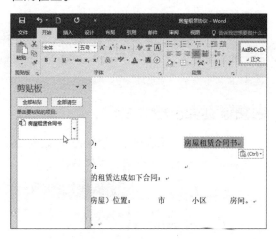

第3步 剪切的内容被粘贴至其他位置后，原来位置的内容已经不存在。

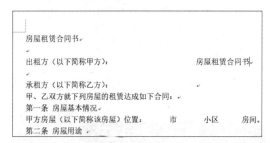

第4步 在执行过上一步操作之后，按键盘上的【Ctrl+Z】组合键，可以退回上一步所做的操作。

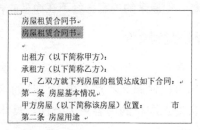

提示

用户可以使用【Ctrl+X】组合键剪切文本，再使用【Ctrl+V】组合键将文本粘贴到需要的位置。

2.4.3 删除文本

如果不小心输错了内容，可以选择删除文本，具体操作步骤如下。

第 1 步 将鼠标光标放置在文本一侧，按住鼠标左键拖曳，选择需要删除的文字。

> 房屋租赁合同书
> 房屋租赁合同书
>
> 出租方（以下简称甲方）：
> 承租方（以下简称乙方）：
> 甲、乙双方就下列房屋的租赁达成如下合
> 第一条 房屋基本情况
> 甲方房屋（以下简称该房屋）位置：
> 第二条 房屋用途

第 2 步 在键盘上按【Delete】键，即可将选择的文本删除。

> 房屋租赁合同书。
> 出租方（以下简称甲方）；
> 承租方（以下简称乙方）；
> 甲、乙双方就下列房屋的租赁达成如下合同书；
> 第一条 房屋基本情况
> 甲方房屋（以下简称该房屋）位置：   市
> 第二条 房屋用途
> 该房屋用途为租赁住房。

| 提示 | ::::::::

将鼠标光标放置在多余的空白行前，在键盘上按【Delete】键，可以删除多余的空白行。

> 房屋租赁合同书。
> 出租方（以下简称甲方）；
> 承租方（以下简称乙方）；
> 甲、乙双方就下列房屋的租赁达成如下合
> 第一条 房屋基本情况
> 甲方房屋（以下简称该房屋）位置；
> 第二条 房屋用途
> 该房屋用途为租赁住房。

2.5 字体格式

在输入所有内容之后，用户即可设置文档中的字体格式，并给字体添加效果，从而使文档看起来层次分明、结构工整。

2.5.1 字体和大小

将文档内容的字体和大小格式统一，具体操作步骤如下。

第 1 步 选中文档中的标题，单击【开始】选项卡【字体】组中的【字体】按钮。

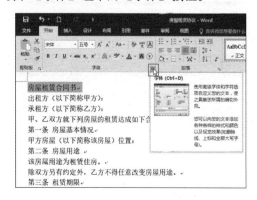

第 2 步 在弹出的【字体】对话框中选择【字体】选项卡，单击【中文字体】文本框后的下拉按钮，在弹出的下拉列表中选择【楷体】选项，在【字形】选项列表中选择【加粗】选项，在【字号】列表框中选择【20】选项，单击【确定】按钮。

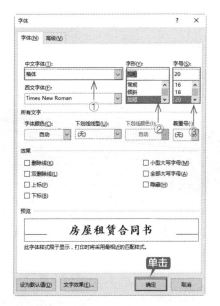

第3步 选择标题下两行文本，单击【开始】选项卡【字体】组中的【字体】按钮 。

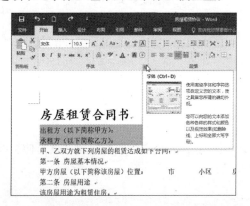

第4步 在弹出的【字体】对话框中设置【字体】为"楷体"，设置【字号】为"16"，并添加"加粗"效果。设置完成，单击【确定】按钮。

第5步 根据需要设置其他内容的字体，设置完成后效果如下图所示。

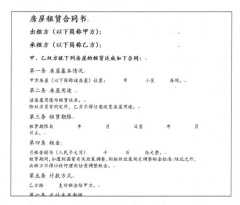

| 提示 |

单击【开始】选项卡【字体】组中字体框的下拉按钮，也可以设置字体格式，单击【字号】框的下拉按钮，在弹出的字号列表中也可以选择字号大小。

2.5.2 添加字体效果

有时为了突出文档标题，用户也可以给字体添加效果，具体操作步骤如下。

第1步 选中文档中的标题，单击【开始】选项卡下【字体】组中的【字体】按钮 。

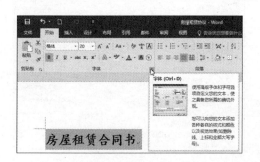

第2步 弹出【字体】对话框，在【字体】选项卡下【效果】组中选择一种效果样式，这里勾选【删除线】复选框。

第3步 即可看到文档中的标题已被添加上文字效果。

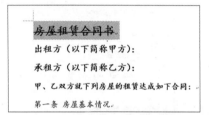

第4步 单击【开始】选项卡下【字体】组中的【字体】按钮，弹出【字体】对话框，在【字体】选项卡下【效果】组中撤销选中【删除线】复选框，单击【确定】按钮，即可取消对标题添加的字体效果。

第5步 取消字体效果后的效果如下图所示。

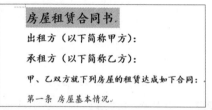

┃提示┃

选择要添加艺术效果的文本，单击【开始】选项卡下【字体】组中【文字效果和版式】按钮后的下拉按钮，在弹出的下拉列表中也可以根据需要设置文本的字体效果。

2.6 段落格式

段落是指两个段落之间的文本内容，是独立的信息单位，具有自身的格式特征。段落格式是指以段落为单位的格式设置。设置段落格式主要是指设置段落的对齐方式、段落缩进以及段落间距等。

2.6.1 设置对齐方式

Word 2016 的段落格式命令适用于整个段落，将光标置于任意位置都可以选定段落并设置段落格式。设置段落对齐的具体操作步骤如下。

第1步 选中文档标题文本段落中的任意位置，单击【开始】选项卡下【段落】组中的【段落设置】按钮 。

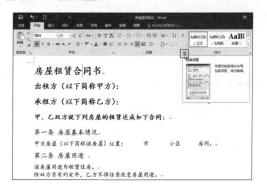

第2步 在弹出的【段落】对话框中选择【缩进和间距】选项卡，在【常规】组中单击【对齐方式】右侧的下拉按钮，在弹出的列表中选择【居中】选项。

第3步 即可将文档标题设置为居中对齐，效果如下图所示。

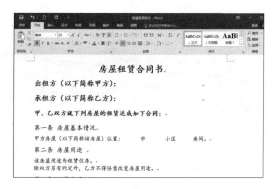

第4步 将鼠标光标放置在文档末尾处的时间日期后，重复第1步，在【段落】对话框中【缩进和间距】选项卡下【常规】组中单击【对齐方式】右侧的下拉按钮，在弹出的列表中选择【右对齐】选项。

第5步 即可将时间文本调整为右对齐，效果如下图所示。

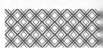

2.6.2 设置段落缩进

段落缩进是指段落到左右页边距的距离。根据中文的书写形式，通常情况下，正文中的每个段落都会首行缩进两个字符。设置段落缩进的具体操作步骤如下。

第 1 步 选择文档中正文第一段内容，单击【开始】选项卡下【段落】组中的【段落设置】按钮 ⌐。

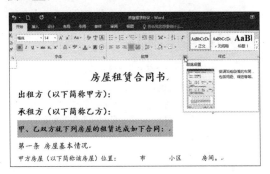

第 2 步 弹出【段落】对话框，单击【特殊格式】文本框后的下拉按钮，在弹出的列表中选择【首行缩进】选项，并设置【缩进值】为"2字符"，可以单击其后的微调按钮设置，也可以直接输入，设置完成，单击【确定】按钮。

第 3 步 即可看到设置段落缩进后的效果。

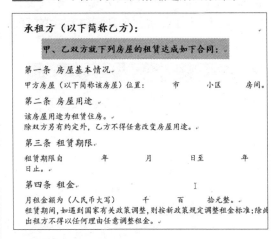

第 4 步 使用同样的方法为房屋租赁协议中其他正文段落设置首行缩进。

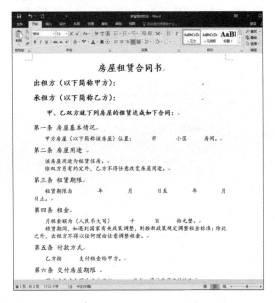

> **提示**
>
> 在【段落】对话框中除了设置首行缩进外，还可以设置文本的悬挂缩进。

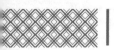
2.6.3 设置间距

设置间距是指设置段落间距和行距，段落间距是指文档中段落与段落之间的距离，行距是指行与行之间的距离。设置段落间距和行距的具体操作步骤如下。

第1步 选中文档"第一条 房屋基本情况"文本，单击【开始】选项卡下【段落】组中的【段落设置】按钮 。

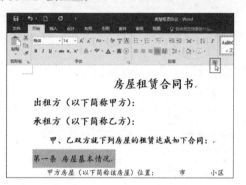

第2步 在弹出的【段落】对话框中选择【缩进和间距】选项卡，在【间距】组中分别设置【段前】和【段后】为"0.5行"，在【行距】下拉列表中选择【单倍行距】选项，单击【确定】按钮。

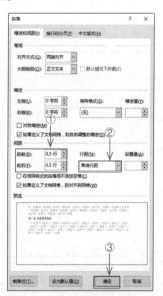

第3步 即可为选中文本设置指定的段落格式，效果如下图所示。

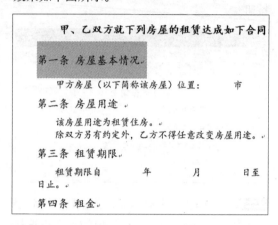

第4步 使用同样的方法设置其他段落的格式，最终效果如下图所示。

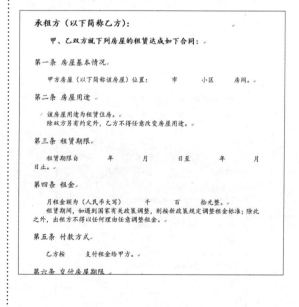

2.6.4 添加项目符号和编号

在文档中使用项目符号和编号，可以使文档中的重点内容突出显示。

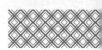

1. 添加项目符号

项目符号就是在一些段落的前面加上完全相同的符号。添加项目符号的具体操作步骤如下。

第1步 选中需要添加项目符号的内容，单击【开始】选项卡下【段落】组中【项目符号】按钮 的下拉按钮。

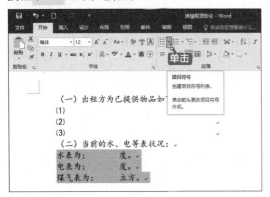

第2步 在弹出的项目符号列表中选择一种样式。

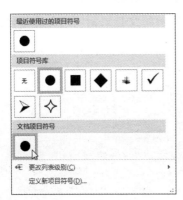

第3步 即可为选定文本添加项目符号，效果如下图所示。

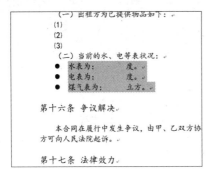

2. 添加编号

文档编号是按照大小顺序为文档中的行或段落添加编号。在文档中添加编号的具体操作步骤如下。

第1步 选中文档中需要添加项目编号的段落，单击【开始】选项卡下【段落】组中【编号】按钮 的下拉按钮。

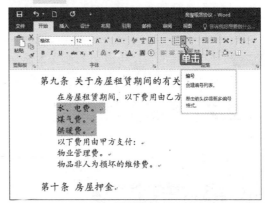

第2步 在弹出的下拉列表中选择一种编号样式。

第3步 即可看到编号添加完成后的效果图。

第九条 关于房屋租赁期间的有关费用

在房屋租赁期间，以下费用由乙方支付：
1. 水、电费。
2. 煤气费。
3. 供暖费。
以下费用由甲方支付：
物业管理费。
物品非人为损坏的维修费。

第十条 房屋押金

甲、乙双方自本合同签订之日起，由乙方支付
额）作为押金。

第十一条 租赁期满

第4步 使用同样的方法可以为其他文本添加

项目符号，效果如图所示。

第九条 关于房屋租赁期间的有关费用

在房屋租赁期间，以下费用由乙方支付
1. 水、电费。
2. 煤气费。
3. 供暖费。
以下费用由甲方支付：
1. 物业管理费。
2. 物品非人为损坏的维修费。

第十条 房屋押金

甲、乙双方自本合同签订之日起，由乙
额）作为押金。

2.7 添加页面背景

在 Word 2016 中，用户也可以给文档添加页面背景，以使文档看起来生动形象、充满活力。

2.7.1 设置背景颜色

在设置完文档的字体和段落之后，用户可以添加背景颜色，具体操作步骤如下。

第1步 单击【设计】选项卡下【页面背景】组中【页面颜色】按钮 ，在弹出的下拉列表中选择一种颜色，这里选择"茶色，背景2"。

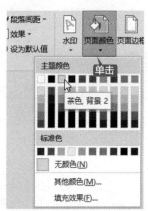

第2步 即可给文档页面填充上纯色背景，效果如图所示。

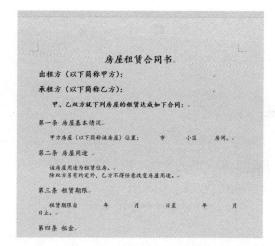

2.7.2 设置填充效果

除了给文档设置背景颜色，用户也可以给文档背景设置填充效果，具体操作步骤如下。

第1步 单击【设计】选项卡下【页面背景】组中【页面颜色】按钮 ，在弹出的下拉列表中选择【填充效果】选项。

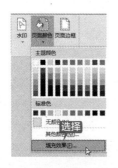

单击【确定】按钮。

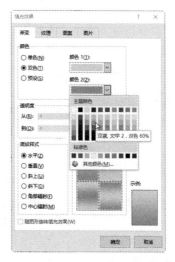

第2步 弹出【填充效果】对话框，在弹出的【填充效果】对话框中选择【渐变】选项卡，在【颜色】组中单击【双色】单选钮，在【颜色 1】选项下方单击颜色框右侧的下拉按钮，在弹出的颜色列表中选择一种颜色，这里选择"蓝色，个性色 1，淡色 80%"选项。

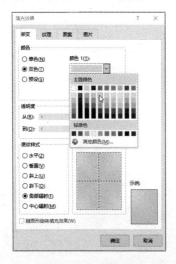

第3步 单击【颜色 2】选项下方颜色框右侧的下拉按钮，在弹出的颜色列表中选择第一种颜色，这里选择"深蓝，文字 2，淡色 60%"选项，在【底纹样式】组中选择【水平】选项，

第4步 设置完成后，最终效果如下图所示。

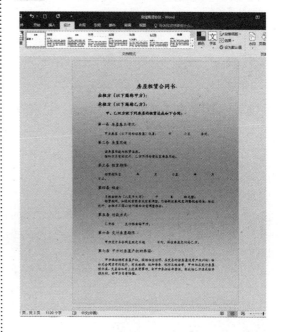

2.8 邀请他人审阅文档

使用 Word 编辑文档之后，通过审阅功能，才能递交出一份完整的个人工作报告。

2.8.1 添加和删除批注

批注是文档的审阅者为文档添加的注释、说明、建议和意见等信息。

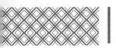
1. 添加批注

添加批注的具体操作步骤如下。

第1步 在文档中选择需要添加批注的文字，单击【审阅】选项卡下【批注】组中【新建批注】按钮。

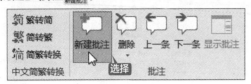

第2步 在文档右侧的批注框中输入批注的内容即可。

第3步 再次单击【新建批注】按钮，也可以在文档中的其他位置添加批注内容。

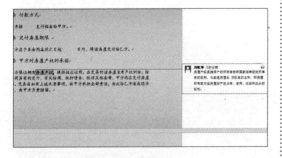

2. 删除批注

当不需要文档中的批注时，用户可以将其删除，删除批注的操作方法如下。

第1步 将鼠标放在文档中需要删除的批注框内的任意位置，即可选择要删除的批注。

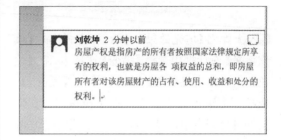

第2步 此时【审阅】选项卡下【批注】组中的【删除】按钮处于可用状态，单击【删除】按钮。

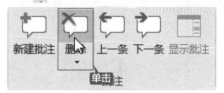

第3步 即可将所选中的批注删除。

2.8.2 回复批注

在Word中也可以直接对批注进行回复，具体操作步骤如下。

第1步 选择需要回复的批注，单击文档中批注框内的【回复】按钮。

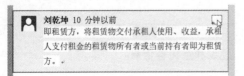

第2步 即可在批注内容下方输入回复内容。

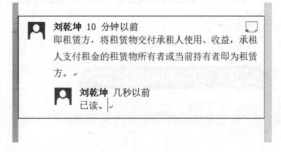

2.8.3 修订文档

修订时显示文档中所做的诸如删除、插入或其他编辑更改的标记，修订文档的具体操作步骤如下。

第1步 单击【审阅】选项卡下【修订】组中【修订】按钮的下拉按钮，在弹出的快捷菜单中选择【修订】选项。

第2步 即可使文档处于修订状态，此时文档

中所做的所有修改内容将被记录下来。

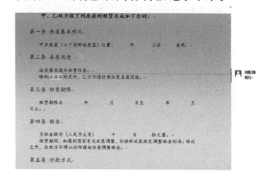

2.8.4 接受文档修订

如果修订的内容是正确的，这时即可接受修订，接受修订的具体操作步骤如下。

第1步 将光标放置在需要接受修订的批注内的任意地方。

第2步 单击【审阅】选项卡下【更改】组中的【接受】按钮。

第3步 即可看到接受文档修订后的效果。

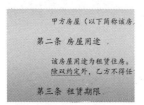

第4步 多次单击【撤销】按钮，即可恢复文档至插入批注前状态，效果如图所示。

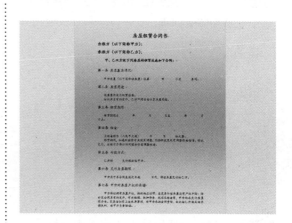

> **提示**
>
> 如果所有修订都是正确的，需要全部接受。单击【审阅】选项卡下【更改】组中的【接受】按钮的下拉按钮，在弹出的列表中选择【接受所有修订】选项即可。
>
>

2.9 设计封面

用户也可以给文档设计一个封面，以达到给人眼前一亮的感觉，设计封面的具体操作步骤如下。

第1步 将鼠标光标放置在文档中大标题前，单击【插入】选项卡下【页面】组中的【空白页】按钮。

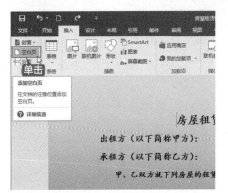

第2步 即可在当前页面之前添加一个新页面，这个新页面即为封面。

第3步 在封面中竖向输入"房屋租赁协议"文本内容，选中"房屋租赁协议"文字，调整字体为"华文楷体"，字号为"48"。

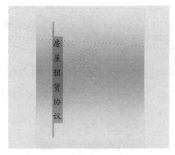

第4步 选中"房屋租赁协议"几个字，单击【开始】选项卡下【段落】组中的【居中】按钮。

第5步 选中封面中"房屋租赁协议"几个字，单击【开始】选项卡下【字体】组中【加粗】按钮，给文字设置加粗显示的效果。

2.10 保存文档

房屋租赁协议文档制作完成后，就可以保存制作后的文档。

对已存在文档有 3 种方法可以保存更新。

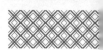

方法 1：单击【文件】选项卡，在左侧的列表中单击【保存】选项。

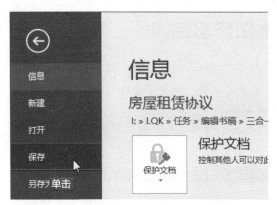

方法 2：单击快速访问工具栏中的【保存】图标 $\boxed{\square}$ 。

方法 3：使用【Ctrl+S】组合键实现快速保存。

2. 另存文档

如需要将个人工作总结文件另存至其他位置或以其他的名称另存，可以使用【另存为】命令。将文档另存的具体操作步骤如下。

第1步 在已修改的文档中，单击【文件】选项卡，在左侧的列表中单击【另存为】选项。

第2步 在【另存为】界面中选择【这台电脑】选项，并单击【浏览】按钮。在弹出的【另存为】对话框中选择文档所要保存的位置，在【文件名】文本框中输入要另存的名称，单击【保存】按钮，即可完成文档的另存操作。

3. 导出文档

还可以将文档导出为其他格式，如将文档导出 PDF 格式，其具体操作如下。

第1步 在打开的文档中，单击【文件】选项卡，在左侧的列表中单击【导出】选项。在【导出】区域单击【创建 PDF/XPS 文档】选项，并单击右侧的【创建 PDF/XPS】按钮。

第2步 弹出【发布为 PDF 或 XPS】对话框，在【文件名】文本框中输入要保存的文档名称，在【保存类型】下拉列表框中选择【PDF】选项。单击【发布】按钮，即可将 Word 文档导出为 PDF 文件。

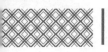

举一反三

制作个人工作总结

与制作房屋租赁协议书类似的文档还有制作个人工作总结、制作公司合同、制作产品转让协议等。制作这类文档时，除了要求内容准确，内容无歧义外，还要求条理清晰，最好能以列表的形式表明双方应承担的义务及享有的权利，方便查看。

下面就以制作个人工作总结为例进行介绍，操作步骤如下。

1. 创建并保存文档

新建空白文档，并将其保存为"个人工作总结.docx"文档。

2. 输入内容并编辑文本

根据需求输入个人工作总结的内容，并根据需要修改文本内容。

3. 设置字体及段落格式

设置字体的样式，并根据需要设置段落格式，添加项目符号及编号，并为文档添加封面。

4. 审阅文档并保存

将制作完成的个人工作报告发给其他人审阅，并根据批注修订文档，确保内容无误后，为文档添加页面背景，保存文档。

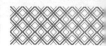

单击【插入】选项卡，在【符号】选项组中单击【公式】按钮右侧的下拉箭头，在弹出的下拉列表中选择【二项式定理】选项。

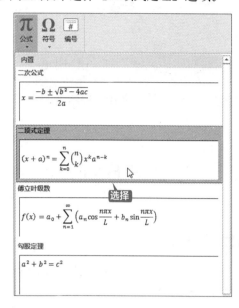

◇ 添加汉语拼音

在 Word 2016 中为汉字添加拼音，具体操作步骤如下。

第1步 选中需要加注拼音的文字，单击【开始】选项卡下【字体】组中的【拼音指南】按钮。

第2步 在弹出的【拼音指南】对话框中单击【组合】按钮，把汉字组合成一行，单击【确定】按钮，即可为汉字添加上拼音。

◇ 输入数学公式

数学公式在编辑数学方面的文档时使用非常广泛。在 Word 2016 中，可以直接使用【公式】按钮来输入数学公式，具体操作步骤如下。

第1步 启动 Word 2016，新建一个空白文档，

第2步 返回 Word 文档中即可看到插入的公式。

$$(x + a)^n = \sum_{k=0}^{n} \binom{n}{k} x^k a^{n-k}$$

◇ 输入上标和下标

在编辑文档的过程中，输入一些公式定理、单位或者数学符号时，经常需要输入上标或下标，下面具体讲述输入上标和下标的方法。

1. 输入上标

输入上标的具体操作步骤如下。

第1步 在文档中输入一段文字，例如这里输入 "A2+B=C"，选择字符中的数字 "2"，单击【开始】选项卡下【字体】组中的【上标】按钮 $\mathbf{x}^2$。

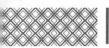

第2步 即可将数字 2 变成上标格式。

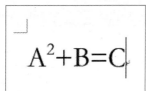

2. 输入下标

输入下标的方法与输入上标的方法类似，具体操作步骤如下。

第1步 在文档中输入"H2O"字样，选择字符中的数字"2"，单击【开始】选项卡下【字体】组中的【下标】按钮 $\mathbf{X_2}$。

第2步 即可将数字 2 变成下标格式。

◇ 批量删除文档中的空白行

如果 Word 文档中包含大量不连续的空白行，手动删除既麻烦又浪费时间。下面介绍一个批量删除空白行的方法，具体操作步骤如下。

第1步 单击【开始】选项卡下【编辑】组中的【替换】按钮 替换。

第2步 在弹出的【查找和替换】对话框中选择【替换】选项卡，在【查找内容】选项中输入"^p^p"字符，在【替换为】选项中输入"^p"字符，单击【全部替换】按钮即可。

第3章

使用图和表格美化 Word 文档

本章导读

　　一篇图文并茂的文档，不仅看起来生动形象、充满活力，还可以使文档更加美观。在 Word 中可以通过插入艺术字、图片、自选图形、表格等展示文本或数据内容。本章就以制作店庆活动宣传页为例介绍使用图和表格美化 Word 文档的操作。

思维导图

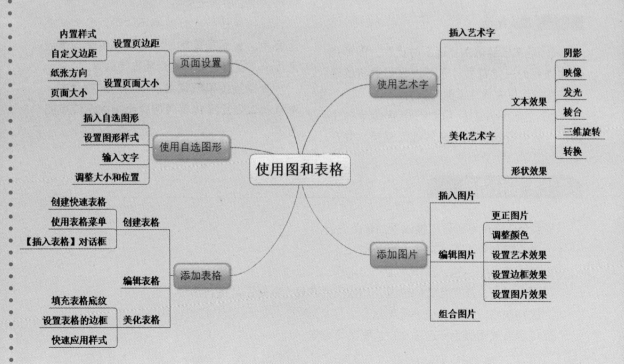

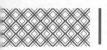

3.1 企业宣传单

排版企业宣传单要做到鲜明、活泼、形象、色彩亮丽突出，以便公众快速地接收宣传信息。

实例名称：制作企业宣传单	
实例目的：学习使用图和表格美化 Word 文档	
素材	素材 \ch03\ 企业资料 .txt
结果	结果 \ch03\ 企业宣传单 .docx
录像	视频教学录像 \03 第 3 章

3.1.1 案例概述

排版企业宣传单时，需要注意以下几点。

1. 色彩

① 色彩可以渲染气氛，并且加强版面的冲击力，用以烘托主题，容易引起公众的注意。

② 宣传单的色彩要从整体出发，并且各个组成部分之间的色彩关系要统一，以形成主题内容的基本色调。

2. 图文结合

① 现在已经进入"读图时代"，图形是人类通用的视觉符号，它可以吸引读者的注意，在宣传单中要注重图文结合。

② 图形图片的使用要符合宣传单的主题，可以进行加工提炼来体现形式美，并产生强烈鲜明的视觉效果。

3. 编排简洁

① 确定宣传单的开本大小，是进行编排的前提。

② 宣传单设计时版面要简洁醒目、色彩鲜艳突出，主要的文字可以适当放大，词语文字宜分段排版。

③ 版面要有适当的留白，避免内容过多拥挤，使读者失去阅读兴趣。

宣传单按行业分类的不同可以分为药品宣传单、食品宣传单、IT 企业宣传单、酒店宣传单、学校宣传单、企业宣传单等。

企业宣传单气氛可以以热烈鲜艳为主。本章就以企业宣传单为例介绍排版宣传单的方法。

3.1.2 设计思路

排版企业宣传单时可以按以下的思路进行。

① 制作宣传单页面，并插入背景图片。

② 插入艺术字标题，并插入正文文本框。

③ 插入图片，放在合适的位置，调整图片布局，并对图片进行编辑、组合。

④ 添加表格，并对表格进行美化。

⑤ 使用自选图形为标题添加自选图形为背景。

3.1.3 涉及知识点

本案例主要涉及以下知识点。

① 设置页边距、页面大小。

② 插入艺术字。

③ 插入图片。

④ 插入表格。

⑤ 插入自选图形。

3.2 宣传单的页面设置

在制作企业宣传单时，首先要设置宣传单页面的页边距和页面大小，并插入背景图片，来确定宣传单的色彩主题。

3.2.1 设置页边距

页边距的设置可以使企业宣传单更加美观。设置页边距，包括上、下、左、右边距以及页眉和页脚距页边界的距离，使用该功能来设置页边距十分精确。

第1步 打开 Word 2016 软件，新建一个 Word 空白文档。

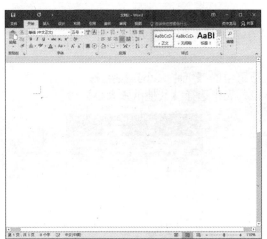

第2步 单击【文件】按钮，在弹出的下拉列表中，选择【另存为】选项，在弹出的【另存为】对话框中选择文件要保存的位置，并在【文件名】文本框中输入"企业宣传单 .docx"，并单击【保存】按钮。

第3步 单击【布局】选项卡下【页面设置】组中的【页边距】按钮 ，在弹出的下拉列表中单击选择【自定义边距（A）】选项。

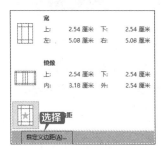

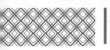
第4步 弹出【页面设置】对话框，在【页边距】选项卡下【页边距】组中可以自定义设置"上""下""左""右"页边距，将【上】、【下】页边距均设为"1.2厘米"，【左】、【右】页边距均设为"1.8厘米"，在【预览】区域可以查看设置后的效果。

第5步 单击【确定】按钮，在 Word 文档中

可以看到设置页边距后的效果。

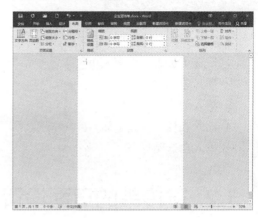

| 提示 |

页边距太窄会影响文档的装订，而太宽不仅影响美观还浪费纸张。一般情况下，如果使用 A4 纸，可以采用 Word 提供的默认值；如果使用 B5 或 16K 纸，上、下边距在 2.4 厘米左右为宜；左、右边距在 2 厘米左右为宜。具体设置可根据用户的要求设定。

3.2.2 设置页面大小

设置好页边距后，还可以根据需要设置页面大小和纸张方向，使页面设置满足企业宣传单的格式要求。具体操作步骤如下。

第1步 单击【布局】选项卡下【页面设置】组中的【纸张方向】按钮，在弹出的下拉列表中可以设置纸张方向为"横向"或"纵向"，如单击【横向】选项。

| 提示 |

也可以在【页面设置】对话框中的【页边距】选项卡中，在【纸张方向】区域设置纸张的方向。

第2步 单击【布局】选项卡【页面设置】选

项组中的【纸张大小】按钮，在弹出的下拉列表中选择【其他纸张大小】选项。

第 3 步 在弹出的【页面设置】对话框中,在【纸张大小】选项组中设置【宽度】为"30 厘米",【高度】为"21.6 厘米",在【预览】区域可以查看设置后的效果。

第 4 步 单击【确定】按钮,在 Word 文档中可以看到设置页边距后的效果。

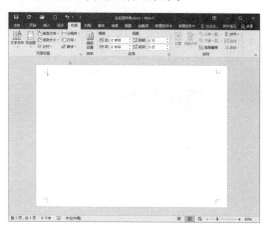

3.3 使用艺术字美化标题

使用 Word 2016 提供的艺术字功能,可以制作出精美绝伦的艺术字,丰富宣传单的内容,使企业宣传单更加鲜明醒目。具体操作步骤如下。

第 1 步 单击【插入】选项卡下【文本】组中的【艺术字】按钮,在弹出的下拉列表中选择一种艺术字样式。

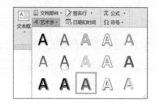

第 2 步 文档中即可弹出【请在此放置您的文字】文本框。

第 3 步 单击文本框内的文字,输入宣传单的标题内容"庆祝 ×× 饮品销售公司开业 5 周年"。

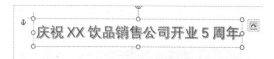

第 4 步 选中艺术字,单击【绘图工具】→【格式】选项卡下【艺术字样式】组中的【文本效果】按钮,在弹出的下拉列表中选择【阴影】选项组中的【左下斜偏移】选项。

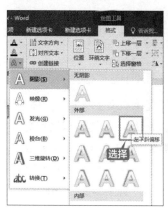

第5步 单击【绘图工具】→【格式】选项卡下【艺术字样式】组中的【文本效果】按钮 ⒶⒷ文本效果▾，在弹出的下拉列表中选择【映像】选项组中的【紧密映像，8 pt 偏移量】选项。

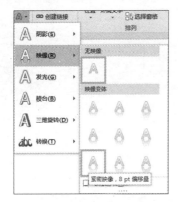

第6步 选中艺术字，指针放在艺术字的边框上，当指针变为 形状时，拖曳指针，即可改变文本框的大小。使艺术字处于文档的正中位置。

第7步 单击【绘图工具】→【格式】选项卡下【形状样式】组中的【形状填充】按钮 形状填充▾，在弹出的下拉列表中选择【橙色】选项。

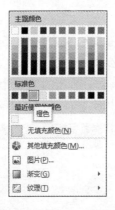

设置宣传页文字样式，具体步骤如下。

第1步 单击【绘图工具】→【格式】选项卡下【形状样式】组中的【形状效果】按钮 形状效果▾ 右侧的下拉按钮，在弹出的下拉列表中选择【映像】→【映像变体】→【紧密映像，接触】选项。

第2步 单击【绘图工具】→【格式】选项卡下【形状样式】组中的【形状效果】按钮 形状效果▾ 右侧的下拉按钮，在弹出的下拉列表中选择【柔化边缘】→【10磅】选项。

第3步 单击【绘图工具】→【格式】选项卡下【形状样式】组中的【形状效果】按钮 形状效果▾ 右侧的下拉按钮，在弹出的下拉列表中选择【三维旋转】→【极右极大透视】选项。

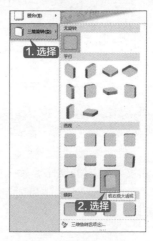

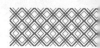

第 4 步 插入艺术字标题效果如下图所示。

第 5 步 打开随书光盘中的"素材 \ch03\ 企业资料 .txt"文件。选择第一段的文本内容，并按【Ctrl+C】组合键，复制选中的内容。

第 6 步 单击【插入】选项卡下【文本】组中的【文本框】按钮，在弹出的下拉列表中选择【绘制文本框】选项。

第 7 步 将鼠标光标定位在文档中，拖曳出文本框，按【Ctrl+V】组合键，将复制的内容粘贴在文本框内，并根据需求设置字体及段落样式。

第 8 步 单击【格式】选项卡下【形状样式】组中的【形状填充】按钮 形状填充，在弹出的下拉列表中选择【橙色】选项。

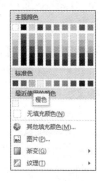

第 9 步 为文本设置形状样式效果如下图所示。

重复上面的步骤，将其余的段落内容复制、粘贴到文本框中，并设置艺术效果。添加文本结果如下图所示。

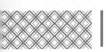

 添加宣传图片

在文档中添加图片元素，可以使宣传单看起来更加生动、形象、充满活力。在 Word 2016 中可以对图片进行编辑处理，并且可以把图片组合起来避免图片变动。

3.4.1 插入图片

插入图片，可以使宣传单更加多彩。在 Word 2016 中，不仅可以插入文档图片，还可以插入背景图片。Word 2016 支持更多的图片格式，例如 ".jpg" ".jpeg" ".jfif" ".jpe" ".png" ".bmp" ".dib" 和 ".rle" 等。在宣传单中添加图片的具体步骤如下。

第1步 单击【插入】选项卡【页眉和页脚】选项组中的【页眉】按钮，在弹出的下拉列表中选择【编辑页眉】选项。

第2步 单击【设计】选项卡【插入】选项组中的【图片】按钮，在弹出的【插入图片】对话框中选择 "素材 \ch03\01.jpg" 文件，单击【插入】按钮。

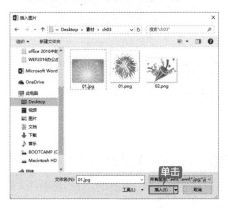

第3步 单击【布局】选项卡【排列】选项组中的【环绕文字】按钮，在弹出的下拉列表中选择【衬于文字下方】选项。

第4步 把图片调整为页面大小，单击【设计】选项卡【关闭】组中的【关闭页眉和页脚】按钮，即可看到设置完成的宣传单页面。

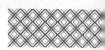
第5步 将光标定位于文档中,然后单击【插入】选项卡下【插图】组中的【图片】按钮。

第6步 在弹出的【插入图片】对话框中选择"素材\ch03\02.png"图片,单击【插入】按钮,即可插入该图片。

第7步 根据需要调整图片的大小和位置,单

击【布局选项】按钮,在弹出的列表中选择【衬于文字下方】选项。

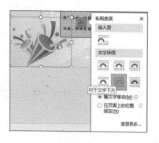

第8步 重复上述步骤,插入图片"素材\ch03\01.png",然后根据需要调整插入图片的大小和位置,效果如下图所示。

3.4.2 编辑图片

对插入的图片进行更正、调整、添加艺术效果等的编辑,可以使图片更好地融入宣传单的氛围中。具体操作步骤如下。

第1步 选择插入的图片,单击【图片工具】→【格式】选项卡下【调整】组中【更正】按钮 更正 右侧的下拉按钮,在弹出的下拉列表中选择任意选项。

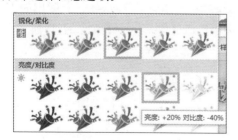

第2步 即可改变图片的锐化／柔化以及亮度

／对比度。

第3步 选择插入的图片,单击【图片工具】→【格式】选项卡下【调整】选项组中【颜色】按钮 颜色 右侧的下拉按钮,在弹出的下拉列表中选择任意选项。

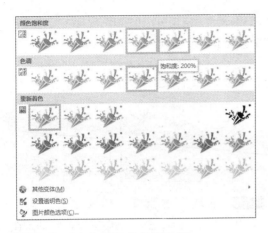

第4步 即可改变图片的色调色温。

第5步 单击【图片工具】→【格式】选项卡下【调整】选项组中【艺术效果】按钮 ⊞ 艺术效果· 右侧的下拉按钮，在弹出的下拉列表中选择任意选项。

第6步 即可改变图片的艺术效果。

第7步 单击【图片工具】→【格式】选项卡下【图片样式】选项组中的【其他】按钮 ▾ ，在弹出的下拉列表中选择【复杂框架，黑色】选项。

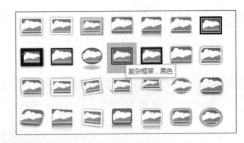

第8步 即可在宣传单上看到图片样式更改后的效果。

第9步 单击【图片工具】→【格式】选项卡下【图片样式】选项组中【图片边框】按钮 ☑ 图片边框· 右侧的下拉按钮，在弹出的下拉列表中选择【无轮廓】选项，即可在宣传单上看到图片边框设置后的效果。

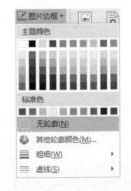

设置插入图片效果，具体操作步骤如下。

第1步 单击【图片工具】→【格式】选项卡下【图片样式】选项组中的【图片效果】按钮 ◻ 图片效果· 右侧的下拉按钮，在弹出的下拉列表中选择【预设】→【预设3】选项。

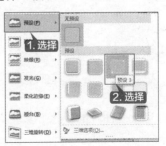

第 2 步　即可在宣传单上看到图片预设后的效果。

第 3 步　单击【图片工具】→【格式】选项卡下【图片样式】选项组中【图片效果】按钮 图片效果▾ 右侧的下拉按钮，在弹出的下拉列表中选择【阴影】→【左下斜偏移】选项。

第 4 步　即可在宣传单上看到图片添加阴影后的效果。

第 5 步　单击【图片工具】→【格式】选项卡下【图片样式】选项组中的【图片效果】按钮 图片效果▾ 右侧的下拉按钮，在弹出的下拉列表中选择【映像】→【紧密映像，接触】选项。

第 6 步　即可在宣传单上看到图片添加映像后的效果。

第 7 步　单击【图片工具】→【格式】选项卡下【图片样式】选项组中的【图片效果】按钮 图片效果▾ 右侧的下拉按钮，在弹出的下拉列表中选择【发光】→【金色，5pt 发光，个性色 4】选项。

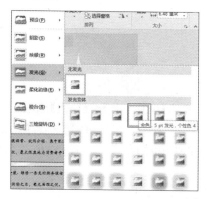

第 8 步　即可在宣传单上看到图片添加发光后的效果。

第 9 步　按照上述步骤设置好第二张图片，即可得到结果。

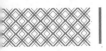
3.4.3 组合图片

编辑完添加的图片后，还可以把图片进行组合，避免宣传单中的图片移动变形。具体操作步骤如下。

第1步 按住【Ctrl】键，依次选择宣传单中的两张图片，即可同时选中这两张图片。

第2步 单击【图片工具】→【格式】选项卡下【排列】组中的【组合】按钮 组合，右侧的下拉按钮，在弹出的下拉列表中选择【组合】选项。

第3步 即可查看图片组合后的效果。

3.5 添加活动表格

表格是由多个行或列的单元格组成，用户可以在编辑文档的过程中向单元格中添加文字或图片，来丰富宣传单的内容。

3.5.1 创建表格

Word 2016 提供有多种插入表格的方法，用户可以根据需要选择。

1. 创建快速表格

可以利用 Word 2016 提供的内置表格模型来快速创建表格，但提供的表格类型有限，只适用于建立特定格式的表格。

第1步 将鼠标光标定位至需要插入表格的地方。单击【插入】选项卡下【表格】选项组中的【表格】按钮 表格，在弹出的下拉列表中选择【快速表格】选项，在弹出的子菜单中选择需要表格类型，这里选择"带副标题 1"。

第2步 即可插入选择的表格类型，用户可以

根据需要替换模板中的数据。

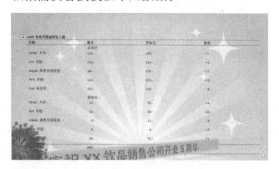

第3步 插入表格后，选择表格左上角的按钮选择所有表格并单击鼠标右键，在弹出的快捷菜单中选择【删除表格】菜单命令，即可将表格删除。

第4步 即可看到删除快速表格后宣传单的效果。

2. 使用表格菜单创建表格

使用表格菜单适合创建规则的、行数和列数较少的表格。最多可以创建 8 行 10 列的表格。

将鼠标光标定位在需要插入表格的地方。单击【插入】选项卡下【表格】选项组中的【表格】按钮，在【插入表格】区域内选择要插入表格的行数和列数，即可在指定位置插入表格。选中的单元格将以橙色显示，并在名

称区域显示选中的行数和列数。

3. 使用【插入表格】对话框创建表格

使用表格菜单创建表格固然方便，可是由于菜单所提供的单元格数量有限，因此只能创建有限的行数和列数。而使用【插入表格】对话框，则不受数量限制，并且可以对表格的宽度进行调整。在本案例企业宣传单中，使用【插入表格】对话框创建表格。具体操作步骤如下。

第1步 将鼠标光标定位至需要插入表格的地方。单击【插入】选项卡下【表格】选项组中的【表格】按钮，在其下拉菜单中选择【插入表格】选项。

第2步 在弹出的【插入表格】对话框中设置表格尺寸，设置【列数】为"2"，【行数】为"8"，单击【确定】按钮。

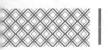

| 提示 |

【"自动调整"操作】区域中各个单选项的含义如下。

【固定列宽】单选项：设定列宽的具体数值，单位是厘米。当选择为自动时，表示表格将自动在窗口填满整行，并平均分配各列为固定值。

【根据内容调整表格】单选项：根据单元格的内容自动调整表格的列宽和行高。

【根据窗口调整表格】单选项：根据窗口大小自动调整表格的列宽和行高。

第3步 插入表格后，参照"店庆资料 .txt"文件中的内容在表格中输入数据。将鼠标光标移动到表格的右下角，当鼠标光标变为 ↘ 形状时，拖曳光标，即可调整表格的大小。并根据版面调整各部分之间的位置。

3.5.2 编辑表格

在 Word 2016 中表格制作完成后，可对表格的内容格式进行设置，并对表格中的字体进行设置。

第1步 打开随书光盘中的"素材\ch03\企业资料"文件，根据文件中的内容填充表格。

第2步 选择表格左上角的【全选】按钮，并单击【表格工具】→【布局】选项卡下【对齐方式】组中的【水平居中】按钮。即可把表格中的文字居中显示。

第3步 选择【开始】选项卡下【字体】组中的【字体】下拉按钮，在弹出的下拉列表中选择【华文楷体】字体。

第4步 选择【开始】选项卡下【字体】组中的【字号】下拉按钮，在弹出的下拉列表中选择【五号】字号。

第5步 即可完成对表格的编辑。

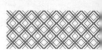

3.5.3 美化表格

在 Word 2016 中表格制作完成后，可对表格的边框、底纹及表格内的文本进行美化设置，使宣传单看起来更加美观。

1. 填充表格底纹

为了突出表格内的某些内容，可以为其填充底纹，以便查阅者能够清楚地看到要突出的数据。填充表格底纹的具体操作步骤如下。

第1步 选择要填充底纹的单元格，单击【设计】选项卡下【表格样式】选项组中【底纹】按钮 的下拉按钮，在弹出的下拉列表中选择一种底纹颜色。

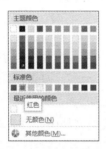

第2步 即可看到设置底纹后的效果。

产品类型	折扣力度
碳酸饮料	0.76
果蔬汁	0.73
蛋白饮料	0.82
饮用水	0.94
茶饮料	0.9
植物饮料	0.86
风味饮料	0.6

> **提示**
>
> 选择要设置底纹的表格，单击【开始】选项卡下【段落】选项组中的【底纹】按钮，在弹出的下拉列表中也可以填充表格底纹。

第3步 选中刚才设置底纹的单元格，单击【设计】选项卡下【表格样式】选项组中【底纹】按钮 的下拉按钮，在弹出的下拉列表中选择【无颜色】选项。

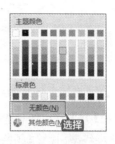

第4步 即可删除刚才设置的底纹颜色。

产品类型	折扣力度
碳酸饮料	0.76
果蔬汁	0.73
蛋白饮料	0.82
饮用水	0.94
茶饮料	0.9
植物饮料	0.86
风味饮料	0.6

2. 设置表格的边框类型

如果用户对默认的表格边框设置不满意，可以重新进行设置。为表格添加边框的具体操作步骤如下。设置表格的边框可以使表格更加美观。

第1步 选择整个表格，单击【布局】选项卡【表】组中的【属性】按钮 。弹出【表格属性】对话框，选择【表格】选项卡，单击【边框和底纹】按钮。

第2步 弹出【边框和底纹】对话框，在【边框】

选项卡下选择【设置】选项组中的【自定义】选项。

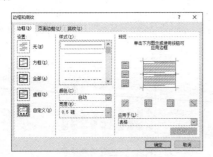

第3步 在【样式】列表框中任意选择一种线型，这里选择第一种线型，设置【颜色】为"红色"，设置【宽度】为"0.5磅"。选择要设置的边框位置。即可看到预览效果。

|提示|

还可以在【设计】选项卡的【边框】选项组中更改边框的样式。

第4步 选择【底纹】选项卡下【填充】组中的下拉按钮，在弹出的【主题颜色】面板中，选择【橙色】选项。

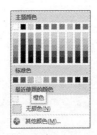

第5步 返回【边框和底纹】对话框，在【预览】区域即可看到设置底纹后的效果，单击【确定】按钮。

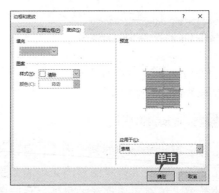

第6步 返回【表格属性】对话框，选择【确定】按钮。

第7步 在宣传单文档中即可看到设置表格边框类型后的效果。

产品类型	折扣力度
碳酸饮料	0.76
果蔬汁	0.73
蛋白饮料	0.82
饮用水	0.94
茶饮料	0.9
植物饮料	0.86
风味饮料	0.6

第8步 选择整个表格，单击【布局】选项卡【表】组中的【属性】按钮 属性 。弹出【表格属性】对话框，单击【边框和底纹】按钮。

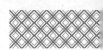

第9步 弹出【边框和底纹】对话框，在【边框】选项卡下选择【设置】选项组中的【无】选项，在【预览】区域即可看到设置边框后的效果。

取消表格颜色、底纹、边框，具体步骤如下。

第1步 选择【底纹】选项卡下【填充】组中的下拉按钮，在弹出的【主题颜色】面板中，选择【无颜色】选项。

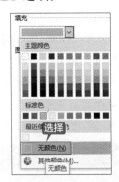

第2步 返回【边框和底纹】对话框，在【预览】区域即可看到设置底纹后的效果，单击【确定】按钮。

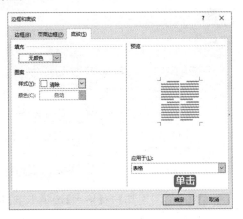

第3步 返回【表格属性】对话框，单击【确定】按钮。

第4步 在宣传单文档中，即可查看取消边框和底纹后的效果。

3. 快速应用表格样式

Word 2016 中内置了多种表格样式，用户可以根据需要选择要设置的表格样式，即可将其应用到表格中。

本案例中使用这种方法来美化宣传单中的表格，来达到丰富宣传单色彩元素的效果。具体操作步骤如下。

第1步 将鼠标光标置于要设置样式的表格的任意位置（也可以在创建表格时直接应用自动套用格式）或者选中表格。

第2步 单击【表格工具】→【设计】选项卡下【表格样式】组中的某种表格样式图标，文档中的表格即会以预览的形式显示所选表格的样

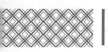

式，这里单击【其他】按钮 ▼，在弹出的下拉列表中选择一种表格样式并单击，即可将选择的表格样式应用到表格中。

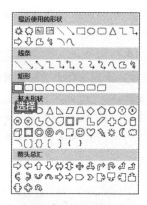

第3步 返回宣传单文档中，即可查看应用表格样式后的效果。

产品类型	新知力度
碳酸饮料	0.76
果蔬汁	0.73
蛋白饮料	0.82
饮用水	0.94
茶饮料	0.9
植物饮料	0.86
风味饮料	0.6

3.6 使用自选图形

利用 Word 2016 系统提供的形状，可以绘制出各种形状，来为宣传单设置个别内容醒目的效果。形状分别为线条、矩形、基本形状、箭头总汇、公式形状、流程图、星与旗帜和标注，用户可以根据需要从中选择适当的图形。具体操作步骤如下。

第1步 单击【插入】选项卡下【插图】选项组中的【形状】按钮 下方的下拉按钮，在弹出的【形状】下拉列表中，选择"矩形"形状。

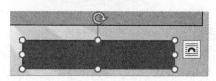

第2步 在文档中选择要绘制形状的起始位置，按住鼠标左键并拖曳至合适位置，松开鼠标左键，即可完成形状的绘制。

第3步 选中插入的矩形形状，将鼠标指针放在形状边框的四个角上，当鼠标光标变为 形状时，按住鼠标左键并拖曳鼠标即可改变【形状】的大小。

第4步 选中插入的矩形形状，将鼠标指针放在形状边框上，当鼠标光标变为 ✚ 形状时，拖曳鼠标，即可调整形状的位置。

第5步 单击【绘图工具】→【格式】选项卡下【形

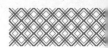

状样式】组中的【其他】按钮 ，在弹出的下拉列表中选择【细微效果 – 橙色，强调颜色 2】样式，即可将选择的表格样式应用到形状中。

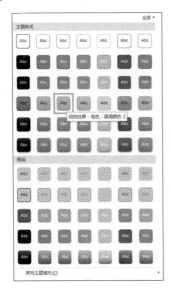

第 6 步 在宣传单上即可查看设置矩形形状样式后的效果。

第 7 步 单击【绘图工具】→【格式】选项卡下【排列】组中的【环绕文字】按钮 ，在弹出的下拉列表中选择【衬于文字下方】选项。

第 8 步 单击【插入】选项卡下【文本】组中的【艺术字】按钮 ，在弹出的下拉列表中选择一种艺术字样式，在弹出的文本框中，输入文字"活动期间进店有礼！"

第 9 步 并根据矩形形状的大小和位置，调整字体文本框的大小和位置。

制作个人简历

与企业宣传单类似的文档还有制作个人简历、培训资料、产品说明书等。排版这类文档时，都要做到色彩统一、图文结合，编排简洁，使读者能把握重点并快速获取需要的信息。

下面就以制作个人简历为例进行介绍。

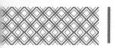

1. 设置页面

新建空白文档，设置流程图页面边距、页面大小、插入背景等。

2. 添加个人简历标题

选择【插入】选项卡下【文本】组中的【艺术字】选项，在流程图中插入艺术字标题"个人简历"并设置文字效果。

3. 插入活动表格

根据个人简历制作的需要，在文档中插

入表格，并对表格进行编辑。

4. 添加文字

在插入的表格中，添加个人简历需要的文本内容，并对文字与形状的样式进行调整。

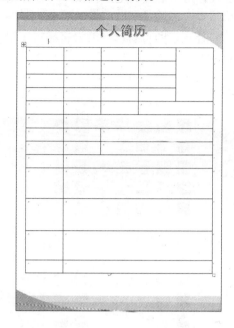

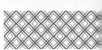

◇ 从 Word 中导出清晰的图片

Word 中的图片可以单独导出并保存到电脑中，方便用户使用。具体操作方法如下。

第1步 打开随书光盘中的"素材 \ch03\ 导出清晰图片 .docx"文件，单击选中文档中的图片。

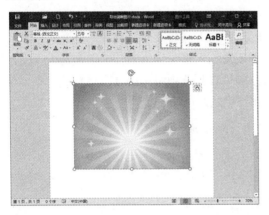

第2步 在图片上单击鼠标右键，在弹出的快捷菜单中选择【另存为图片】选项。

第3步 在弹出的【保存文件】对话框中，在【文件名】文本框中"导出清晰图片 .jpg"，设置【保存类型】为"JPEG 文件交换格式"，单击【保存】按钮。

◇ 给跨页的表格添加表头

如果表格的内容较多，会自动在下一个 Word 页面显示表格内容，但是表头却不会在下一页显示，可以通过设置，当表格跨页时，自动在下一页添加表头。具体操作步骤如下。

第1步 选择【图表工具】→【布局】选项卡下【表】组中的【属性】按钮　属性。

第2步 在弹出的【表格属性】对话框中，单击选中【行】选项卡下【选项】组中的【在各页顶端以标题行形式重复出现】复选框，然后单击【确定】按钮。

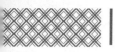

第3步 返回至 Word 文档中，即可看到每一页的表格前均添加了表头。

◇ 文本和表格的转换

在文档编辑过程中，用户可以直接将编辑过的文本转换成表格，具体操作步骤如下。

第1步 在文档中创建需要转换为表格的文本，按键盘上的【Tab】键以制表符来分隔文字，然后按住鼠标左键拖动鼠标选择所有文字。

第2步 选中文本内容，单击【插入】选项卡下【表格】组中的【表格】按钮 的下拉按钮，在弹出的快捷菜单中选择【文本转换成表格】选项。

第3步 打开【将文本转换成表格】对话框，在列数输入框中输入数字，单击选中【文本分隔位置】选项组中的【空格】单选项，单击【确定】按钮。

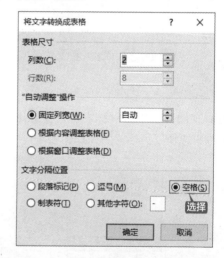

第4步 即可看到已经将输入的文字转换为表格形式。

第4章

Word 高级应用——长文档的排版

本章导读

在办公与学习中，经常会遇到包含大量文字的长文档，如毕业论文、个人合同、公司合同、企业管理制度、礼仪培训资料、产品说明书等，使用 Word 提供的创建和更改样式、插入页眉和页脚、插入页码、创建目录等操作，可以方便地对这些长文档排版。本章就以制作礼仪培训资料为例，介绍一下长文档的排版技巧。

思维导图

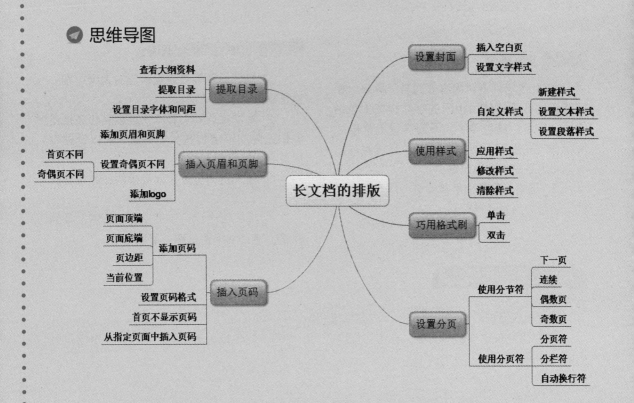

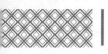

 4.1 礼仪培训资料

　　每个公司都有其独特的公司文化和行为要求，新的员工进入公司会经过一个简单的礼仪培训。礼仪培训资料作为礼仪培训中经常使用的文档资料，可以帮助员工更好地完成礼仪培训。本节就介绍一下对礼仪培训资料的排版。

实例名称: 礼仪培训资料		
实例目的: 更好地完成礼仪培训		
	素材	素材 \ch04\ 礼仪培训资料 .docx
	结果	结果 \ch04\ 礼仪培训资料 .docx
	录像	视频教学录像 \04 第 4 章

4.1.1 案例概述

　　良好的礼仪使客户能对公司有一个积极的印象，礼仪培训资料的版面也需要赏心悦目。制作一份格式统一、工整的公司礼仪培训资料，不仅能够使礼仪培训资料美观，还方便礼仪培训者查看，能够把握礼仪培训重点并快速掌握礼仪培训内容，起到事半功倍的效果。对礼仪培训资料的排版需要注意以下几点。

1. 格式统一

　　① 礼仪培训资料内容分为若干等级，相同等级的标题要使用相同的字体样式（包括字体、字号、颜色等），不同等级的标题之间字体样式要有明显的区分。通常按照等级高低将字号由大到小设置。

　　② 正文字号最小且需要统一所有正文样式，否则文档将显得杂乱。

2. 层次结构区别明显

　　① 可以根据需要设置标题的段落样式，为不同标题设置不同的段间距和行间距，使不同标题等级之间或者是标题和正文之间结构区分更明显，便于阅读者查阅。

　　② 使用分页符将礼仪培训资料中需要单独显示的页面另起一页显示。

3. 提取目录便于阅读

　　① 根据标题等级设置对应的大纲级别，这是提取目录的前提。

　　② 添加页眉和页脚不仅可以美化文档还能快速向阅读者传递文档信息，可以设置奇偶页不同的页眉和页脚。

　　③ 插入页码也是提取目录的必备条件之一。

　　④ 提取目录后可以根据需要设置目录的样式，使目录格式工整、层次分明。

4.1.2 设计思路

　　排版礼仪培训资料时可以按以下的思路进行。

　　① 制作礼仪培训资料封面，包含礼仪培训项目名称、礼仪培训时间等，可以根据需要对封面进行美化。

② 设置礼仪培训资料的标题、正文格式，根据需要设计礼仪培训资料的标题及正文样式，包括文本样式及段落样式等，并根据需要设置标题的大纲级别。

③ 使用分隔符或分页符设置文本格式，将重要内容另起一页显示。

④ 插入页码、页眉和页脚并根据要求提取目录。

4.1.3 涉及知识点

本案例主要涉及以下知识点。

① 使用样式。

② 使用格式刷工具。

③ 使用分隔符、分页符。

④ 插入页码。

⑤ 插入页眉和页脚。

⑥ 提取目录。

4.2 对封面进行排版

首先为礼仪培训资料添加封面，具体操作步骤如下。

第1步 打开随书光盘中的"素材 \ch04\ 礼仪培训资料 .docx"文档，将鼠标光标定位至文档最前的位置，单击【插入】选项卡下【页面】组中的【空白页】按钮。

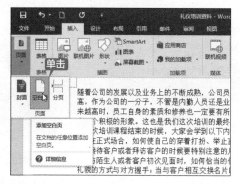

第2步 即可在文档中插入一个空白页面，将鼠标光标定位于页面最开始的位置。

第3步 按【Enter】键换行，并输入文字"礼"，按【Enter】键换行，然后依次输入"仪""培""训""资""料"文本，最后输入日期，效果如下图所示。

第4步 选中"礼仪培训资料"文本，单击【开始】选项卡下【字体】组中的【字体】按钮，打开【字体】对话框，在【字体】选项卡下设置【中文字体】为"华文楷体"，【西文字体】为"（使用中文字体）"，【字形】为"常规"，【字号】为"小初"，单击【确定】按钮。

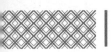

第5步 单击【开始】选项卡下【段落】组中的【段落设置】按钮 ，打开【段落】对话框，在【缩进和间距】选项卡下【常规】组中设置【对齐方式】为"居中"，在【缩进】组中设置【间距】的【段前】为"1行"，【段后】为"0.5行"，设置【行距】为"多倍行距"，【设置值】为"1.2"。单击【确定】按钮。

第6步 设置完成后的效果如下图所示。

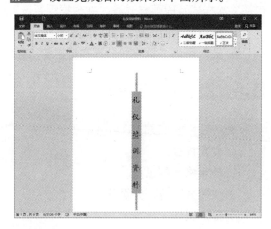

第7步 选中日期文本，在【开始】选项卡下【字体】组中设置【字号】为"三号"，在【段落】选项组中设置【对齐方式】为"右对齐"。

第8步 最终效果如下图所示。

4.3 使用样式

样式是字体格式和段落格式的集合。在对长文本的排版中，可以对相同性质的文本进行重复套用特定样式，提高排版效率。

4.3.1 自定义样式

在对礼仪培训资料这类长文档的排版中，相同级别的文本一般会使用统一的样式。

第1步 选中"一、个人礼仪"文本，单击【开始】选项卡下【样式】组中的【样式】按钮 ▣。

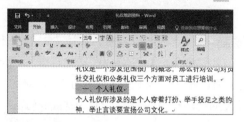

第2步 弹出【样式】窗格，单击【新建样式】按钮 ⊠ 新建样式。

第3步 弹出【根据格式设置创建新样式】对话框，在【属性】选项组中设置【名称】为"一级标题"，在【格式】选项组中设置【字体】为"华文行楷"，【字号】为"三号"，并设置"加粗"效果。

第4步 单击左下角的【格式】按钮，在弹出的下拉列表中选择【段落】选项。

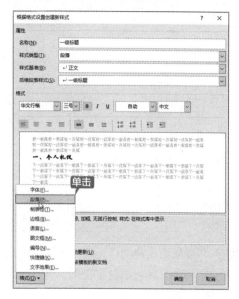

第5步 弹出【段落】对话框，在【缩进和间距】选项卡下【常规】选项组内设置【对齐方式】为"两端对齐"，【大纲级别】为"1级"，在【间距】选项组内设置【段前】为"1行"，【段后】为"1行"，然后单击【确定】按钮。

第6步 返回【根据格式设置创建新样式】对话框，在预览窗口可以看到设置的效果。单击【确定】按钮即可。

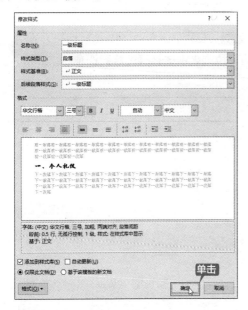

第7步 即可创建名称为"一级标题"的样式，所选文字将会自动应用自定义的样式。

第8步 重复上述操作步骤，选择"1. 个人仪表"文本并设置【字体】为"华文行楷"、【字号】为"四号"、【对齐方式】为"两端对齐"，【大纲级别】为"2级"的二级标题样式。

4.3.2 应用样式

使用创建好的样式可对需要设置相同样式的文本进行套用。

第1步 选中"二、社交礼仪"文本，在【样式】窗格的列表中单击"一级标题"样式，即可将"一级标题"样式应用至所选文本。

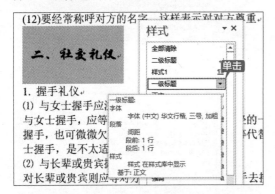

第2步 使用同样的方法对其余一级标题和二级标题进行设置，最终效果如图所示。

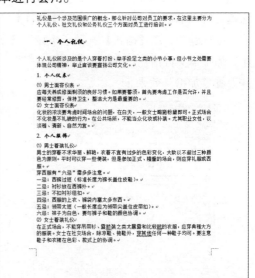

4.3.3 修改样式

如果排版的要求在原来样式的基础上发生了一些变化，可以对样式进行修改，相应的应用该样式的文本的样式也会对应发生改变。具体操作步骤如下。

第1步 单击【开始】选项卡下【样式】组中的【样式】按钮 🔲，弹出【样式】窗格。

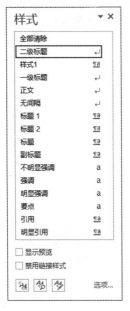

第2步 选中要修改的样式，如"一级标题"样式，单击【一级标题】样式右侧的下拉按钮，在弹出的下拉列表中选择【修改】选项。

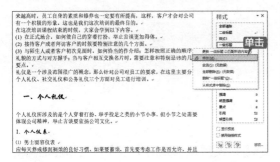

第3步 弹出【修改样式】对话框，将【格式】选项组内的【字体】改为"华文隶书"，单击左下角的【格式】按钮，在弹出的下拉列表中单击【段落】选项。

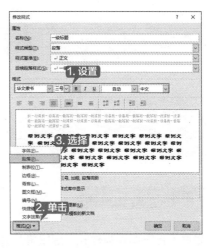

第4步 弹出【段落】对话框，将【间距】选项组内的【段前】和【段后】都改为"1 行"，单击【确定】按钮。

第5步 返回【修改样式】对话框，在预览窗口查看设置效果，单击【确定】按钮。

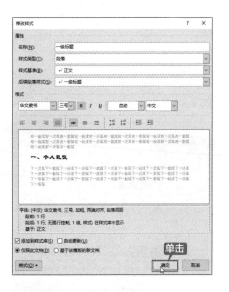

第6步 修改完成后，所有应用该样式的文本样式也相应地发生了变化，效果如图所示。

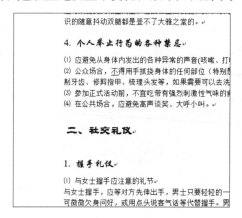

4.3.4 清除样式

如果不再需要某些样式，可以将其清除，清除样式的具体操作步骤如下。

第1步 创建【字体】为"楷体"，【字号】为"11"，【首行缩进】为"2字符"的名为"正文内容"的样式，并将其应用到正文文本中。

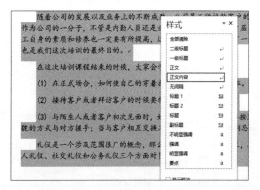

第2步 选中"正文内容"样式，单击【正文内容】样式右侧的下拉按钮，在弹出的下拉列表中选择【删除"正文内容"】选项。

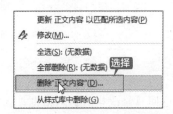

第3步 在弹出的确认删除窗口中单击【是】按钮即可将该样式删除。

第4步 如图所示，该样式即被从样式列表中删除。

第5步 使用该样式的文本样式也相应地发生了变化。

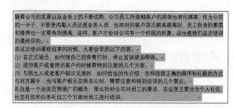

4.4 巧用格式刷

除了对文本套用创建好的样式之外，还可以使用格式刷工具对相同性质的文本进行格式的设置。设置正文的样式并使用格式刷的具体操作步骤如下。

第1步 选择要设置正文样式的段落。

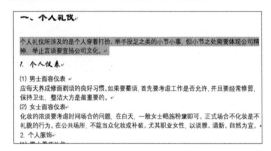

第2步 在【开始】选项卡下【字体】选项组中设置【字体】为"楷体"，设置【字号】为"11"。

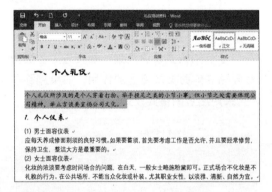

第3步 单击【开始】选项卡下【段落】组中的【段落设置】按钮 ，弹出【段落】对话框，在【缩进和间距】选项卡下，设置【缩进】选项组内【特殊格式】为"首行缩进"，【缩进值】为"2字符"，设置【间距】选项组内【段前】为"0.5行"，【段后】为"0.5行"，【行距】为"单倍行距"。设置完成后，单击【确定】按钮。

第4步 设置完成后，效果如图所示。

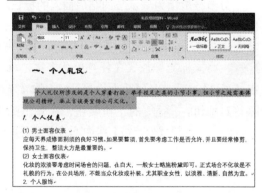

第5步 双击【开始】选项卡下【剪贴板】组中的【格式刷】按钮 ，可重复使用格式刷工具。使用格式刷工具对其余正文内容的格式进行设置，最终效果如图所示。

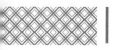

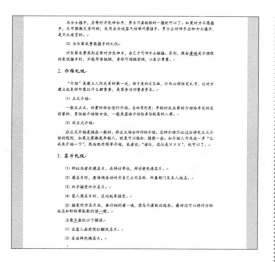

第6步 使用同样的方法为"(1)男士面容仪表"

等文本添加"加粗"效果，将【字号】设置为"12"，最终效果如图所示。

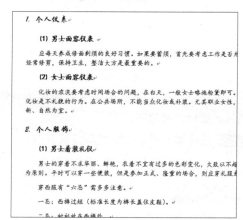

4.5 设置礼仪培训资料分页

在礼仪培训资料中，有些文本内容需要进行分页显示，下面介绍如何使用分节符和分隔符进行分页。

4.5.1 使用分节符

分节符是指为表示节的结尾插入的标记。分节符包含节的格式设置元素，如页边距、页面的方向、页眉和页脚，以及页码的顺序。分节符起着分隔其前面文本格式的作用，如果删除了某个分节符，它前面的文字会合并到后面的节中，并且采用后者的格式设置。

第1步 将鼠标光标放置在任意段落末尾，单击【布局】选项卡下【页面设置】组中的【分隔符】按钮 的下拉按钮，在弹出的下拉列表中选择【分节符】组中的【下一页】按钮。

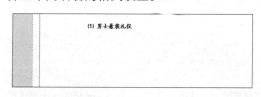

第3步 如果删除分节符，可以将光标放置在插入分节符位置，按【Delete】键删除，效果如图所示。

第2步 即可将光标下方后面文本移至下一页，效果如图所示。

4.5.2 使用分页符

引导语可以让读者大致了解资料内容，作为概述性语言，可以单独放在一页，具体设置步骤如下。

第1步 将鼠标光标放置在"随着公司发展"文本前面，按【Enter】键使文本向下移动一行，然后在空出的行内输入文字"引导语"。

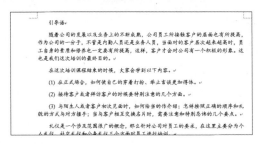

第2步 选中"引导语"文本，设置【字体】为"楷体"，【字号】为"24"，【对齐方式】为"居中对齐"，效果如图所示。

第3步 将鼠标光标放置在"引导语"内容的末尾，单击【布局】选项卡下【页面设置】组中的【分隔符】按钮右侧的下拉按钮。

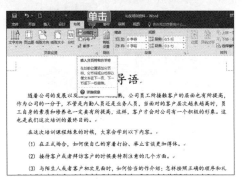

第4步 在弹出的下拉列表中选择"分页符"选项。

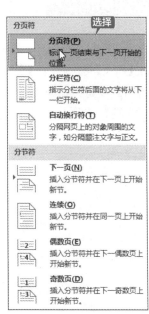

第5步 即可将鼠标光标所在位置以下的文本移至下一页，效果如图所示。

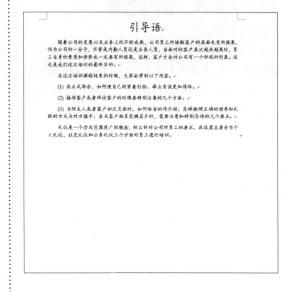

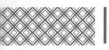

对于礼仪培训资料这种篇幅较长的文档，页码可以帮助阅读者记住阅读的位置，阅读起来也更加方便。

4.6.1 添加页码

在礼仪培训资料文档中插入页码的具体操作步骤如下。

第1步 单击【插入】选项卡下【页眉和页脚】组中的【页码】按钮，在弹出的下拉列表中选择【页面底端】选项，页码样式选择"普通数字3"样式。

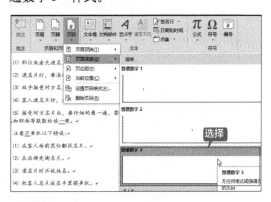

第2步 即可在文档中插入页码，效果如图所示。

4.6.2 设置页码格式

为了使页码达到最佳的显示效果，可以对页码的格式进行简单的设置，具体操作步骤如下。

第1步 单击【插入】选项卡下【页眉和页脚】组中的【页码】按钮，在弹出的下拉列表中选择【设置页码格式】选项。

第2步 弹出【页码格式】对话框，在【编号格式】下拉列表中选择一种编号格式，单击【确定】按钮。

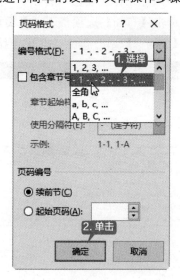

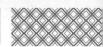

第3步 设置完成后的效果如图所示。

4.6.3 首页不显示页码

礼仪培训资料的首页是封面，一般不显示页码，使首页不显示页码的具体操作步骤如下。

第1步 单击【插入】选项卡下【页眉和页脚】组中的【页码】按钮，在弹出的下拉列表中选择【设置页码格式】选项。

第2步 弹出【页码格式】对话框，在【页码编号】选区选中【起始页码】单选按钮，在微调框中输入"0"，单击【确定】按钮。

第3步 将鼠标光标放置在页码位置，单击鼠标右键，在弹出的快捷菜单中单击【编辑页脚】按钮。

第4步 单击选中【设计】选项卡下【选项】组中的【首页不同】复选框。

第5步 设置完成，单击【关闭页眉和页脚】按钮。

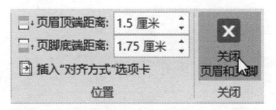

第6步 即可取消首页页码的显示，效果如下图所示。

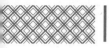
4.6.4 从指定页面中插入页码

对于某些文档，由于说明性文字或者与正文无关的文字篇幅较多，需要从指定的页面开始添加页码，具体操作步骤如下。

第1步 将鼠标光标放置在引导语段落文本末尾。

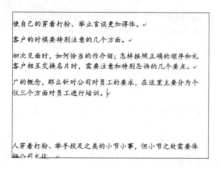

第2步 单击【布局】选项卡下【页面设置】组中的【分隔符】按钮，在弹出的下拉列表中选择【分节符】组中的【下一页】选项。

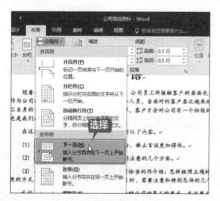

第3步 插入【下一页】分节符，鼠标光标将在下一页显示，双击此页页脚位置，进入页脚编辑状态，单击【页眉和页脚工具】→【设计】选项卡下【导航】组中的【链接到前一条页眉】按钮。

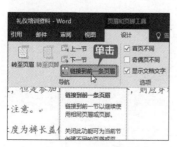

第4步 单击【插入】选项卡下【页眉和页脚】组中的【页码】按钮，在弹出的下拉列表中选择【页面底端】选项中的"普通数字3"样式。

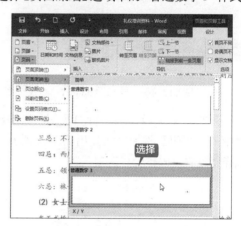

第5步 单击【页眉和页脚】选项组中的【页码】按钮，在弹出的下拉列表中选择【设置页码格式】选项，弹出【页码格式】对话框，设置起始页码为"2"。

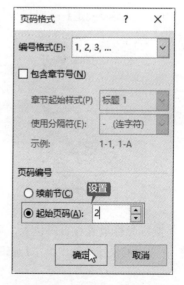

第6步 单击【关闭页眉和页脚】按钮，效果如图所示。

随着的衣服，应穿典雅大方的
中鞋子均可。要注意鞋子和衣

- 2 -

4.7 插入页眉和页脚

在页眉和页脚中可以输入创建文档的基本信息，例如在页眉中输入文档名称、章节标题或者作者名称等信息，在页脚中输入文档的创建时间、页码等，不仅能使文档更美观，还能向读者快速传递文档要表达的信息。

4.7.1 添加页眉和页脚

页眉和页脚在文档资料中经常遇到，对文档的美化有很显著的作用。在公司礼仪培训资料中插入页眉和页脚的具体操作步骤如下。

1. 插入页眉

页眉的样式多种多样，插入页眉的具体操作步骤如下。

第1步 单击【插入】选项卡下【页眉和页脚】组中的【页眉】按钮，在弹出的下拉列表中选择"边线型"样式。

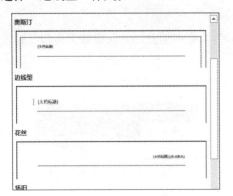

第2步 即可在文档每一页的顶部插入页眉，并显示【文档标题】文本域。

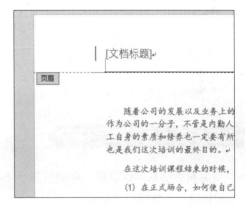

第3步 在页眉的文本域中输入文档的标题和页眉，单击【设计】选项卡下【关闭】组中的【关闭页眉和页脚】按钮。

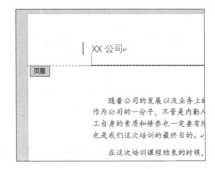

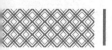
第4步 即可在文档中插入页眉，效果如图所示。

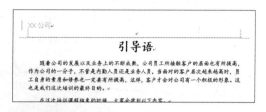

2. 插入页脚

页脚也是文档的重要组成部分，插入页脚的具体操作步骤如下。

第1步 在【设计】选项卡下单击【页眉和页脚】组中的【页脚】按钮，在弹出的【页脚】下拉列表中选择"奥斯汀"样式。

第2步 文档自动跳转至页脚编辑状态，输入"内部资料"文本，并使用空格键将页码调整至右侧，并将页码样式调整为和偶数页一致，效果如图所示。

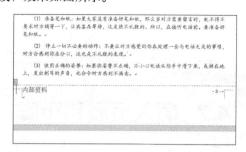

第3步 单击【设计】选项卡下【关闭】组中的【关闭页眉和页脚】按钮，即可看到插入页脚的效果。

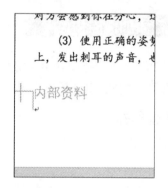

4.7.2 设置为奇偶页不同

页眉和页脚都可以设置为奇偶页显示不同内容以传达更多信息，下面设置页眉和页脚奇偶页不同效果，具体操作步骤如下。

第1步 将鼠标光标放置在页眉位置，单击鼠标右键，在弹出的快捷菜单中选择【编辑页眉】选项。

第2步 单击选中【设计】选项卡下【选项】组中的【奇偶页不同】复选框。

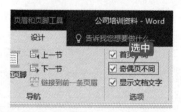

第3步 页面会自动跳转至页眉编辑页面，在偶数页文本编辑栏中输入"礼仪培训"文本，设置其【对齐方式】为"右对齐"，并根据需要设置字体样式。

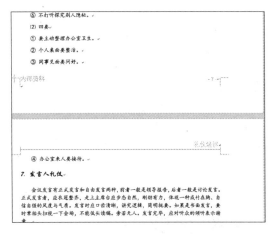

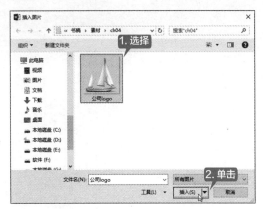

第 5 步 单击【关闭页眉和页脚】按钮，效果如图所示。

> **提示**
>
> 设置奇偶页不同效果后，需要重新设置奇数页和偶数页样式。

第 4 步 在页面底端插入"普通数字 3"样式页码，效果如图所示。

4.7.3 添加公司 logo

在公司礼仪培训资料里加入公司 logo 会使文件看起来更加美观，具体操作步骤如下。

第 1 步 将鼠标光标放置在页眉位置，单击鼠标右键，在弹出的快捷菜单中选择【编辑页眉】选项。

第 2 步 进入页眉编辑状态，单击【插入】选项卡下【插图】组中的【图片】按钮。

第 3 步 弹出【插入图片】对话框，选择随书光盘中的"素材\ch04\公司 logo.png"图片，单击【插入】按钮。

第 4 步 即可插入图片至页眉，调整图片大小。

第5步 单击【关闭页眉和页脚】按钮，效果如图所示。

4.8 提取目录

目录是公司礼仪培训资料的重要组成部分，目录可以帮助阅读者更方便地阅读资料，使读者更快地找到自己想要阅读的内容。

4.8.1 通过导航查看礼仪培训资料大纲

对文档应用了标题样式或者设置标题级别之后，可以在导航窗格中查看设置后的效果并可以快速切换至所要查看章节，显示导航窗格的方法如下。

单击【视图】选项卡，在【显示】选项组中单击选中【导航窗格】复选框，即可在屏幕左侧显示导航窗口。

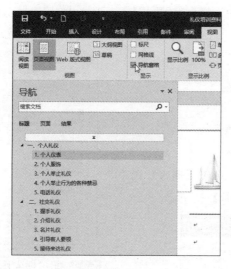

4.8.2 提取目录

为方便阅读，需要在公司礼仪培训资料中加入目录，插入目录的具体操作步骤如下。

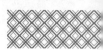

第 1 步 将鼠标光标定位在"引导语"前，单击【布局】选项卡下【页面设置】组中的【分隔符】按钮，在弹出的下拉列表中选择【分隔符】选项组中的【分页符】选项。

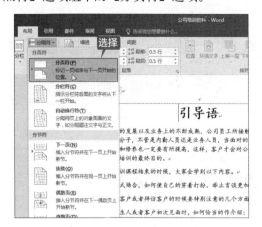

第 2 步 将鼠标光标放置于新插入的页面，在空白页输入"目录"文本，并根据需要设置字体样式。

第 3 步 单击【引用】选项卡下【目录】组中的【目录】按钮，在弹出的下拉列表中选择【自定义目录】选项。

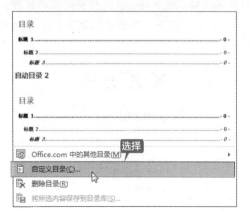

第 4 步 弹出【目录】对话框，在【格式】下

拉列表中选择【正式】选项，将【显示级别】设置为"2"，在预览区域可以看到设置后的效果，单击【确定】按钮确认设置。

第 5 步 建立目录效果如图所示。

第 6 步 将鼠标指针移动至目录上，按住【Ctrl】键，鼠标指针会变为 ，单击相应链接即可跳转至相应标题。

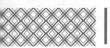
4.8.3 设置目录字体和间距

目录是文章的导航型文本，合适的字体和间距会方便读者快速找到需要的信息，设置目录字体和间距的步骤如下。

第1步 选中除"目录"文本外所有目录，单击【开始】选项卡，在【字体】选项组中【字体】下拉列表中设置【字体】为"等线 Light（标题）"，【字号】为"10"。

第2步 单击【段落】选项组中的【行和段落间距】按钮，在弹出的下拉列表中选择【1.5】选项。

第3步 设置完成后的效果如图所示。

至此，就完成了礼仪培训资料的排版。

排版毕业论文

设计毕业论文时需要注意的是文档中同一类别的文本的格式要统一，层次要有明显的区分，要对同一级别的段落设置相同的大纲级别。还需要将需要单独显示的页面单独显示，本节根据需要制作毕业论文。排版毕业论文时可以按以下的思路进行。

1. 设计毕业论文首页

第一步制作论文封面，包含题目、个人相关信息、指导教师和日期等。

2. 设计毕业论文格式

在撰写毕业论文的时候，学校会统一毕业论文的格式，需要根据要求，设计毕业论文的格式。

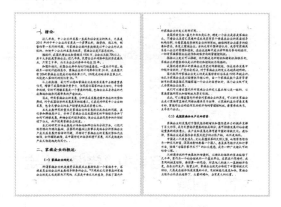

3. 设置页眉并插入页码

在毕业论文中可能需要插入页眉，使文档看起来更美观，此外还需要插入页码。

4. 提取目录

毕业论文完成格式设置后，完成添加页眉与页脚，还需要为毕业论文提取目录。

◇ 删除页眉中的横线

在添加页眉时，经常会看到自动添加的分隔线，下面这个技巧可以将自动添加的分隔线删除。

第1步 双击页眉，进入页眉编辑状态。单击【设计】选项卡下【页面背景】组中的【页面边框】按钮。

第2步 在打开的【边框和底纹】对话框中选择【边框】选项卡，在【设置】组下选择【无】选项，在【应用于】下拉列表中选择【段落】选项，单击【确定】按钮。

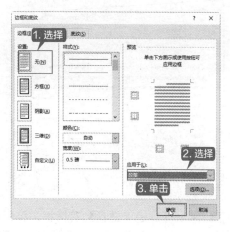

第3步 即可看到页眉中的分隔线已经被删除。

◇ **为样式设置快捷键**

在创建样式时，可以为样式指定快捷键，只需要选择要应用样式的段落并按快捷键即可应用样式。

第1步 在【样式】窗格中单击要指定快捷键的样式后的下拉按钮 ▼，在弹出的下拉列表中选择【修改】选项。

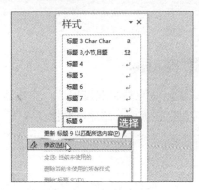

第2步 打开【修改样式】对话框，单击【格式】按钮，在弹出的列表中选择【快捷键】选项。

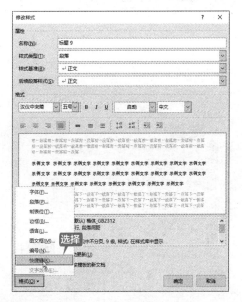

第3步 弹出【自定义键盘】对话框，将鼠标光标定位至【请按新快捷键】文本框中，并在键盘上按要设置的快捷键，按【Alt+C】组合键，单击【指定】按钮，即完成了指定样式快捷键的操作。

◇ **解决 Word 目录中"错误！未定义书签"问题**

如果在 Word 目录中遇到"错误！未定义书签"的提示，出现这种错误可能由于原来的标题被无意修改了，可以采用下面的方法来解决问题。

第1步 在目录的任意位置单击鼠标右键，在弹出的菜单中选择【更新域】选项。

第2步 弹出【更新目录】对话框，单击选中【更新整个目录】单选项，单击【确定】按钮，完成目录的更新，即可解决目录中"错误！未定义书签"的问题。

| 提示 |

提取目录后按【Ctrl+F11】组合键可以锁定目录。

按【Ctrl+Shift+F9】组合键可以取消目录中的超链接。

第2篇

Excel 办公应用篇

本篇主要介绍 Excel 中的各种操作。通过本篇的学习，读者可以学习 Excel 的基本操作，表格的美化，初级数据处理与分析，图表、数据透视表和透视图及公式和函数的应用等操作。

第5章

Excel 的基本操作

🖴 本章导读

　　Excel 2016提供了创建工作簿、工作表、输入和编辑数据、插入行与列、设置文本格式、页面设置等基本操作，可以方便地记录和管理数据。本章就以制作企业员工考勤表为例介绍 Excel 表格的基本操作。

⦿ 思维导图

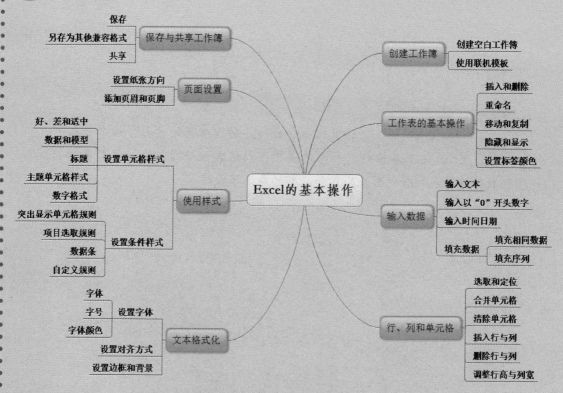

5.1 企业员工考勤表

制作企业员工考勤表要做到数据计算准确、层次分明、重点突出，便于公司快速统计员工考勤情况。

实例名称: 制作企业员工考勤表	
实例目的: 掌握 Excel 的基本操作	
素材	素材 \ch05\ 无
结果	结果 \ch05\ 企业员工考勤表 .xlsx
录像	视频教学录像 \05 第 5 章

5.1.1 案例概述

公司员工考勤表是公司员工每天上班的凭证，也是员工领工资的凭证，它记录了员工上班的天数，准确的上、下班时间以及迟到、早退、旷工、请假等情况，制作公司员工考勤表时，需要注意以下几点。

1. 数据准确

① 制作企业员工考勤表时，选取单元格要准确，合并单元格时要安排好合并的位置，插入的行和列要定位准确，来确保考勤表的数据计算的准确。

② Excel 中的数据分为数字型、文本型、日期型、时间型、逻辑型等，要分清考勤表中的数据是哪种数据类型，做到数据输入准确。

2. 重点突出

① 把考勤表的内容从 Excel 中用边框和背景区分开，使读者的注意力集中到考勤表上。

② 使用条件样式使迟到早退的员工得以突出显示，可以使统计更加方便快速。

3. 分类简洁

① 确定考勤表的布局，避免多余数据。

② 合并需要合并的单元格，为单元格内容保留合适的位置。

③ 字体不宜过大，单表格的标题与表头一栏可以适当加大加粗字体，来快速传达表格的内容。

企业员工考勤表属于企业管理内容中的一部分，它可以记录员工上班的情况，是一种文本的"证据"，要做到准确无误。本章就以企业员工考勤表为例介绍制作表格的方法。

5.1.2 设计思路

制作员工考勤表时可以按以下的思路进行。

① 创建空白工作簿，并对工作簿进行保存命名。

② 合并单元格，并调整行高与列宽。

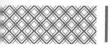

③ 在工作簿中输入文本与数据，并设置文本格式。

④ 设置单元格样式并设置条件格式。

⑤ 设置纸张方向，并添加页眉和页脚。

⑥ 另存为兼容格式，共享工作簿。

5.1.3 涉及知识点

本案例主要涉及以下知识点。

① 创建空白工作簿。

② 合并单元格。

③ 插入与删除行和列。

④ 设置文本段落格式。

⑤ 页面设置

⑥ 设置条件样式。

⑦ 保存与共享工作簿。

5.2 创建工作簿

在制作企业员工考勤表时，首先要创建空白工作簿，并对我们创建的工作簿进行保存与命名。

5.2.1 创建空白工作簿

工作簿是指在 Excel 中用来存储并处理工作数据的文件，在 Excel 2016 中，其扩展名是 .xlsx。通常所说的 Excel 文件指的就是工作簿文件。在使用 Excel 时，首先需要创建一个工作簿，具体创建方法有以下几种。

1. 启动自动创建

使用自动创建，可以快速地在 Excel 中创建一个空白的工作簿，在本案例制作企业员工考勤表中，可以使用自动创建的方法创建一个工作簿。

第1步 启动 Excel 2016 后，在打开的界面单击右侧的【空白工作簿】选项。

第2步 系统会自动创建一个名称为"工作簿1"的工作簿。

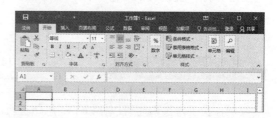

第3步 单击【文件】按钮，在弹出的面板中选择【另存为】→【浏览】选项，在弹出的【另

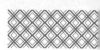

存为】对话框中选择文件要保存的位置，并在【文件名】文本框中输入"企业员工考勤表"，并单击【保存】按钮。

2. 使用【文件】选项卡

如果已经启动 Excel 2016，也可以再次新建一个空白的工作簿。

单击【文件】选项卡，在弹出的下拉菜单中选择【新建】选项。在右侧【新建】区域单击【空白工作簿】选项，即可创建一个空白工作簿。

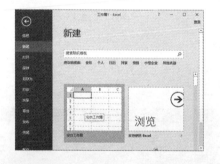

3. 使用快速访问工具栏

使用快速访问工具栏，也可以新建空白工作簿。

单击【自定义快速访问工具栏】按钮 ，在弹出的下拉菜单中选择【新建】选项。将【新建】按钮固定显示在【快速访问工具栏】中，然后单击【新建】按钮 ，即可创建一个空白工作簿。

4. 使用快捷键

使用快捷键，可以快速地新建空白工作簿。

在打开的工作簿中，按【Ctrl + N】组合键即可新建一个空白工作簿。

5.2.2 使用联机模板创建考勤表

启动 Excel 2016 后，可以使用联机模板创建考勤表。

第1步 单击【文件】选项卡，在弹出的下拉菜单中选择【新建】选项。在右侧【新建】区域出现【搜索联机模板】搜索框。

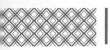

第2步 在【搜索联机模板】搜索框中输入"考勤表"，单击【搜索】按钮。

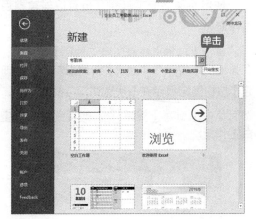

第3步 弹出的【新建】区域即是 Excel 2016 中的联机模板，选择【考勤卡】模板。

第4步 在弹出的【考勤卡】模板界面，单击【创建】按钮。

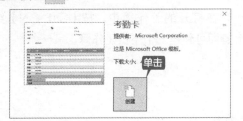

第5步 弹出【正在下载您的模板】界面。

第6步 下载完成后，Excel 自动打开【考勤卡】模板。

第7步 单击【功能区】右上角的【关闭】按钮，在弹出的【Microsoft Excel】对话框中选择【不保存】按钮。

第8步 Excel 工作界面返回到"企业员工考勤表"工作簿。

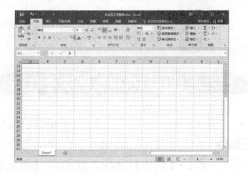

5.3 工作表的基本操作

　　工作表是工作簿里的一个表。Excel 2016 的一个工作簿默认有 1 个工作表，用户可以根据需要添加工作表，每一个工作簿最多可以包括 255 个工作表。在工作表的标签上显示了系统默认的工作表名称为 Sheet1、Sheet2、Sheet3……本节主要介绍企业员工考勤表中工作表的基本

操作。

5.3.1 插入和删除工作表

除了新建工作表外，则可以插入新的工作表来满足多工作表的需求。下面介绍几种插入工作表的方法。

1. 插入工作表

方法 1：使用功能区

第1步 在打开的 Excel 文件中，单击【开始】选项卡下【单元格】组中【插入】按钮右侧的下拉按钮，在弹出的下拉列表中选择【插入工作表】选项。

第2步 即可在工作表的前面创建一个新工作表。

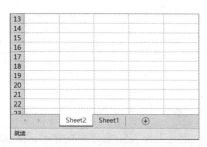

方法 2：使用快捷菜单插入工作表

第1步 在 Sheet1 工作表标签上单击鼠标右键，在弹出的快捷菜单中选择【插入】菜单项。

第2步 弹出【插入】对话框，选择【工作表】图标，单击【确定】按钮。

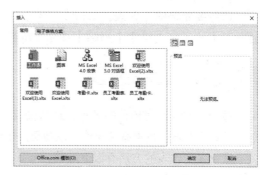

第3步 即可在当前工作表的前面插入一个新工作表。

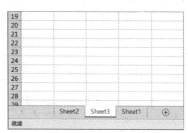

2. 删除工作表

方法 1：使用快捷菜单

第1步 选中 Excel 中多余的工作表，在选中的工作表标签上单击鼠标右键，在弹出的快捷菜单中选择【删除】菜单项。

第2步 在 Excel 中即可看到删除工作表后的效果。

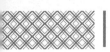

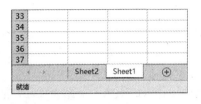

方法2：使用功能区删除

选择要删除的工作表，单击【开始】选项卡下【单元格】组中【删除】按钮 删除 ▾

的下拉按钮，在弹出的下拉列表中选择【删除工作表】选项，即可将选择的工作表删除。

5.3.2 重命名工作表

每个工作表都有自己的名称，默认情况下以 Sheet1、Sheet2、Sheet3……命名工作表。用户可以对工作表进行重命名操作，以便更好地管理工作表。

重命名工作表的方法有以下两种。

1. 在标签上直接重命名

第1步 双击要重命名的工作表的标签 Sheet2（此时该标签以高亮显示），进入可编辑状态。

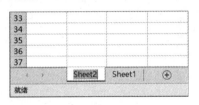

第2步 输入新的标签名，按【Enter】键即可完成对该工作表标签进行重命名操作。

2. 使用快捷菜单重命名

第1步 在要重命名的工作表标签上单击鼠标右键，在弹出的快捷菜单中选择【重命名】菜单项。

第2步 此时工作表标签会高亮显示，在标签上输入新的标签名，即可完成工作表的重命名。

5.3.3 移动和复制工作表

在 Excel 中插入多个工作表后，可以复制和移动工作表。

1. 移动工作表

移动工作表最简单的方法是使用鼠标操作，在同一个工作簿中移动工作表的方法有以下两种。

方法1：直接拖曳法

第1步 选择要移动的工作表的标签，按住鼠标左键不放。

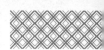

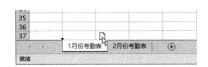

第2步 拖曳鼠标让指针到工作表的新位置，黑色倒三角会随鼠标指针移动而移动。

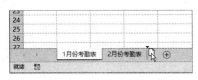

第3步 释放鼠标左键，工作表即可被移动到新的位置。

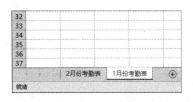

方法2：使用快捷菜单法

第1步 在要移动的工作表标签上单击鼠标右键，在弹出的快捷菜单中选择【移动或复制】菜单项。

第2步 在弹出的【移动或复制工作表】对话框中选择要插入的位置，单击【确定】按钮。

第3步 即可将当前工作表移动到指定的位置。

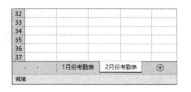

| **提示** |

另外，不但可以在同一个 Excel 工作簿中移动工作表，还可以在不同的工作簿中移动。若要在不同的工作簿中移动工作表，则要求这些工作簿必须是打开的。打开的【移动或复制工作表】对话框中，在【将选定工作表移至工作簿】下拉列表中选择要移动的目标位置，单击【确定】按钮，即可将当前工作表移动到指定的位置。

2. 复制工作表

用户可以在一个或多个 Excel 工作簿中复制工作表，有以下两种方法。

方法1：使用鼠标复制

用鼠标复制工作表的步骤与移动工作表的步骤相似，只是在拖曳鼠标的同时按住【Ctrl】键即可。

第1步 选择要复制的工作表，按住【Ctrl】键的同时单击该工作表。

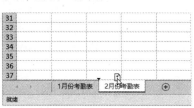

第2步 拖曳鼠标让指针到工作表的新位置，

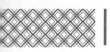
黑色倒三角会随鼠标指针移动而移动，释放鼠标左键，工作表即被复制到新的位置。

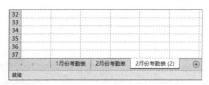

方法2：使用快捷菜单复制

第1步 选择要复制的工作表，在工作表标签上单击鼠标右键，在弹出的快捷菜单中选择【移动或复制】菜单项。

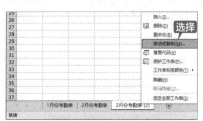

第2步 在弹出的【移动或复制工作表】对话框中选择要复制的目标工作簿和插入的位置，然后单击选中【建立副本】复选框，单击【确定】按钮。

第3步 即可完成复制工作表的操作。

第4步 选择复制的工作表，重命名工作表名称为"3月份考勤表""4月份考勤表"。

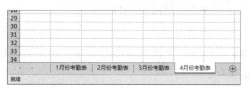

5.3.4 隐藏和显示工作表

用户可以对工作表进行隐藏和显示操作，以便更好地管理工作表。

第1步 选择要隐藏的工作表，在工作表标签上单击鼠标右键，在弹出的快捷菜单中选择【隐藏】菜单项。

第2步 在 Excel 中即可看到"1 月份考勤表"

工作表已被隐藏。

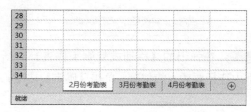

第3步 在任意一个工作表标签上单击鼠标右键，在弹出的快捷菜单中选择【取消隐藏】菜单项。

第4步 在弹出的【取消隐藏】对话框中,选择【1月份考勤表】选项,单击【确定】按钮。

第5步 在 Excel 中即可看到【1 月份考勤表】工作表已重新显示。

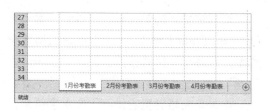

> **提示**
>
> 隐藏工作表时在工作簿中必须有两个或两个以上的工作表。

5.3.5 设置工作表标签的颜色

Excel 中可以对工作表的标签设置不同的颜色,来区分工作表的内容分类及重要级别等,可以使用户更好地管理工作表。

第1步 选择要设置标签颜色的工作表,在工作表标签上单击鼠标右键,在弹出的快捷菜单中选择【工作表标签颜色】菜单项。

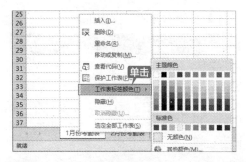

第2步 在弹出的【主题颜色】面板中,选择【标准色】选项组中的【紫色】选项。

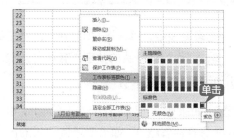

第3步 即可看到工作表的标签颜色已经更改为"紫色"。

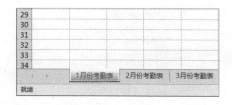

5.4 输入数据

对于单元格中输入的数据,Excel 会自动地根据数据的特征进行处理并显示出来。本节介绍企业员工考勤表中如何输入和编辑这些数据。

5.4.1 输入文本

单元格中的文本包括汉字、英文字母、数字和符号等。每个单元格最多可包含 32 767 个字符。在单元格中输入文字和数字,Excel 会将它显示为文本形式;若输入文字,Excel 则会作为文本处理,若输入数字,Excel 中会将数字作为数值处理。

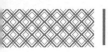
选择要输入的单元格，从键盘上输入数据后按【Enter】键，Excel 会自动识别数据类型，并将单元格对齐方式默认设置为"左对齐"。

如果单元格列宽容纳不下文本字符串，多余字符串会在相邻单元格中显示，若相邻的单元格中已有数据，就截断显示。

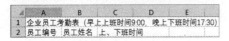

在考勤表中，输入文本数据。

> **| 提示 |**
>
> 如果在单元格中输入的是多行数据，在换行处按【Alt+Enter】组合键，可以实现换行。换行后在一个单元格中将显示多行文本，行的高度也会自动增大。

5.4.2 输入以"0"开头的员工编号

在考勤表中，输入以"0"开头的员工编号，来对考勤表进行规范管理。

输入以"0"开头的数字，有两种方法，具体操作步骤如下。

1. 使用英文单引号

第1步 如果输入以数字 0 开头的数字串，Excel 将自动省略 0。如果要保持输入的内容不变，可以先输入英文标点单引号（'），再输入以 0 开头的数字。

第2步 按【Enter】键，即可确定输入的数字内容。

2. 使用功能区

第1步 选中要输入以"0"开头的数字的单元格，单击【开始】选项卡下【数字】组中的【数字格式】按钮右侧的下拉按钮。

第2步 在弹出的下拉列表中，选择【文本】选项。

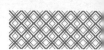

第3步 返回 Excel 中，输入数值"01002"。

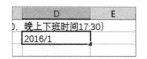

第4步 按【Enter】键确定输入数据后，数值

前的"0"并没有消失，完成输入以"0"开头的数字。

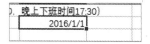

5.4.3 输入时间日期

在考勤表中输入日期或时间时，需要用特定的格式定义。日期和时间也可以参加运算。Excel 内置了一些日期与时间的格式。当输入的数据与这些格式相匹配时，Excel 会自动将它们识别为日期或时间数据。

1. 输入日期

企业员工考勤表中，需要输入当前月份的日期，以便归档管理考勤表。在输入日期时，可以用左斜线或短线分隔日期的年、月、日。例如，可以输入"2016/1"或者"2016-1"。

第1步 选择要输入日期的单元格，输入"2016/1"。

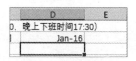

第2步 按【Enter】键，单元格中的内容变为"Jan-16"。

第3步 选中单元格，单击【开始】选项卡下【数字】组中的【数字格式】按钮右侧的下拉按钮▼，在弹出的下拉列表中，选择【短日期】选项。

第4步 在 Excel 中，即可看到单元格的数字

格式设置后的效果。

第5步 单击【开始】选项卡下【数字】组中的【数字格式】按钮右侧的下拉按钮▼，在弹出的下拉列表中，选择【长日期】选项。

第6步 在 Excel 中，即可看到单元格的数字格式设置后的效果。

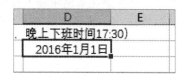

| 提示 |

如果要输入当前的日期，按【Ctrl +；】组合键即可。

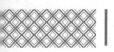
第7步 在本例中，选择 D2 单元格，输入"2016年1月份"，单击【开始】选项卡下【数字】组中的【数字格式】按钮右侧的下拉按钮，在弹出的下拉列表中，选择【短日期】选项。

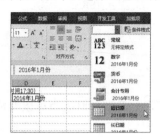

2. 输入时间

在考勤表中，输入每个员工的上下班时间，可以细致地记录每个人的出勤情况。

第1步 在输入时间时，小时、分、秒之间用冒号（:）作为分隔符，即可快速地输入时间。例如，输入"8:40"。

第2步 如果按 12 小时制输入时间，需要在时间的后面空一格再输入字母 am（上午）或 pm（下午）。例如，输入"5:00 pm"，按【Enter】

键后的时间结果是"5:00 PM"。

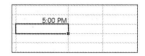

第3步 如果要输入当前的时间，按【Ctrl + Shift + ;】组合键即可。

第4步 在考勤表中，输入部分员工的上下班时间。

	A	B	C	D	E	F	G	H
1	企业员工考勤表（早上上班时间9:00，晚上下班时间17:30）							
2	员工编号	员工姓名	上、下班时	2016年1月份				
3				1	2			
4	01001	季磊	上班时间	8:40				
5	01002	王思思		8:55		5:00 PM		
6		赵岩		9:05				
7		刘阳		8:46				11:02
8		张瑞		9:12				
9		刘文娟		9:01				
10		呼丽		8:30				
11		程应龙						
12		李丽						
13		武洋洋						
14		苏姗						
15		张扬						

> **提示**
>
> 特别需要注意的是，如果单元格中首次输入的是日期，则单元格就自动格式化为日期格式，以后如果输入一个普通数值，系统仍然会换算成日期显示。

5.4.4 填充数据

在考勤表中，用 Excel 的自动填充功能，可以方便快捷地输入有规律的数据。有规律的数据是指等差、等比、系统预定义的数据填充序列和用户自定义的序列。

1. 填充相同数据

使用填充柄可以在表格中输入相同的数据，相当于复制数据。具体的操作步骤如下。

第1步 选定单元格 C4。

第2步 将鼠标指针指向该单元格右下角的填

充柄，然后拖曳鼠标指针至单元格 C16，结果如图所示。

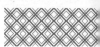

2 填充序列

使用填充柄还可以填充序列数据，如等差或等比序列。具体操作方法如下。

第1步 选中单元格区域 A4：A5，将鼠标指针指向该单元格右下角的填充柄。

第2步 待鼠标指针变为➕时，拖曳鼠标指针至单元格 A16，即可进行 Excel 2016 中默认的等差序列的填充。

第3步 选中单元格区域 D3：E3，将鼠标指针指向该单元格右下角的填充柄。

第4步 待鼠标指针变为➕时，拖曳鼠标指针至单元格 AH3，即可进行等差序列填充。

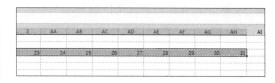

│提示│

当使用单个单元格进行填充时，单击【自动填充选项】按钮右侧的下拉按钮，在弹出的下拉列表中，可以选择填充序列的方式。

5.5 行、列和单元格的操作

单元格是工作表中行列交汇处的区域，它可以保存数值、文字和声音等数据。在 Excel 中，单元格是编辑数据的基本元素。下面介绍在考勤表中行、列、单元格的基本操作。

5.5.1 单元格的选取和定位

对考勤表中的单元格进行编辑操作，首先要选择单元格或单元格区域（启动 Excel 并创建新的工作簿时，单元格 A1 处于自动选定状态）。

1. 选择一个单元格

单击某一单元格，若单元格的边框线变成青粗线，则此单元格处于选定状态。当前单元格的地址显示在名称框中，在工作表格区内，鼠标指针会呈白色"➕"字形状。

│提示│

在名称框中输入目标单元格的地址，如"G1"，按【Enter】键即可选定第 G 列和第 1 行交汇处的单元格。此外，使用键盘上的上、下、左、右 4 个方向键，也可以选定单元格。

2. 选择连续的单元格区域

在考勤表中，若要对多个单元格进行相同的操作，可以先选择单元格区域。

第1步 单击该区域左上角的单元格 A2，按住【Shift】键的同时单击该区域右下角的单元格 C6。

第2步 此时即可选定单元格区域 A2：C6，结果如图所示。

┃**提示**┃::::::

将鼠标指针移到该区域左上角的单元格 A2 上，按住鼠标左键不放，向该区域右下角的单元格 C6 拖曳，或在名称框中输入单元格区域名称"A2:C6"，按【Enter】键，均可选定单元格区域 A2:C6。

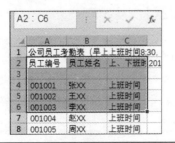

3. 选择不连续的单元格区域

选择不连续的单元格区域也就是选择不相邻的单元格或单元格区域。具体操作步骤如下。

第1步 选择第 1 个单元格区域后（例如选择单元格区域 A2：C3），按住【Ctrl】键不放。

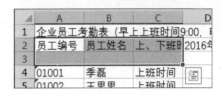

第2步 拖曳鼠标选择第 2 个单元格区域（例如选择单元格区域 C6：E8）。

第3步 使用同样的方法可以选择多个不连续的单元格区域。

4. 选择所有单元格

选择所有单元格，即选择整个工作表，方法有以下两种。

方法 1：单击工作表左上角行号与列标相交处的【选定全部】按钮 ◢，即可选定整个工作表。

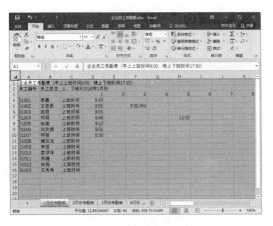

择整个表格。

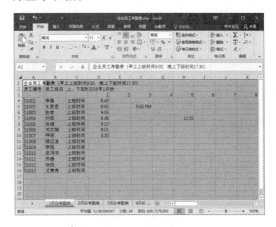

方法 2：按【Ctrl+A】组合键也可以选

5.5.2 合并单元格

合并与拆分单元格是最常用的单元格操作，它不仅可以满足用户编辑考勤表内表格中数据的需求，也可以使考勤表整体更加美观。

1. 合并单元格

合并单元格是指在 Excel 工作表中，将两个或多个选定的相邻单元格合并成一个单元格。在企业员工考勤表中的具体操作如下。

第 1 步 选择单元格区域 A2：A3，单击【开始】选项卡下【对齐方式】选项组中【合并后居中】按钮 合并后居中。

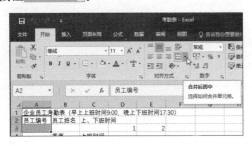

第 2 步 即可合并且居中显示该单元格。

第 3 步 合并考勤表中需要合并的其他单元格，效果如图所示。

> **提示**
>
> 单元格合并后，将使用原始区域左上角的单元格地址来表示合并后的单元格地址。

2. 拆分单元格

在 Excel 工作表中，还可以将合并后的单元格拆分成多个单元格。

第 1 步 选择合并后的单元格 G4。

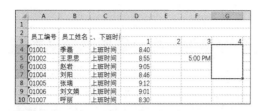

第2步 单击【开始】选项卡下【对齐方式】选项组中【合并后居中】按钮 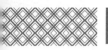 右侧的下拉按钮，在弹出的列表中选择【取消单元格合并】选项。

第3步 即可取消合并的单元格。

使用鼠标右键也可以拆分单元格。具体操作步骤如下。

第1步 在合并后的单元格上单击鼠标右键，在弹出的快捷菜单中选择【设置单元格格式】选项。

第2步 弹出【设置单元格格式】对话框，在【对齐】选项卡下撤销选中【合并单元格】复选框，然后单击【确定】按钮。

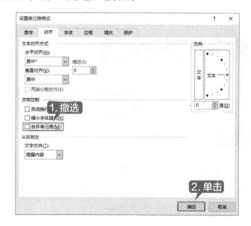

第3步 也可以将合并后的单元格拆分。

5.5.3 清除单元格

清除单元格中的内容，使考勤表中的数据修改更加简便快捷。清除单元格的内容有两种操作方法，具体操作步骤如下。

1. 使用【清除】按钮

第1步 选中要清除数据的单元格 F5，单击【开始】选项卡下【编辑】组中的【清除】按钮 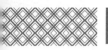 右侧的下拉按钮，在弹出的下拉列表中选择【清除内容】选项。

第2步 即可在考勤表中清除单元格中的内容。

E	F	G
2	3	4

第3步 即可清除单元格 H7 中的内容。

	A	B	C	D	E	F	G	H	I
1									
2	员工编号	员工姓名	、下班时|	1	2	3	4	5	6
3									
4	01001	季磊	上班时间	8:40					
5	01002	王思思	上班时间	8:55					
6	01003	赵岩	上班时间	9:05					
7	01004	刘阳	上班时间	8:46					
8	01005	张瑞	上班时间	9:12					
9	01006	刘文娟	上班时间	9:01					
10	01007	呼丽	上班时间	8:30					
11	01008	程应龙	上班时间						

2. 使用快捷菜单

第1步 选中要清除数据的单元格 H7。

	A	B	C	D	E	F	G	H	I
1									
2	员工编号	员工姓名	、下班时|	1	2	3	4	5	6
3									
4	01001	季磊	上班时间	8:40					
5	01002	王思思	上班时间	8:55					
6	01003	赵岩	上班时间	9:05					
7	01004	刘阳	上班时间	8:46					11:02	
8	01005	张瑞	上班时间	9:12					
9	01006	刘文娟	上班时间	9:01					
10	01007	呼丽	上班时间	8:30					
11	01008	程应龙	上班时间						

第2步 单击鼠标右键，在弹出的快捷菜单中选择【清除内容】菜单项。

3. 使用【Delete】键

第1步 选中要清除数据的单元格 D10。

	A	B	C	D	E
1					
2	员工编号	员工姓名	、下班时|	1	2
3					
4	01001	季磊	上班时间	8:40	
5	01002	王思思	上班时间	8:55	
6	01003	赵岩	上班时间	9:05	
7	01004	刘阳	上班时间	8:46	
8	01005	张瑞	上班时间	9:12	
9	01006	刘文娟	上班时间	9:01	
10	01007	呼丽	上班时间	8:30	
11	01008	程应龙	上班时间		
12	01009	李丽	上班时间		
13	01010	武洋洋	上班时间		
14	01011	苏姗	上班时间		
15	01012	张扬	上班时间		
16	01013	王秀秀	上班时间		
17					

第2步 按【Delete】键，即可清除单元格的内容。

	A	B	C	D	E
1					
2	员工编号	员工姓名	、下班时|	1	2
3					
4	01001	季磊	上班时间	8:40	
5	01002	王思思	上班时间	8:55	
6	01003	赵岩	上班时间	9:05	
7	01004	刘阳	上班时间	8:46	
8	01005	张瑞	上班时间	9:12	
9	01006	刘文娟	上班时间	9:01	
10	01007	呼丽	上班时间		
11	01008	程应龙	上班时间		
12	01009	李丽	上班时间		
13	01010	武洋洋	上班时间		
14	01011	苏姗	上班时间		
15	01012	张扬	上班时间		
16	01013	王秀秀	上班时间		
17					

5.5.4 插入行与列

在考勤表中，用户可以根据需要插入行和列。插入行与列有两种操作方法，其具体步骤如下。

1. 使用快捷菜单

第1步 如果要在第 5 行上方插入行，可以选择第 5 行的任意单元格或选择第 5 行，例如这里选择 A5 单元格并单击鼠标右键，在弹出的快捷菜单中选择【插入】菜单命令。

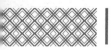

第2步 弹出【插入】对话框，单击选中【整行】单选项，选择【确定】按钮。

第3步 则可以在刚才选中的表格所在行的上方插入新的行。

第4步 如果要插入列，可以选择某列或某列中的任意单元格并单击鼠标右键，在弹出的快捷菜单中选择【插入】菜单项。在弹出的【插入】对话框中，单击选中【整列】单选项，单击【确定】按钮。

第5步 则可以在刚才选中的单元格所在列的左侧插入新的列。

2. 使用功能区

第1步 选择需要插入行的单元格 A7，单击【开始】选项卡下【单元格】组中的【插入】按

钮 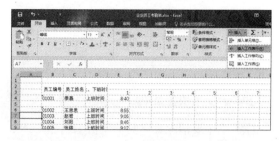 右侧的下拉按钮，在弹出的下拉列表中选择【插入工作表行】选项。

第2步 则可以在第 7 行的上方插入新的行 7。

第3步 单击【开始】选项卡下【单元格】组中【插入】按钮 右侧的下拉按钮，在弹出的下拉列表中选择【插入工作表列】选项。

第4步 则可以在左侧插入新的列。

> **提示**
>
> 在工作表中插入新行，当前行则向下移动，而插入新列，当前列则向右移动。选中单元格的名称会相应变化。

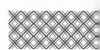

5.5.5 删除行与列

删除多余的行与列，可以使考勤表更加美观准确。删除行和列有两种操作方法，具体操作步骤如下。

1. 使用快捷菜单

第1步 选择要删除的行中的一个单元格如 A7，单击鼠标右键，在弹出的快捷菜单中选择【删除】菜单项。

第2步 在弹出的【删除】对话框中单击选中【整行】单选项，然后单击【确定】按钮。

第3步 则可以删除选中单元格所在的行。

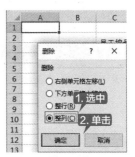

第4步 选择要删除的列中的一个单元格，如

A1，单击鼠标右键，在弹出的快捷菜单中选择【删除】菜单项。在弹出的【删除】对话框中单击选中【整列】单选项，然后单击【确定】按钮。

第5步 则可以删除选中单元格所在的列。

2. 使用功能区

第1步 选择要删除的列所在的任意一个单元格，如 A1，单击【开始】选项卡下【单元格】组中【删除】按钮右侧的下拉箭头，在弹出的下拉列表中选择【删除工作表列】选项。

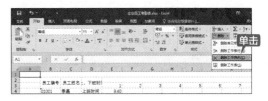

第2步 即可将选中的单元格所在的列删除。

第3步 重复插入行的操作，在考勤表中插入需要的行。

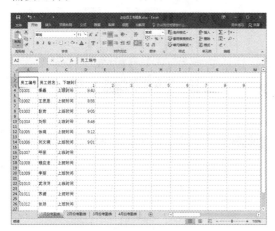

第4步 根据需要将需要合并的单元格区域合并，合并后的效果如下图所示。

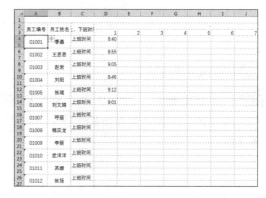

第5步 在表格中输入数据，效果如下图所示。

5.5.6 调整行高与列宽

在考勤表中，当单元格的宽度或高度不足时，会导致数据显示不完整，这时就需要调整列宽和行高，使考勤表的布局更加合理，外表更加美观。具体操作步骤如下。

1. 调整单行或单列

考勤表中的第一行行高过小，第二列列宽过大，这些可以单独进行调整。

第1步 将鼠标指针移动到第1行与第2行的行号之间，当指针变成 ✛ 形状时，按住鼠标左键向上拖曳使行高变低，向下拖曳使行变高。

第2步 向下拖曳到合适位置时，松开鼠标左键，即可增加行高。

第3步 将鼠标指针移动到第二列与第三列两列的列标之间，当指针变成 ✛ 形状时，按住鼠标左键向左拖曳可以使列变窄，向右拖曳则可使列变宽。

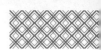

第 4 步 向右拖曳到合适位置，松开鼠标左键，即可增加列宽。

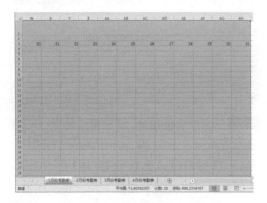

> **| 提示 |** ::::::::
>
> 拖曳时将显示出以点和像素为单位的宽度工具提示。

2. 调整多行或多列

在考勤表中，对应的日期列宽过宽，可以同时进行调整宽度。

第 1 步 选择列 D 到列 AH 之间的所有列，然后拖曳所选列标的右侧边界，向左拖曳减少列宽。

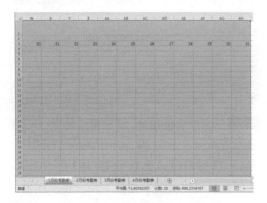

第 2 步 拖曳到合适位置时松开鼠标左键，即可减少列宽。

第 3 步 选择行 2 到行 29 中间的所有行，然后拖曳所选行号的下侧边界，向下拖曳可增加列宽。

第 4 步 拖曳到合适位置时松开鼠标左键，即可增加行高。

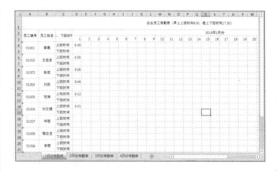

3. 调整整个工作表的行或列

如果要调整工作表中所有列的宽度，单击【全选】按钮 ◢ ，然后拖曳任意列标题的边界调整行高或列宽。

4. 自动调整行高与列宽

在 Excel 中，除了手动调整行高与列宽外，还可以将单元格设置为根据单元格内容自动调整行高或列宽。

第1步 在考勤表中，选择要调整的行或列，如这里选择 D 列。单击【开始】选项卡【单元格】选项组中的【格式】按钮 格式▾，在弹出的下拉列表中选择【自动调整行高】或【自动调整列宽】选项。

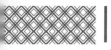

第2步 自动调整列宽的效果如下图所示。

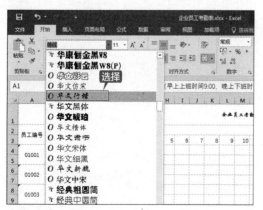

5.6 文本段落的格式化

在 Excel 2016 中，设置字体格式、对齐方式与设置边框和背景等，可以美化考勤表的内容。

5.6.1 设置字体

考勤表制作完成后，可对字体进行大小、加粗、颜色等设置，使考勤表看起来更加美观。

第1步 选择 A1 单元格，单击【开始】选项卡【字体】组中的【字体】按钮右侧的下拉按钮，在弹出的下拉列表中选择【华文行楷】选项。

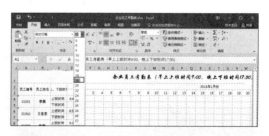

第3步 双击 A1 单元格，选中单元格中的"（早上上班时间 9:00，晚上下班时间 17:30）"文本，单击【开始】选项卡【字体】组中的【字体颜色】按钮 A▾ 右侧的下拉按钮，在弹出的【颜色】面板选择【紫色】选项。

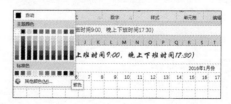

第2步 单击【开始】选项卡【字体】组中【字号】按钮右侧的下拉按钮，在弹出的下拉列表中选择【18】选项。

第4步 单击【开始】选项卡【字体】组中的【字

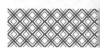

号】按钮 11 ▾ 右侧的下拉按钮，在弹出的下拉列表中选择【12】选项。

第5步 重复上面的步骤，选择第 2、3 行，设置【字体】为"华文新魏"，【字号】为"12"，并根据字体大小调整行高与列宽。

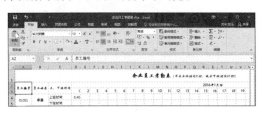

第6步 选择行 4 到行 43 之间的所有行，设置【字体】为"等线"，【字号】为"11"。

第7步 选择 2016 年 1 月中的周六周日的日期单元格，设置【字体颜色】为"红色"。

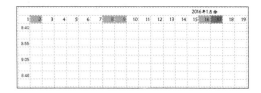

5.6.2 设置对齐方式

Excel 2016 允许为单元格数据设置的对齐方式有左对齐、右对齐和合并居中对齐等。在本案例中设置居中对齐，使考勤表更加有序美观。

【开始】选项卡中的【对齐方式】选项组中，对齐按钮的分布及名称如下图所示，单击对应按钮可执行相应设置。

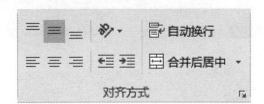

第1步 单击【选定全部】按钮 ◢，选定整个工作表。

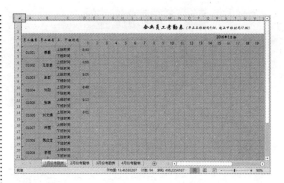

第2步 单击【开始】选项卡【对齐方式】组中的【居中】按钮 ，由于考勤表进行过【合并并居中】操作，所以这时考勤表会首先取消居中。

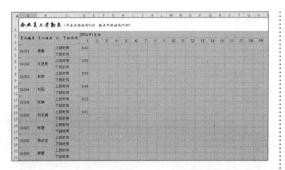

第 3 步 再次单击【开始】选项卡【对齐方式】组中的【居中】按钮，考勤表中的数据会全部居中显示。

| 提示 |

默认情况下，单元格的文本是左对齐，数字是右对齐。

5.6.3 设置边框和背景

在 Excel 2016 中，单元格四周的灰色网格线默认是不能被打印出来的。为了使考勤表更加规范、美观，可以为表格设置边框和背景。

设置边框主要有以下两种方法。

1. 使用【字体】选项组

第 1 步 选中要添加边框和背景的单元格区域 A1：AH29，单击【开始】选项卡下【字体】选项组中【边框】按钮 右侧的下拉按钮，在弹出的列表中选择【所有框线】选项，

第 2 步 即可为表格添加边框。

第 3 步 再次选中单元格区域 A1 到 AH29，单击【开始】选项卡下【字体】选项组中【填充颜色】按钮 右侧的下拉按钮，在弹出的【主题颜色】面板中，选择任意一种颜色。

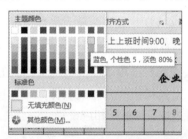

第 4 步 考勤表设置边框和背景的效果如下图所示。

第 5 步 重复上面的步骤，选择【无框线】选项，取消上面步骤添加的框线。

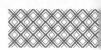

第6步 在【主题颜色】面板中，选择【无填充颜色】选项，取消考勤表中的背景颜色。

2. 使用【单元格格式】设置边框

在本案例中，使用这种方法设置边框和背景。具体操作步骤如下。

第1步 选择 A1：AH29 单元格区域，单击【开始】选项卡下【单元格】组中的【格式】按钮 右侧的下拉按钮，在弹出的下拉列表中选择【设置单元格格式】选项。

第2步 弹出【设置单元格格式】对话框，选择【边框】选项卡，在【线条样式】列表框中选择一种样式，然后在【颜色】下拉列表中选择颜色，在【预置】区域单击【外边框】选项与【内部】选项。

第3步 选择【填充】选项卡，在【背景色】选项组中的【颜色】下拉列表中选择一种颜色可以填充单色背景。在这里设置双色背景，单击【填充效果】按钮 填充效果(I)... 。

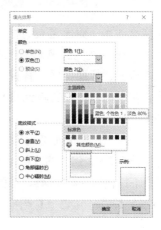

第4步 弹出【填充效果】对话框，选择【渐变】选项卡下【颜色】组中的【颜色2】按钮右侧的下拉按钮。在弹出的【主题颜色】面板中，选择【蓝色，个性色1，淡色 80%】选项。

第5步 返回【填充效果】对话框，单击【确定】

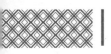
按钮。

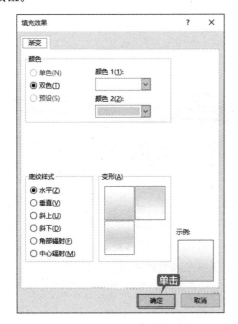

第6步 返回【设置单元格格式】对话框，单击【确定】按钮。

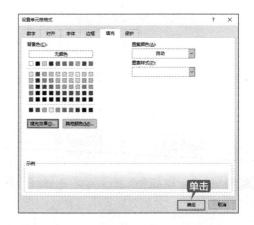

第7步 返回到考勤表文档中，可以查看设置边框和背景后的效果。

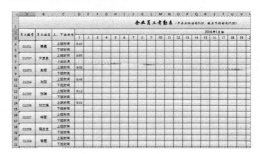

5.7 使用样式

设置条件样式，用区别于一般单元格的样式来表示迟到早退时间所在的单元格，可以方便快速地在考勤表中查看需要的信息。

5.7.1 设置单元格样式

单元格样式是一组已定义的格式特征，使用 Excel 2016 中的内置单元格样式可以快速改变文本样式、标题样式、背景样式和数字样式等。在考勤表中设置单元格样式的具体操作步骤如下。

第1步 选择 A1：AH29 单元格区域，单击【开始】选项卡下【样式】组中的【单元格样式】按钮右侧的下拉按钮 ，在弹出的下拉列表中选择【20%- 着色 1】选项。

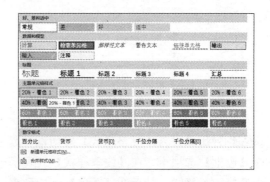

第2步 即可改变单元格样式，效果如下图所示。

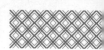

格格式的操作，效果如下图所示。

第3步 按【Ctrl+Z】组合键，撤销设置单元

5.7.2 设置条件样式

在 Excel 2016 中可以使用条件格式，将考勤表中符合条件的数据突出显示出来，让公司员工对迟到次数、时间等一目了然。对一个单元格区域应用条件格式的步骤如下。

第1步 选择要设置条件样式的区域 D4：AH29，单击【开始】选项卡下【样式】选项组中的【条件格式】按钮 条件格式 右侧的下拉按钮，在弹出的下拉列表中选择【突出显示单元格规则】→【介于】条件规则。

第2步 弹出【介于】对话框，在两个文本框中分别输入"9:00"与"17:30"，在【设置为】右侧的文本框中选择【绿填充色深绿色文本】，单击【确定】按钮。

第3步 效果如下图所示。

第4步 在单元格区域 D4：AH29 中，填写新的上下班时间，即可自动使用设置的条件样式。

| 提示 |

单击【新建规则】选项，弹出【新建格式规则】对话框，在此对话框中可以根据自己的需要来设定条件规则。

设定条件格式后，可以管理和清除设置的条件格式。

选择设置条件格式的区域，单击【开始】选项卡下【样式】选项组中的【条件格式】按钮，在弹出的列表中选择【清除规则】→【清除所选单元格的规则】选项，可清除选择区域中的条件规则。

5.8 页面设置

设置纸张方向和添加页眉与页脚来满足考勤表格式的要求并完善文档的信息。

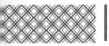
5.8.1 设置纸张方向

设置纸张的方向，可以满足考勤表的布局格式要求。具体操作步骤如下。

第1步 单击【页面布局】选项卡下【页面设置】组中的【纸张方向】按钮，在弹出的下拉列表中单击【横向】选项。

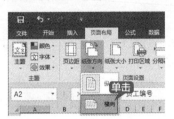

第2步 设置纸张方向的效果如下图所示。

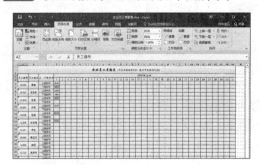

5.8.2 添加页眉和页脚

在页眉和页脚中可以输入创建文档的基本信息，例如在页眉中输入文档名称、章节标题或者作者名称等信息，在页脚中输入文档的创建时间、页码等，不仅能使表格更美观，还能向读者快速传递文档要表达的信息。具体操作步骤如下。

第1步 选中考勤表中任意一个单元格，单击【插入】选项卡【文本】组中的【页眉和页脚】按钮，显示页眉和页脚区域。

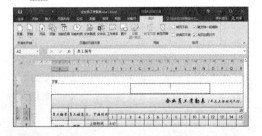

第2步 在【添加页眉】文本框中，输入"考勤表"文本。

第3步 在【添加页脚】文本框中，输入"2016"文本。

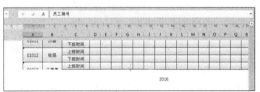

第4步 单击【视图】选项卡下【工作簿视图】组中的【普通】按钮。

第5步 返回至普通视图，效果如下图所示。

5.9 保存与共享工作簿

保存与共享考勤表，可以使公司员工之间保持同步工作进程，提高工作效率。

5.9.1 保存考勤表

保存考勤表到电脑硬盘中，防止资料丢失。具体操作步骤如下。

第1步 单击【文件】按钮，选择【另存为】选项，在右侧【另存为】区域选择【这台电脑】选项，单击【浏览】选项。

第2步 在弹出的【另存为】对话框中选择文件要保存的位置，并在【文件名】文本框中输入"企业员工考勤表.xlsx"，并单击【保存】按钮，即可保存考勤表。

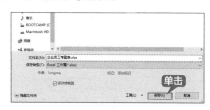

5.9.2 另存为其他兼容格式

将 Excel 工作簿另存为其他兼容格式，可以方便不同用户阅读。具体操作步骤如下。

第1步 单击【文件】按钮，在弹出的面板中，选择【另存为】选项，在弹出的【另存为】面板中，选择【浏览】选项。

第2步 在弹出的【另存为】对话框中选择文件要保存的位置，并在【文件名】文本框中输入"企业员工考勤表"。

第3步 单击【保存类型】选项右侧的下拉按钮，在弹出的下拉列表中选择【PDF（*.pdf）】选项。

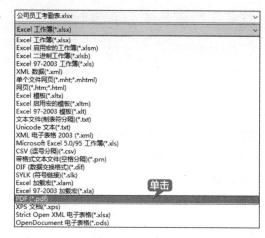

第4步 返回【另存为】对话框，单击【选项】按钮。

第5步 弹出【选项】对话框，单击选中【发布内容】选项组中的【整个工作簿】单选项。然后单击【确定】按钮。

第6步 返回【另存为】对话框，单击【保存】按钮。

第7步 即可把考勤表另存为 PDF 格式。

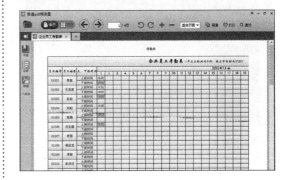

5.9.3 共享工作簿

把考勤表共享之后，可以让公司员工保持同步信息。具体操作步骤如下。

第1步 选中考勤表中任意一个单元格，单击【审阅】选项卡下【更改】组中的【共享工作簿】按钮。

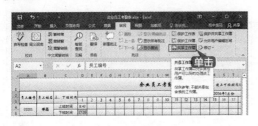

第2步 弹出【共享工作簿】对话框，单击选中【允许多用户同时编辑，同时允许工作簿合并】复选框。

第3步 单击选中【高级】选项卡下【更新】

组中的【自动更新间隔】单选项，并把时间设置为【20 分钟】。然后单击【确定】按钮。

第4步 在弹出的【Microsoft Excel】对话框中，单击【确定】按钮。

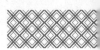

第5步 返回文档中，即可看到考勤表的格式已经变为【共享】格式。

举一反三

制作工作计划进度表

与企业员工考勤表类似的文档还有工作计划进度表、包装材料采购明细表、成绩表、汇总表等，制作这类表格时，要做到数据准确、重点突出、分类简洁使读者快速明了表格信息，可以方便地对表格进行编辑操作。下面就以制作工作计划进度表为例进行介绍。具体操作步骤如下。

1. 创建空白工作簿

新建空白工作簿，重命名工作表并设置工作表标签的颜色等。

3. 文本段落格式化

设置工作簿中的文本段落格式、文本对齐方式，并设置边框和背景。

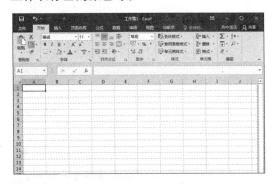

2. 输入数据

输入工作计划进度表中的各种数据，并对数据列进行填充，合并单元格并调整行高与列宽。

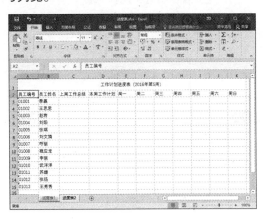

4. 设置页面

在工作计划进度表中，根据表格的布局来设置纸张的方向，并添加页眉与页脚，保存并共享工作簿。

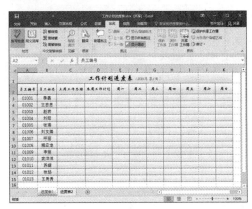

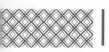

◇ 删除最近使用过的工作簿记录

Excel 2016 可以记录最近使用过的 Excel 工作簿，用户也可以将这些记录信息删除。

第1步 在 Excel 2016 程序中，单击【文件】选项卡，在弹出的列表中选择【打开】选项，即可看到右侧显示了最近打开的工作簿信息。

第2步 右击要删除的记录信息，在弹出的快捷菜单中，选择【从列表中删除】菜单命令，即可将该记录信息删除。

第3步 如果用户要删除全部的打开信息，可以选择任意记录，并单击鼠标右键，在弹出的快捷菜单中选择【消除已取消固定的工作簿】命令。

第4步 在弹出的提示框中单击【是】按钮。

第5步 即可看到已清除了所有记录。

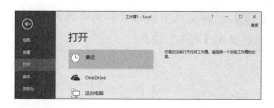

◇ 当工作表很多时如何快速切换

如果工作簿中包含大量工作表，例如十几个甚至数十个，在 Excel 窗口底部就没有办法显示出这么多的工作表标签，下面介绍如何快速定位至某一特定工作表。

第1步 打开随书光盘中的"素材 \ch05\ 技巧 .xlsx"文件，可以看到工作簿中包含了 12 个工作表，可以单击工作簿窗口左下角工作表导航按钮区域的 ▶ 按钮切换到下一个工作表，或单击 ◀ 按钮切换到上一个工作表。

第2步 如果要从第一个工作表快速切换至第 10 个工作表，可以在工作簿窗口左下角的工作表导航按钮区域任意位置单击鼠标右键，将会弹出【激活】对话框，选择第 10 个工作表，即"10 月份"工作表，单击【确定】按钮。

第3步 即可快速定位至"10 月份"工作表中。

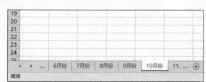

第6章

Excel 表格的美化

本章导读

工作表的管理和美化是制作表格的一项重要内容，在公司管理中，有时需要创建供应商信息管理表来对供应商信息备注分类，如人事变更表、采购表、期末成绩表等。使用Excel提供的设计艺术字效果、设置条件样式、添加数据条、应用样式及应用主题等操作，可以快速地对这类表格进行编辑与美化。

思维导图

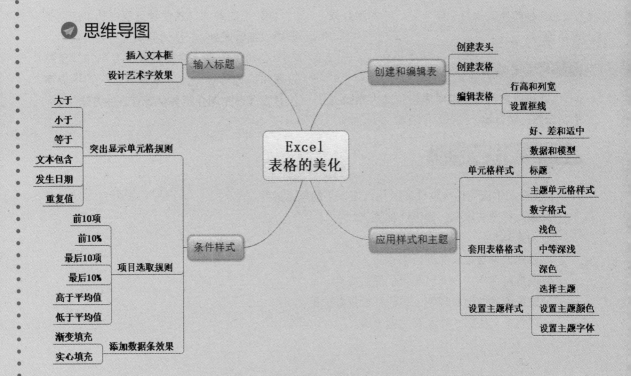

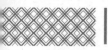

6.1 公司供应商信息管理表

美化公司供应商信息管理表要做到主题鲜明、制作规范、重点突出，便于公司更好地管理供应商的信息。

实例名称：美化公司供应商信息管理表	
实例目的：便于公司更好的管理供应商的信息	
素材	素材 \ch06\ 供应商 .xlsx
结果	结果 \ch06\ 公司供应商信息管理表 .xlsx
录像	视频教学录像 \06 第 6 章

6.1.1 案例概述

公司供应商信息管理表是公司常用的表格，主要用于管理公司的供应商信息。美化公司供应商信息管理表时，需要注意以下几点。

1. 主题鲜明

① 管理表的色彩主题要鲜明并统一，各个组成部分之间的色彩要和谐一致。

② 标题格式要与整体一致，艺术字效果遵从整体。

2. 制作规范

① 可以非常方便地对表格中的大量数据进行运算、统计等。

② 方便对表格中的数据进行统一修改，并可以将表格中的数据转换成精美直观的图表。

3. 重点突出

① 确定管理表的标题，并选择标题形式。

② 创建并编辑信息管理表的表头，可以快速地表达表格的总体内容。

③ 是由条件样式使管理表中的供应商类型得以细致区分，并使优质供应商突出显示。

公司供应商信息管理表需要制作规范并设置供应商等级分类。本章就以公司供应商信息管理表为例介绍美化管理表的方法。

6.1.2 设计思路

美化公司供应商信息管理表时可以按以下的思路进行。

① 插入标题文本框，并设计标题艺术字。

② 创建表头。

③ 创建信息管理表并进行编辑。

④ 设置条件样式，突出显示优质供应商。

⑤ 设置项目的选取规则，并添加数据条效果。

⑥ 应用单元格样式并设置主题效果。

6.1.3 涉及知识点

本案例主要涉及以下知识点。

① 插入文本框。

② 插入艺术字。

③ 创建和编辑信息管理表。

④ 设置条件样式。

⑤ 应用样式。

⑥ 设置主题。

6.2 输入标题

在美化公司供应商信息管理表时，首先要设置管理表的标题并对标题中的艺术字进行设计美化。

6.2.1 插入标题文本框

插入标题文本框可以使公司供应商信息管理表更加完整。具体操作步骤如下。

第1步 打开 Excel 2016 软 件，新 建 一 个 Excel 表格。

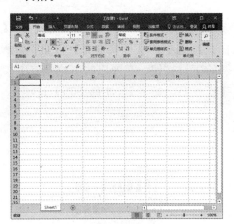

第2步 单击【文件】按钮，在弹出的面板中选择【另存为】→【浏览】选项，在弹出的【另存为】对话框中选择文件要保存的位置，并在【文件名】文本框中输入"公司供应商信息管理表"，单击【保存】按钮。

第3步 选择【插入】选项卡下【文本】组中的【文本框】按钮，将鼠标光标定位在表格中，拖曳出文本框，使文本框的大小覆盖 A1：L4 单元格区域。

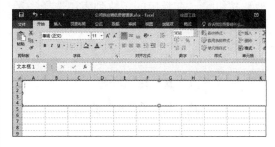

6.2.2 设计标题的艺术字效果

设置好标题文本框位置和大小后，还需要为标题设计艺术字标题。具体操作步骤如下。

第1步 在【文本框】中输入文字"公司供应商信息管理表"。

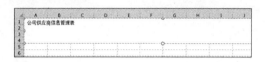

第2步 选中文本"公司供应商信息管理表"，单击【开始】选项卡下【字体】组中的【增大字号】按钮 Ａ，把标题的字号增大到合适的大小，并设置【字体】为"华文新魏"。

第3步 单击【开始】选项卡下【对齐方式】组中的【居中】按钮 ，使标题位于文本框的中间位置。

第4步 选择输入的文本，单击【绘图工具】→【格式】选项卡下【艺术字样式】组中的【其他】按钮 ，在弹出的下拉列表中选择一种艺术字。

第5步 单击【绘图工具】→【格式】选项卡

下【艺术字样式】组中的【文本填充】按钮 Ａ文本填充▾右侧的下拉按钮，在弹出的下拉列表中选择一种颜色。

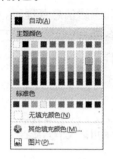

第6步 单击【绘图工具】→【格式】选项卡下【艺术字样式】组中的【文本效果】按钮 Ａ文本效果▾右侧的下拉按钮，在弹出的下拉列表中选择【映像】→【紧密映像，4 pt 偏移量】选项。

第7步 单击【绘图工具】→【格式】选项卡下【形状样式】组中的【形状填充】按钮 形状填充▾右侧的下拉按钮，在弹出的下拉列表中，选择【蓝－灰，文字2，淡色 80%】选项。

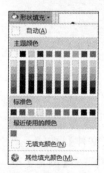

第8步 标题的艺术字效果设置如下图所示。

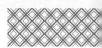

6.3 创建和编辑信息管理表

使用 Excel 2016 可以创建并编辑信息管理表，完善管理表的内容并美化管理表的文字。

6.3.1 创建表头

表头是表格中的第一个或第一行单元格，表头设计应根据调查内容的不同有所分别，表头所列项目是分析结果时不可缺少的基本项目。具体操作步骤如下。

第1步 打开随书光盘中的"素材\ch06\供应商.xlsx"工作簿，选择单元格区域 A1：L1，按【Ctrl+C】组合键复制内容。

第2步 返回"公司供应商信息管理表"工作簿，选择 A5 单元格，按【Ctrl+V】组合键，把所选内容粘贴到单元格区域 A5：L5 中。

第3步 选择【开始】选项卡下【字体】组中的【字体】按钮右侧的下拉按钮，在弹出的下拉列表中，选择【华文楷体】选项。

第4步 选择【开始】选项卡下【字体】组中的【字号】按钮 11 右侧的下拉按钮，在弹出的下拉列表中，选择【12】号。

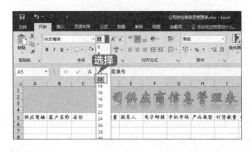

第5步 选择【开始】选项卡下【字体】组中的【加粗】按钮 B 。

第6步 选择【开始】选项卡下【对齐方式】组中的【居中】按钮，使表头中的字体居中显示。表头设置效果如下图所示。

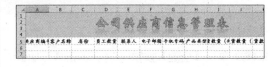

6.3.2 创建信息管理表

表格创建完成后，需要对信息管理表进行完善，补充供应商信息。具体操作步骤如下。

第1步 选择"供应商.xlsx"工作簿，选中单元格区域 A2：L22，按【Ctrl+C】组合键进行复制。

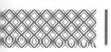
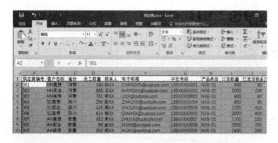

第2步 返回"公司供应商信息管理表.xlsx"工作簿，选择单元格 A6，按【Ctrl+V】组合键，把所选内容粘贴到单元格区域 A6：L18 中。

第3步 选择【开始】选项卡下【字体】组中的【字体】按钮右侧的下拉按钮，在弹出的下拉列表中选择【华文楷体】字体。

第4步 选择【开始】选项卡下【字体】组中的【字号】按钮 11 右侧的下拉按钮，在弹出的下拉列表中选择【12】号。

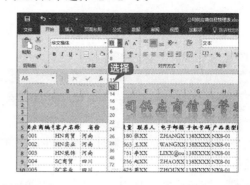

第5步 选择【开始】选项卡下【对齐方式】组中的【居中】按钮，使表头中的字体居中设置。

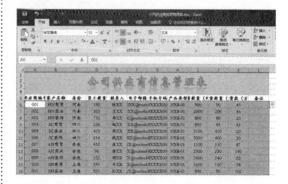

6.3.3 编辑信息管理表

完成信息管理表的内容后，需要对单元格的行高与列宽进行相应的调整，并给管理表添加边框线。具体操作步骤如下。

第1步 单击【全选】按钮，单击【开始】选项卡【单元格】选项组中的【格式】按钮，在弹出的下拉列表中选择【自动调整列宽】选项。

第2步 重复上面的操作，选择【自动调整行高】选项。

第3步 根据需要调整其他行的行高。效果如下图所示。

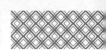

第4步 选择单元格区域 A5：L18，单击【开始】选项卡下【字体】组中的【无框线】按钮 右侧的下拉按钮，在弹出的下拉列表中选择【所有框线】选项。

第5步 编辑信息管理表的效果如下图所示。

6.4 设置条件样式

在信息管理表中设置条件样式，可以把满足某种条件的单元格突出显示，并设置选取规则，以及添加更简单易懂的数据条效果。

6.4.1 突出显示优质供应商信息

突出显示优质供应商信息，需要在信息管理表中设置条件样式。具体操作步骤如下。

第1步 选择要设置条件样式的区域 I6：I18，单击【开始】选项卡下【样式】选项组中的【条件格式】按钮 条件格式 右侧的下拉按钮，在弹出的下拉列表中选择【突出显示单元格规则】→【大于】条件规则。

框中选择【绿填充色深绿色文本】，单击【确定】按钮。

第3步 效果如下图所示，订货数量超过 2000 的供应商已突出显示。

第2步 弹出【大于】对话框，在左侧文本框中输入"2000"，在【设置为】右侧的文本

6.4.2 设置项目的选取规则

项目选取规则可以突出显示选定区域中最大或最小的百分数或所指定的数据所在单元格，

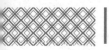

还可以指定大于或小于平均值的单元格。在信息管理表中，我们需要为发货数量来设置一个选取规则。具体操作步骤如下。

第1步 选择单元格区域 J6：J18，单击【开始】选项卡下【样式】组中的【条件格式】按钮 条件格式 右侧的下拉按钮，在弹出的列表中选择【项目选取规则】→【高于平均值】选项。

第2步 在弹出的【高于平均值】对话框中，单击【设置为】右侧的下拉按钮，在弹出的

菜单中选择【浅红填充色深红色文本】选项，并单击【确定】按钮。

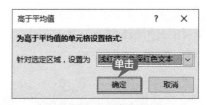

第3步 即可看到在信息管理表工作簿中，低于发货数量平均值的单元格都使用绿色突出显示。

产品类型	订货数量（件）	已发货数量（件）
NX8-01	900	90
NX8-01	2000	200
NX8-01	800	80
NX8-01	850	85
NX8-01	2100	410
NX8-01	3000	400
NX8-01	1100	110
NX8-01	2500	250
NX8-01	2400	240
NX8-01	1600	160
NX8-01	900	90

6.4.3 添加数据条效果

在信息管理表中添加数据条效果，可以使用数据条的长短来标识单元格中数据的大小，可以使用户对多个单元格中数据的大小关系一目了然，便于数据的分析。

第1步 选择单元格区域 K6：K18，单击【开始】选项卡下【样式】组中的【条件格式】按钮 条件格式 右侧的下拉按钮，在弹出的列表中选择【数据条】→【渐变填充】栏下的【蓝色数据条】选项。

第2步 信息管理表添加数据条效果如下图所示。

产品类型	订货数量（件）	已发货数量（件）	已交货款（万元）	备注
NX8-01	900	90	45	
NX8-01	2000	200	56	
NX8-01	800	80	20	
NX8-01	850	85	43	
NX8-01	2100	410	60	
NX8-01	3000	400	30	
NX8-01	1100	110	87	
NX8-01	2500	250	140	
NX8-01	2400	240	85	
NX8-01	1600	160	28	
NX8-01	900	90	102	
NX8-01	2000	200	45	
NX8-01	5000	500	72	

6.5 应用样式和主题

在信息管理表中应用样式和主题可以使用 Excel 2016 中设计好的字体、字号、颜色、填充色、表格边框等样式来实现对工作簿的美化。

6.5.1 应用单元格样式

在信息管理表中应用单元格样式，可以编辑工作簿的字体、表格边框等。具体操作步骤如下。

第1步 选择单元格区域 A5：L18，单击【开始】选项卡下【样式】组中的【单元格样式】按钮 单元格样式▼ 右侧的下拉按钮，在弹出的面板中选择【新建单元格样式】选项。

第2步 在弹出的【样式】对话框中，在【样式名】文本框中输入样式名字，如"信息管理表"，单击【格式】按钮。

第3步 在弹出的【设置单元格格式】对话框中，选择【边框】选项卡，在【颜色】组中单击【颜色】右侧的下拉按钮，在弹出的面板中选择【蓝色，个性色1，深色 50%】选项。

第4步 返回【设置单元格格式】对话框，单击【确定】按钮。

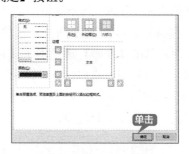

第5步 返回【样式】对话框，单击【确定】按钮。

第6步 单击【开始】选项卡下【样式】组中的【单元格样式】按钮右侧的下拉按钮 单元格样式▼，在弹出的面板中选择【自定义】→【信息管理表】选项。

第7步 应用单元格样式后的效果如下图所示。

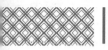
6.5.2 套用表格格式

Excel 预置有 60 种常用的格式，用户可以自动地套用这些预先定义好的格式，以提高工作的效率。具体操作步骤如下。

第1步 选择要套用格式的单元格区域 A5：L18，单击【开始】选项卡下【样式】选项组中的【套用表格格式】按钮 套用表格格式▾ 右侧的下拉按钮，在弹出的下拉菜单中选择【表样式中等深浅 2】选项。

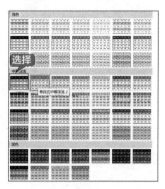

第2步 弹出【套用表格式】对话框，单击选中【表包含标题】复选框，然后单击【确定】按钮。

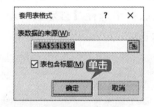

第3步 即可套用该浅色样式，如下图所示。

第4步 单击【表格工具】→【设计】选项卡下【工具】组中的【转换为区域】按钮。

第5步 在弹出的【Microsoft Excel】对话框中，选择【是】按钮。

第6步 把表格转换为区域后的效果如下图所示。

6.5.3 设置主题效果

Excel 2016 工作簿由颜色、字体及效果组成，使用主题可以实现对信息管理表进行美化，让表格更加美观。具体操作步骤如下。

第1步 选择【页面布局】选项卡下【主题】组中的【主题】按钮 的下拉按钮，在弹出的【Office】面板中，选择【环保】选项。

第2步 选择【环保】主题效果后效果如下图所示。

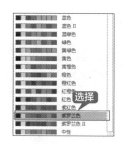

第3步 选择【页面布局】选项卡下【主题】组中的【颜色】按钮 颜色▾ 右侧的下拉按钮，在弹出的【Office】面板中，选择【紫罗兰色】选项。

第4步 设置【灰度】颜色效果如下图所示。

第5步 选择【页面布局】选项卡下【主题】组中的【字体】按钮 文字体▾ 右侧的下拉按钮，在弹出的【Office】面板中，选择一种字体。

第6步 设置主题字体后的效果如下图所示。

举一反三

制作人事变更表

与公司供应商信息管理表类似的工作表还有人事变更表、采购表、期末成绩表等。制作美化这类表格时，都要做到主题鲜明、制作规范、重点突出，便于公司更好地管理内部信息。下面就以制作人事变更表为例进行介绍。具体操作步骤如下。

1. 创建空白工作簿

新建空白工作簿，重命名工作簿，并进行保存。

2. 编辑人事变更表

输入标题并设计标题的艺术字效果，输

入人事变更表的各种数据并进行编辑。

3. 设置条件样式

在人事变更表中设置条件格式，突出变更后高于 8000 的薪资。

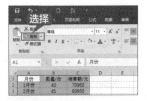

现对人事变更表进行美化，让表格更加美观。

4. 应用样式和主题

在人事变更表中应用样式和主题可以实

◇【F4】键的妙用

Excel 中，【F4】键可以重复上一次的操作。具体操作步骤如下。

第1步 比如调整单元格的颜色，选中单元格 B2，单击【开始】选项卡下【字体】组中的【字体颜色】按钮，把字体设置为红色。

第2步 选择单元格 C3，按【F4】键即可把单元格 C3 设置为红色。

◇ 巧用选择性粘贴

使用选择性粘贴有选择地粘贴剪贴板中的数值、格式、公式、批注等内容，使复制和粘贴操作更灵活。使用选择性粘贴将表格内容转置的具体操作步骤如下。

第1步 打开随书光盘中的"素材 \ch06\ 转置表格内容 .xlsx"工作簿，选择 A1：C9 单元格区域，单击【开始】选项卡下【剪贴板】组中的【复制】按钮。

第2步 选中要粘贴的单元格 A12 并单击鼠标右键，在弹出的快捷菜单中选择【选择性粘贴】→【选择性粘贴】菜单命令。

第3步 在弹出的【选择性粘贴】对话框中，单击选中【转置】复选框。单击【确定】按钮。

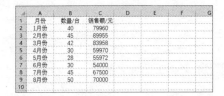

第4步 即可看到使用选择性粘贴将表格转置后的效果。

第 7 章
初级数据处理与分析

📖 本章导读

在工作中，经常对各种类型的数据进行统计和分析。Excel 具有统计各种数据的能力，使用排序功能可以将数据表中的内容按照特定的规则排序；使用筛选功能可以将满足用户条件的数据单独显示；设置数据的有效性可以防止输入错误数据；使用条件格式功能可以直观地突出显示重要值；使用合并计算和分类汇总功能可以对数据进行分类或汇总。本章就以统计超市库存明细表为例，演示如何使用 Excel 对数据进行处理和分析。

✈ 思维导图

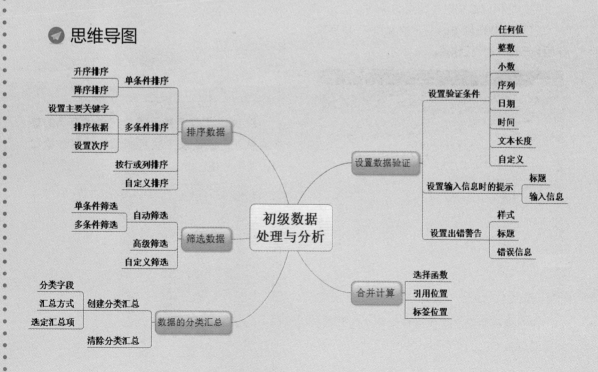

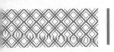
7.1 超市库存明细表

超市库存明细表是超市进出物品的详细统计清单，记录着一段时间物品的消耗和剩余状况，对下一阶段相应商品的采购和使用计划有很重要的参考作用。库存明细表类目众多，手动统计不仅费时费力，而且还容易出错，使用 Excel 则可以快速对这类工作表进行分析统计，得出详细而准确的数据。

实例名称：制作超市库存明细表	
实例目的：学习初级数据处理与分析	
素材	素材 \ch07\ 超市库存明细表 .xlsx
结果	结果 \ch07\ 超市库存明细表 .xlsx
录像	视频教学录像 \07 第 7 章

7.1.1 案例概述

完整的超市库存明细表主要包括超市商品的名称、物品数量、库存、结余等，需要对超市库存的各个类目进行统计和分析，在对数据进行统计分析的过程中，需要用到排序、筛选、分类汇总等操作。熟悉各个类型的操作，对以后处理相似数据时有很大的帮助。

打开随书光盘中的"素材 \ch07\ 超市库存明细表 .xlsx"工作簿。

超市库存明细表工作簿包含两个工作表，分别是 Sheet1 工作表和 Sheet2 工作表。其中 Sheet1 工作表主要记录了超市库存用品的基本信息和使用情况。

Sheet2 工作表除了简单记录了商品的基本信息外，还记录了次月的预计购买数量和预计消耗数量。

7.1.2 设计思路

对超市库存明细表的处理和分析可以通过以下思路进行。

① 设置物品编号和类别的数据验证。

② 通过对物品进行排序进行分析处理。

③ 通过筛选的方法对库存和使用状况进行分析。

④ 使用分类汇总操作对物品使用情况进行分析。

⑤ 使用合并计算操作将两个工作表中的数据进行合并。

7.1.3 涉及知识点

本案例主要涉及以下知识点。

① 设置数据验证。

② 排序操作。

③ 筛选数据。

④ 分类汇总。

⑤ 合并计算。

7.2 设置数据验证

在制作超市库存明细表的过程中，对数据的类型和格式会有严格要求，因此需要在输入数据时对数据的有效性进行验证。

7.2.1 设置办公用品编号长度

超市库存明细表需要对超市商品进行编号以便更好地进行统计。编号的长度是固定的，因此需要对输入的数据的长度进行限制，以避免输入错误数据，具体操作步骤如下。

第1步 选中 Sheet1 工作表中的 B3∶B22 单元格区域。

第2步 单击【数据】选项卡下【数据工具】组中的【数据验证】按钮 。

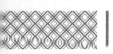
第3步 弹出【数据验证】对话框，选择【设置】选项卡，单击【验证条件】选项组内的【允许】文本框右侧的下拉按钮，在弹出的选项列表中选择【文本长度】选项。

第4步 数据文本框变为可编辑状态，在【数据】文本框的下拉选项列表中选择【等于】选项，在【长度】文本框内输入"6"，选中【忽略空值】复选框，单击【确定】按钮。

第5步 即可完成设置输入数据长度的操作，当输入的文本长度不是6时，即会弹出提示窗口。

7.2.2 设置输入信息时的提示

完成对单元格输入数据的长度限制设置后，可以设置输入信息时的提示信息，具体操作步骤如下。

第1步 选中B3：B22单元格区域，单击【数据】选项卡下【数据工具】组中的【数据验证】按钮。

第2步 弹出【数据验证】对话框，选择【输入信息】选项卡，选中【选定单元格时显示输入信息】复选框，在【标题】文本框内输入"请输入物品编号"，在【输入信息】文本框内输入"物品编号为6位，请正确输入！"，单击【确定】按钮。

第3步 返回 Excel 工作表中，选中设置了提示信息的单元格时，即可显示提示信息，效果如图所示。

7.2.3 设置输错时的警告信息

当用户输入错误的数据时，可以设置警告信息提示用户，具体操作步骤如下。

第1步 选中B3：B22单元格区域，单击【数据】选项卡下【数据工具】选项组中的【数据验证】按钮。

第2步 弹出【数据验证】对话框，选择【出错警告】选项卡，选中【输入无效数据时显示出错警告】选择框，在【样式】下拉列表中选择【停止】选项，在【标题】文本框内输入文字"输入错误"，在【错误信息】文本框内输入文字"请输入正确格式的编号"，单击【确定】按钮。

第3步 例如在 B3 单元格内输入"2"，即会弹出设置的警示信息。

第4步 设置完成后，在 B3 单元格内输入"WP0001"，按【Enter】键确定，即可完成输入。

第5步 使用快速填充功能填充 B4：B22 单元格区域，效果如图所示。

序号	物品编号	物品名称	物品类别	上月剩余	本月入库
1001	WP0001	方便面		300	1000
1002	WP0002	圆珠笔		85	20
1003	WP0003	汽水		400	200
1004	WP0004	火腿肠		200	170
1005	WP0005	笔记本		52	20
1006	WP0006	手帕纸		206	100
1007	WP0007	面包		180	150
1008	WP0008	醋		70	50
1009	WP0009	盐		80	65
1010	WP0010	乒乓球		40	30
1011	WP0011	羽毛球		50	20
1012	WP0012	梅把		20	20
1013	WP0013	饼干		160	160
1014	WP0014	牛奶		112	210
1015	WP0015	雪糕		80	360
1016	WP0016	洗衣粉		60	160
1017	WP0017	香皂		50	60
1018	WP0018	洗发水		60	40
1019	WP0019	衣架		60	80
1020	WP0020	铅笔		40	40

7.2.4 设置单元格的下拉选项

在单元格内需要输入特定的字符时，如输入单位，可以将其设置为下拉选项以方便输入，操作步骤如下所示。

第1步 选中 D3：D22 单元格区域，单击【数据】选项卡下【数据工具】选项组中的【数据验证】按钮。

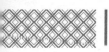

第2步 弹出【数据验证】对话框，选择【设置】选项卡，单击【验证条件】选项组【允许】文本框内的下拉按钮，在弹出的下拉列表中选择【序列】选项。

第3步 即可显示【来源】文本框，在文本框内输入"方便食品,书写工具,饮品,生活用品,调味品,体育用品,乳制品,零食,洗涤用品,个护健康"，同时选中【忽略空值】和【提供下拉箭头】复选框，单击【确定】按钮。

第4步 设置单元格区域的提示信息【标题】为"在下拉列表中选择"，【输入信息】为"请在下拉列表中选择物品的单位！"。

第5步 设置单元格的出错警告信息【标题】为"输入有误"，【错误信息】为"可在下拉列表中选择！"。

第6步 即可在单位列的单元格后显示下拉选项，单击下拉按钮，即可在下拉列表中选择物品类别，效果如图所示。

第7步 使用同样的方法在B4：B22单元格区域中输入物品类别。

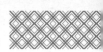

7.3 排序数据

在对超市库存明细表中的数据进行统计时，需要对数据进行排序，以更好地对数据进行分析和处理。

7.3.1 单条件排序

Excel 可以根据某个条件对数据进行排序，如在库存明细表中对入库数量多少进行排序，具体操作步骤如下。

第1步 选中数据区域的任意单元格，单击【数据】选项卡下【排序和筛选】选项组内的【排序】按钮 。

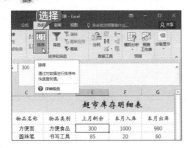

第2步 弹出【排序】对话框，将【主要关键字】设置为"本月入库"，【排序依据】设置为"数值"，将【次序】设置为"升序"，取消选中【数据包含标题】选择框，单击【确定】按钮。

第3步 即可将数据以入库数量为依据进行从小到大的排序，效果如图所示。

序号	物品编号	物品名称	物品类别	上月剩余	本月入库	本月出库	本月结存	销售区域	审核人
2	1002	WP0002	圆珠笔	书写工具	85	20	60	45	学生用品区	赵XX
3	1005	WP0005	笔记本	书写工具	52	20	60	12	学生用品区	王XX
4	1011	WP0011	羽毛球	生活用品	50	20	35	35	体育用品区	王XX
5	1012	WP0012	拖把	生活用品	20	20	28	12	日用品区	张XX
6	1010	WP0010	乒乓球	体育用品	40	30	50	20	体育用品区	王XX
7	1018	WP0018	洗发水	个护健康	60	40	82	18	日用品区	王XX
8	1020	WP0020	铅笔	书写工具	60	40	56	24	学生用品区	王XX
9	1008	WP0008	醋	调味品	70	50	100	20	食品区	王XX
10	1017	WP0017	香皂	个护健康	50	60	98	12	日用品区	王XX
11	1009	WP0009	盐	调味品	80	65	102	43	食品区	王XX
12	1019	WP0019	衣架	生活用品	60	80	68	72	日用品区	王XX
13	1006	WP0006	千层纸	生活用品	206	100	280	26	日用品区	王XX
14	1007	WP0007	面包	方便食品	180	150	170	160	食品区	王XX
15	1013	WP0013	饼干	方便食品	160	160	200	120	食品区	王XX
16	1016	WP0016	洗衣粉	洗涤用品	60	160	203	17	日用品区	王XX
17	1004	WP0004	火腿肠	方便食品	200	170	208	162	食品区	刘XX
18	1003	WP0003	汽水	饮品	400	200	580	20	食品区	刘XX
19	1014	WP0014	牛奶	乳制品	112	210	298	24	食品区	王XX

> **提示**
>
> Excel 默认的排序是根据单元格中的数据进行排序的。在按升序排序时，Excel 使用如下的顺序。
>
> (1) 数值从最小的负数到最大的正数排序。
>
> (2) 文本按 A~Z 顺序排序。
>
> (3) 逻辑值 False 在前，True 在后。
>
> (4) 空格排在最后。

7.3.2 多条件排序

如果需要对各个销售区域进行排序的同时又要对各个区域内部商品的本月结余情况进行排序，可以使用多条件排序，具体操作步骤如下。

第1步 选择"Sheet1"工作表，选中任意数据，单击【数据】选项卡下【排序和筛选】选项组内的【排序】按钮 。

第2步 弹出【排序】对话框,设置【主要关键字】为"销售区域",【排序依据】为"数值",【次序】为"升序",单击【添加条件】按钮。

第3步 设置【次要关键字】为"本月结余",【排序依据】为"数值",【次序】为"升序",单击【确定】按钮。

第4步 即可对工作表进行排序,效果如图所示。

> **提示**
>
> 　　在对工作表进行排序分析后,可以按【Enter+Z】组合键撤销排序的效果。
>
> 　　在多条件排序中,数据区域按主要关键字排列,主要关键字相同的按次要关键字排列,如果次要关键字也相同的则按第三关键字排列。

7.3.3 按行或列排序

　　如果需要对超市库存明细进行按行或者按列的排序,也可以通过排序功能实现,具体操作如下。

第1步 选中E2:G22单元格区域,单击【数据】选项卡下【排序和筛选】选项组中的【排序】按钮。

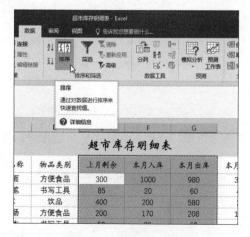

第2步 弹出【排序】对话框,单击【选项】按钮。

第3步 在弹出的【排序选项】的【方向】组中选中【按行排序】单选钮,单击【确定】按钮。

第4步 返回【排序】对话框，将【主要关键字】设置为"行2"，【排序依据】设置为"数值"，【次序】设置为"升序"，单击【确定】按钮。

第5步 即可将工作表数据根据设置进行排序，效果如图所示。

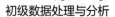

7.3.4 自定义排序

如果需要按某一序列排列超市库存商品，例如将物品的类别自定义为排序序列，操作步骤如下。

第1步 选中数据区域任意单元格。

第2步 单击【数据】选项卡下【排序和筛选】选项组中的【排序】按钮。

第3步 弹出【排序】对话框，设置【主要关键字】为"物品类别"，选择【次序】下拉列表中的【自定义序列】选项。

第4步 弹出【自定义序列】对话框，在【自定义序列】选项卡下【输入序列】文本框内输入"方便食品、书写工具、饮品、生活用品、调味品、体育用品、乳制品、零食、洗涤用品、个护健康"，每输入一个条目后按【Enter】键分隔条目，输入完成后单击【确定】按钮。

第5步 返回【排序】对话框，即可看到自定义的次序，单击【确定】按钮。

第6步 即可将数据按照自定义的序列进行排序，效果如图所示。

7.4 筛选数据

在对超市库存明细表的数据进行处理时，如果需要查看一些特定的数据，可以使用数据筛选功能筛选出需要的数据。

7.4.1 自动筛选

通过自动筛选功能，可以筛选出符合条件的数据。自动筛选包括单条件筛选和多条件筛选。

1. 单条件筛选

单条件筛选就是将符合一种条件的数据筛选出来，例如筛选出超市库存明细表中销售区域在"食品区"的商品。

第1步 选中数据区域任意单元格。

第2步 单击【数据】选项卡下【排序和筛选】选项组中的【筛选】按钮 。

第3步 工作表自动进入筛选状态，每列的标题下面出现一个下拉按钮，单击I2单元格的下拉按钮。

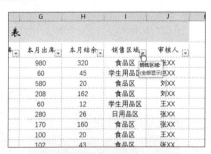

第4步 在弹出的下拉选框中单击选中【食品区】复选框，然后单击【确定】按钮。

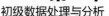

第5步 即可将销售区域在"食品区"的物品筛选出来,效果如图所示。

2. 多条件筛选

多条件筛选就是将符合多个条件的数据筛选出来。例如将超市库存明细表中汽水和笔记本的销售情况筛选出来。

第1步 选中数据区域任意单元格。

第2步 单击【数据】选项卡下【排序和筛选】组中的【筛选】按钮。

第3步 工作表自动进入筛选状态,每列的标题下面出现一个下拉按钮,单击 C2 单元格的下拉按钮。

第4步 在弹出的下拉选框中选中【汽水】和【笔记本】复选框,单击【确定】按钮。

第5步 即可筛选出汽水和笔记本的相关数据,效果如下图所示。

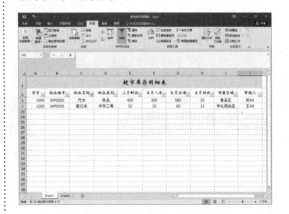

7.4.2 高级筛选

如果要将超市库存明细表中王 XX 审核的物品单独筛选出来,可以使用高级筛选功能设置多个复杂筛选条件实现,具体操作步骤如下。

第1步 在 I25 和 I26 单元格内分别输入"审核人"和"王 × ×",在 J25 单元格内输入"物品名称"。

第2步 选中数据区域任意单元格，单击【数据】选项卡下【排序和筛选】组中的【高级】按钮。

第3步 弹出【高级筛选】对话框，在【方式】组内选中【将筛选结果复制到其他位置】单选按钮，在【列表区域】文本框内输入"$A$2:$J$22"，在【条件区域】文本框内

输入"$I$25:$I$26"， 在【复制到】文本框内输入"$J$25"，选中【选择不重复的记录】选择框，单击【确定】按钮。

第4步 即可将超市库存明细表中王××审核的物品名称单独筛选出来并复制在指定区域，效果如图所示。

| 提示 |

输入的筛选条件文字需要和数据表中的文字保持一致。

7.4.3 自定义筛选

除了根据需要执行自动筛选和高级筛选外，Excel 2016还提供了自定义筛选功能，帮助用户快速筛选出满足需求的数据，自定义筛选的具体操作步骤如下。

第1步 选择任意数据区域的任意单元格。

第2步 单击【数据】选项卡下【排序和筛选】选项组内的【筛选】按钮。

第3步 即可进入筛选模式，单击【本月入库】的下拉按钮，在弹出的下拉窗口中单击【数字筛选】选项，在弹出的选项列表中选择【介于】选项。

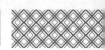

第 4 步 弹出【自定义自动筛选方式】对话框，在【显示行】组下第一个文本框的下拉选框中选择【大于或等于】选项，右侧数值设置为"30"，选中【与】单选按钮，在下方左侧下拉选框中选择【小于或等于】选项，数

值设置为"60"，单击【确定】按钮。

第 5 步 即可将本月入库量介于 30 和 60 之间的物品筛选出来，效果如下图所示。

7.5 数据的分类汇总

超市库存明细表需要对不同分类的办公用品进行分类汇总，使工作表更加有条理，有利于对数据的分析和处理。

7.5.1 创建分类汇总

将超市物品根据销售区域对本月结余情况进行分类汇总，具体操作步骤如下。

第 1 步 选中"销售区域"区域任意单元格。

第 2 步 单击【数据】选项卡下【排序和筛选】选项组内的【升序】按钮 $A\downarrow$。

第 3 步 即可将数据以领取单位为依据进行升序排列，效果如图所示。

第 4 步 单击【数据】选项卡下【分级显示】选项组内的【分类汇总】按钮 分类汇总。

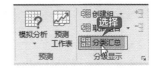

第5步 弹出【分类汇总】对话框，设置【分类字段】为"销售区域"，【汇总方式】为"求和"，在【选定汇总项】选项列表中选中【本月结余】复选框，其余保持默认值并单击【确定】按钮。

第6步 即可对工作表进行以销售区域为类别的对本月结余进行的分类汇总，结果如图所示。

| 提示 |

在进行分类汇总之前，需要对分类字段进行排序使其符合分类汇总的条件，才能达到最佳的效果。

7.5.2 清除分类汇总

如果不再需要对数据进行分类汇总，可以选择清除分类汇总，操作步骤如下。

第1步 接上节操作，选中数据区域任意单元格。

第2步 单击【数据】选项卡下【分级显示】选项组内的【分类汇总】按钮 分类汇总，在弹出的【分类汇总】对话框中单击【全部删除】按钮。

第3步 即可将分类汇总全部删除，效果如图所示。

7.6 合并计算

合并计算可以将多个工作表中的数据合并在一个工作表中，以便能够对数据进行更新和汇总。超市库存明细表中，Sheet 工作表和 Sheet2 工作表内容可以汇总在一个工作表中，具体操作步骤如下。

第1步 选择"Sheet1"工作表，选中 A2：J22 单元格区域。

第2步 单击【公式】选项卡下【定义的名称】选项组中的【定义名称】按钮□定义名称 ▼。

第3步 弹出【新建名称】对话框，在【名称】文本框内输入"表1"文本，单击【确定】按钮。

第4步 选择"Sheet2"工作表，选中 E1：F21 单元格区域，单击【公式】选项卡下【定义的名称】选项组中的【定义名称】按钮□定义名称 ▼。

第5步 在弹出的【新建名称】对话框中将【名称】设置为"表2"，单击【确定】按钮。

第6步 在"Sheet1"工作表中选中 K2 单元格，单击【数据】选项卡下【数据工具】选择组中的【合并计算】按钮。

第7步 弹出【合并计算】对话框，在【函数】下拉选框中选择【求和】选项，在【引用位

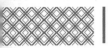

置】文本框内输入"表2",选中【标签位置】组内的【首行】复选框,单击【确定】按钮。

第8步 即可将表2合并在"Sheet1"工作表内,效果如图所示。

第9步 对工作表进行美化和调整,最终效果如图所示,完成后,保存案例即可。

|提示|

除了使用上述方式,还可以在工作表名称栏中直接为单元格区域命名。

举一反三

分析与汇总办公用品销售数据表

办公用品销售数据记录着一个阶段内各个种类的办公用品的销售情况,通过对办公用品销售数据的分析可以找出在销售过程中存在的问题,分析与汇总办公用品销售数据表的思路如下。

1. 设置数据验证

第一步设置办公用品编号和办公用品单位的数据验证,并完成编号和单位的输入。

	A	B	C	D	E	F	G	H
1			商品销售数据表					
2	商品编号	商品名称	商品种类	销售数量	单价	销售金额	销售员	
3	SP1001	牛奶	食品	38	¥40.0	¥1,520.0	张XX	
4	SP1 请输入商品编号		150	¥4.5	¥675.0	马XX	
5	SP1 商品编号长度为6位,	厨房用具	24	¥299.0	¥7,176.0	马XX	
6	SP1 请正确输入!		180	¥2.5	¥450.0	王XX	
7	SP1	日用品	52	¥8.0	¥416.0	王XX	
8	SP1006	洗发水	日用品	48	¥37.8	¥1,814.4	张XX	
9	SP1007	锅铲	厨房用具	53	¥21.0	¥1,113.0	张XX	
10	SP1008	方便面	食品	140	¥19.2	¥2,688.0	王XX	
11	SP1009	锅巴	食品	86	¥3.5	¥301.0	马XX	
12	SP1010	海苔	食品	67	¥28.0	¥1,876.0	王XX	
13	SP1011	炒菜锅	厨房用具	35	¥199.0	¥6,965.0	王XX	
14	SP1012	牙膏	日用品	120	¥19.0	¥2,280.0	张XX	
15	SP1013	洗面奶	日用品	84	¥35.0	¥2,940.0	马XX	
16	SP1014	面包	食品	112	¥2.3	¥257.6	王XX	
17	SP1015	火腿肠	食品	86	¥19.5	¥1,677.0	王XX	
18	SP1016	微波炉	厨房用具	59	¥428.0	¥25,252.0	张XX	

2. 排序数据

第二步对办公用品根据销售金额和销售数量进行排序。

	A	B	C	D	E	F	G
1			商品销售数据表				
2	商品编号	商品名称	商品种类	销售数量	单价	销售金额	销售员
3	SP1014	面包	食品	112	¥2.3	¥257.6	王XX
4	SP1009	锅巴	食品	86	¥3.5	¥301.0	张XX
5	SP1018	速冻水饺	食品	54	¥7.5	¥405.0	马XX
6	SP1005	香皂	日用品	52	¥8.0	¥416.0	王XX
7	SP1004	饼干	食品	180	¥2.5	¥450.0	马XX
8	SP1002	薯片	食品	150	¥4.5	¥675.0	张XX
9	SP1020	牙刷	日用品	36	¥24.0	¥864.0	马XX
10	SP1007	锅铲	厨房用具	53	¥21.0	¥1,113.0	张XX
11	SP1001	牛奶	食品	38	¥40.0	¥1,520.0	张XX
12	SP1015	火腿肠	食品	86	¥19.5	¥1,677.0	王XX
13	SP1006	洗发水	日用品	48	¥37.8	¥1,814.4	张XX
14	SP1010	海苔	食品	67	¥28.0	¥1,876.0	王XX
15	SP1012	牙膏	日用品	120	¥19.0	¥2,280.0	张XX
16	SP1017	保温杯	厨房用具	48	¥50.0	¥2,400.0	王XX
17	SP1008	方便面	食品	140	¥19.2	¥2,688.0	王XX
18	SP1013	洗面奶	日用品	84	¥35.0	¥2,940.0	马XX

3. 筛选数据

第三步筛选出各个销售员的办公用品销售数据。

	A	B	C	D	E	F	G	H
1			商品销售数据表					
2	商品编号	商品名	商品种类	销售数	单价	销售金额	销售员	
4	SP1009	锅巴	食品	86	¥3.5	¥301.0	张XX	
8	SP1002	薯片	食品	150	¥4.5	¥675.0	张XX	
10	SP1007	锅铲	厨房用具	53	¥21.0	¥1,113.0	张XX	
11	SP1001	牛奶	食品	38	¥40.0	¥1,520.0	张XX	
12	SP1015	火腿肠	食品	86	¥19.5	¥1,677.0	张XX	
13	SP1006	洗发水	日用品	48	¥37.8	¥1,814.4	张XX	
14	SP1010	海苔	食品	67	¥28.0	¥1,876.0	张XX	
15	SP1012	牙膏	日用品	120	¥19.0	¥2,280.0	张XX	
22	SP1016	微波炉	厨房用具	59	¥428.0	¥25,252.0	张XX	
23								

4. 对数据进行分类汇总

第四步对办公用品的种类进行分类汇总。

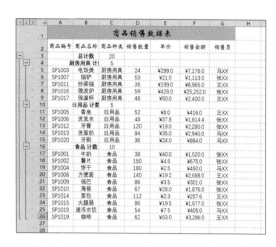

	A	B	C	D	E	F	G	H
1			商品销售数据表					
2	商品编号	商品名称	商品种类	销售数量	单价	销售金额	销售员	
3			总计数	20				
4			厨房用具 计	5				
5	SP1003	电饭煲	厨房用具	24	¥299.0	¥7,176.0	马XX	
6	SP1007	锅铲	厨房用具	53	¥21.0	¥1,113.0	张XX	
7	SP1011	炒菜锅	厨房用具	35	¥199.0	¥6,965.0	王XX	
8	SP1016	微波炉	厨房用具	59	¥428.0	¥25,252.0	张XX	
9	SP1017	保温杯	厨房用具	48	¥50.0	¥2,400.0	王XX	
10			日用品 计数	5				
11	SP1005	香皂	日用品	52	¥8.0	¥416.0	王XX	
12	SP1006	洗发水	日用品	48	¥37.8	¥1,814.4	张XX	
13	SP1012	牙膏	日用品	120	¥19.0	¥2,280.0	张XX	
14	SP1013	洗面奶	日用品	84	¥35.0	¥2,940.0	马XX	
15	SP1020	牙刷	日用品	36	¥24.0	¥864.0	马XX	
16			食品 计数	10				
17	SP1001	牛奶	食品	38	¥40.0	¥1,520.0	张XX	
18	SP1002	薯片	食品	150	¥4.5	¥675.0	张XX	
19	SP1004	饼干	食品	180	¥2.5	¥450.0	马XX	
20	SP1008	方便面	食品	140	¥19.2	¥2,688.0	王XX	
21	SP1009	锅巴	食品	86	¥3.5	¥301.0	张XX	
22	SP1010	海苔	食品	67	¥28.0	¥1,876.0	张XX	
23	SP1014	面包	食品	112	¥2.3	¥257.6	王XX	
24	SP1015	火腿肠	食品	86	¥19.5	¥1,677.0	张XX	
25	SP1018	速冻水饺	食品	54	¥7.5	¥405.0	马XX	
26	SP1019	咖啡	食品	62	¥53.0	¥3,286.0	王XX	
27								
28								

至此，就完成了对办公用品销售数据表的分析与汇总。

高手支招

◇ 让表中序号不参与排序

在对数据进行排序的过程中，在某些情况下并不需要对序号进行排序，这种情况下可以使用下面的方法。

第1步 打开随书光盘中的"素材 \ch07\ 删除空白行 .xlsx"工作簿。

	A	B	C	D	E
1		英语成绩表			
2	1	刘	60		
3	2	张	59		
4	3	李	88		
5	4	赵	76		
6	5	徐	63		
7	6	夏	35		
8	7	马	90		
9	8	孙	92		
10	9	翟	77		
11	10	郑	65		
12	11	林	68		
13	12	钱	72		
14					
15					
16					

第2步 选中 B2：C13单元格区域,单击【数据】选项卡下【排序和筛选】选项组内的【排序】按钮。

第3步 弹出【排序】对话框，将【主要关键字】设置为"列 C"，【排序依据】设置为"数值"，次序设置为"降序"，单击【确定】按钮。

第4步 即可将名单进行以成绩为依据的从高往低的排序，而序号不参与排序，效果如图

所示。

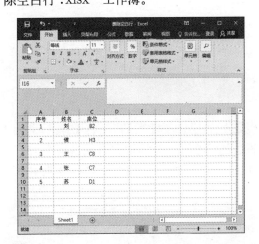

　　在排序之前选中数据区域则只对数据区域内的数据进行排序。

◇ 通过筛选删除空白行

　　对于不连续的多个空白行，可以使用筛选功能的快速删除，具体操作步骤如下。

第1步 打开随书光盘中的"素材 \ch07\ 删除空白行 .xlsx"工作簿。

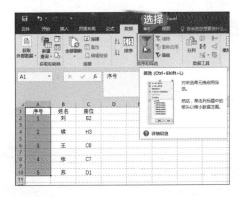

第2步 选中 A1：A10 单元格区域，单击【数据】选项卡下【排序和筛选】选项组中的【筛选】按钮。

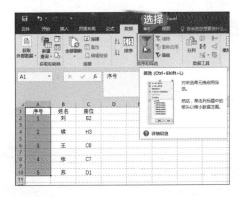

第3步 单击 A1 单元格中的下拉按钮，选中【空白】复选框，单击【确定】按钮。

第4步 即可将 A1：A10 单元格区域内的空白行选中。

	A	B	C	D
1	序号	姓名	座位	
3				
5				
7				
9				
11				

第5步 将鼠标光标放置在选定单元格区域，单击鼠标右键，在弹出的快捷菜单中选择【删除行】菜单命令。

第6步 弹出【是否删除工作表的整行】对话框，单击【确定】按钮即可。

第7步 即可删除空白行，效果如图所示。

	A	B	C	D
1	1	刘	B2	
2	2	侯	H3	
3	3	王	C8	
4	4	张	C7	
5	5	苏	D1	
6				
7				
8				
9				
10				

◇ **筛选多个表格的重复值**

使用下面的方法可以快速地在多个工作表中找重复值，节省处理数据的时间。

第1步 打开随书光盘中的"素材\ch07\查找重复值.xlsx"工作簿。

第2步 单击【数据】选项卡下【排序和筛选】选项组中的【高级】按钮。

第3步 在弹出的【高级筛选】对话框中选中【将筛选结果复制到其他位置】单选按钮。【列表区域】设置为"Sheet1!$A$1:$B$13"，【条件区域】设置为"Sheet2!$A$1:$B$13"，【复制到】设置为"Sheet1!$F$3"，选中【选择不重复的记录】选择框，单击【确定】按钮。

第4步 即可将两个工作表中的重复数据复制到指定区域，效果如图所示。

	C	D	E	F	G	H
3				分类	物品	
4				蔬菜	西红柿	
5				水果	苹果	
6				肉类	牛肉	
7				肉类	鱼	
8				蔬菜	白菜	
9				水果	橘子	
10				肉类	羊肉	
11				肉类	猪肉	
12				肉类	鸡	
13				水果	橙子	

◇ **把相同项合并为单元格**

在制作工作表时，将相同的表格进行合并可以使工作表更加简洁明了，快速实现合并的具体步骤如下所示。

第1步 打开随书光盘中的"素材\ch07\分类清单.xlsx"工作簿。

第2步 选中数据区域A列单元格,单击【数据】选项卡下【排序和筛选】选项组中的【升序】按钮。

第3步 在弹出的【排序提醒】提示框中选中【扩展选定区域】单选按钮,单击【排序】按钮。

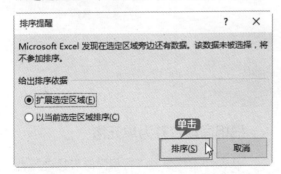

第4步 即可对数据进行以A列为依据的升序排列,A列相同名称的单元格将会连续显示,效果如图所示。

第5步 选择A列,单击【数据】选项卡下【分级显示】选项组中的【分类汇总】按钮。

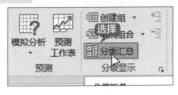

第6步 在弹出的提示框中单击【确定】按钮。

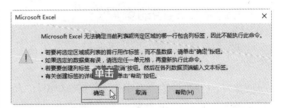

第7步 弹出【分类汇总】对话框,【分类字段】选择"肉类",【汇总方式】选择"计数",选中【选定汇总项】选项框内的【肉类】选择框,然后选中【汇总结果显示在数据下方】复选框,单击【确定】按钮。

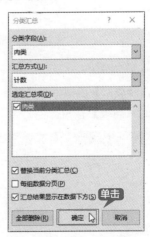

第8步 即可对A列进行分类汇总,效果如图所示。

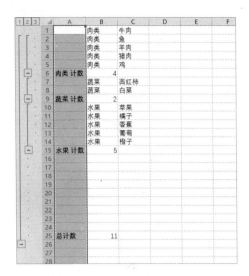

合并分类单元格，具体步骤如下。

第1步 单击【开始】选项卡下【编辑】选项组内的【查找和替换】按钮，在弹出的下拉列表中选择【定位条件】选项。

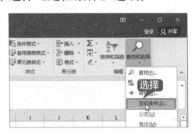

第2步 弹出【定位条件】对话框，选中【空值】单选按钮，单击【确定】按钮。

第3步 即可选中 A 列所有空值，单击【开始】选项卡下【对齐方式】选项组中的【合并后居中】选项。

第4步 即可对定位的单元格进行合并居中的操作，效果如图所示。

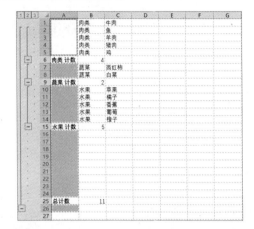

第5步 选择 B 列数据，单击【数据】选项卡下【分级显示】选项组中的【分类汇总】按钮 分类汇总。

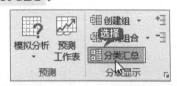

第6步 确认提示框信息之后弹出【分类汇总】对话框，【汇总方式】选择"计数"，在【选定汇总项】选项框内选中【肉类】选择框，取消选中【汇总结果显示在数据下方】复选框，单击【全部删除】按钮。

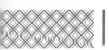

第7步 弹出提示框，单击【确定】按钮即可。

第8步 删除分类汇总后的效果如下图所示。

	A	B	C	D	E
1		肉类	牛肉		
2		肉类	鱼		
3		肉类	羊肉		
4		肉类	猪肉		
5		肉类	鸡		
6		蔬菜	西红柿		
7		蔬菜	白菜		
8		水果	苹果		
9		水果	橘子		
10		水果	香蕉		
11		水果	葡萄		
12		水果	橙子		
13					
14					
15					
16					

第9步 选中 A 列，单击【开始】选项卡下【剪贴板】选项组中的【格式刷】工具。

第10步 单击 B 列，B 列即可复制 A 列格式，然后删除 A 列，最终效果如图所示。

	A	B	C	D
1		牛肉		
2		鱼		
3	肉类	羊肉		
4		猪肉		
5		鸡		
6	蔬菜	西红柿		
7		白菜		
8		苹果		
9		橘子		
10	水果	香蕉		
11		葡萄		
12		橙子		
13				
14				
15				

第8章

中级数据处理与分析——图表

本章导读

在 Excel 中使用图表不仅能使数据的统计结果更直观、更形象，还能够清晰地反映数据的变化规律和发展趋势，使用图表可以制作产品统计分析表、预算分析表、工资分析表、成绩分析表等。本章主要介绍创建图表、图表的设置和调整、添加图表元素及创建迷你图等操作。

思维导图

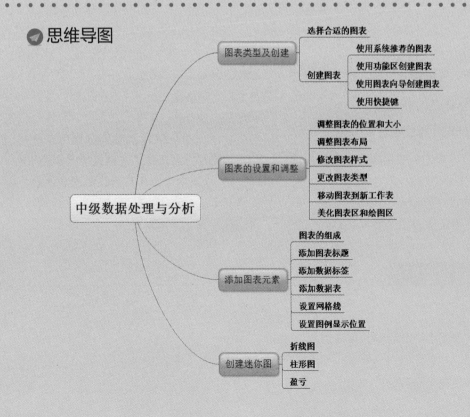

8.1 商场销售统计分析图表

制作商场销售统计分析图表时，表格内的数据类型要格式一致，选取的图表类型要能恰当地反映数据的变化趋势。

实例名称：制作商场销售统计分析图表	
实例目的：反应数据的变化趋势	
素材	素材 \ch08\ 商场销售统计分析图表
结果	结果 \ch08\ 商场销售统计分析图表
录像	视频教学录像 \08 第 8 章

8.1.1 案例概述

数据分析是指用适当的统计分析方法对收集来的大量数据进行分析，提取有用信息和形成结论而对数据加以详细研究和概括总结的过程。Excel 作为常用的分析工具，可以实现基本的分析工作。在 Excel 中使用图表可以清楚地表达数据的变化关系，并且还可以分析数据的规律，进行预测。本节就以制作商场销售统计分析图表为例，介绍使用 Excel 的图表功能分析销售数据的方法。

制作商场销售统计分析图表时，需要注意以下几点。

1. 表格的设计要合理

① 表格要有明确的表格名称，快速向读者传达要制作图表的信息。

② 表头的设计要合理，能够指明每一项数据要反应的销售信息，如时间、产品名称或者销售人员等。

③ 表格中的数据格式、单位要统一，这样才能正确地反映销售统计表中的数据。

2. 选择合适的图表类型

① 制作图表时首先要选择正确的数据源，有时表格的标题不可以作为数据源，而表头通常要作为数据源的一部分。

② Excel 2016 提供了柱形图、折线图、饼图、条形图、面积图、XY 散点图、股价图、曲面图、雷达图、树状图、旭日图、直方图、箱形图、瀑布图 14 种图表类型以及组合图表类型，每一类图表所反映的数据主题不同，用户需要根据要表达的主题选择合适的图表。

③ 图表中可以添加合适的图表元素，如图表标题、数据标签、数据表、图例等，通过这些图表元素可以更直观地反映图表信息。

8.1.2 设计思路

制作商场销售统计分析图表时可以按以下思路进行。

① 设计要使用图表分析的数据表格。

② 为表格选择合适的图表类型并创建图表。

③ 设置并调整图表的位置、大小、布局、样式以及美化图表。

④ 添加并设置图表标题、数据标签、数据表、网线以及图例等图表元素。

⑤ 为各月的销售情况创建迷你图。

8.1.3 涉及知识点

本案例主要涉及以下知识点。

① 创建图表。

② 设置和整理图表。

③ 添加图表元素。

④ 创建迷你图。

8.2 图表类型及创建

Excel 2016 提供了包含组合图表在内的 14 种图表类型，用户可以根据需求选择合适的图表类型，然后创建嵌入式图表或工作表图表来表达数据信息。

8.2.1 如何选择合适的图表

Excel 2016提供了柱形图、折线图、饼图、条形图、面积图、XY 散点图、股价图、曲面图、雷达图、树状图、旭日图、直方图、箱形图、瀑布图等 14 种图表类型以及组合图表类型，需要根据图表的特点选择合适的图表类型。

打开随书光盘中的"素材 \ch08\ 商场销售统计分析图表 .xlsx"文件，在数据区域选择任意一个单元格。单击【插入】选项卡下【图表】选项组右下角的【查看其他图表】按钮。即可弹出【插入图表】对话框，在【所有图表】选项卡中查看 Excel 2016 提供的所有图表类型。

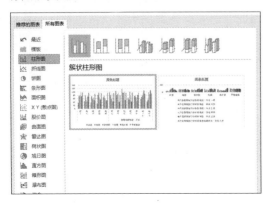

(1) 柱形图——以垂直条跨若干类别比较值

柱形图由一系列垂直条组成，通常用来比较一段时间中两个或多个项目的相对尺寸。例如不同产品季度或年销售量对比、在几个项目中不同部门的经费分配情况、每年各类资料的数目等。

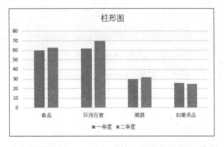

(2) 折线图——按时间或类别显示趋势

折线图用来显示一段时间内的趋势。例如数据在一段时间内是呈增长趋势的，另一段时间内处于下降趋势，可以通过折线图，对将来作出预测。

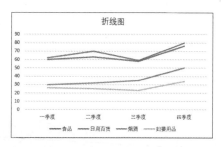

(3) 饼图——显示比例

饼图用于对比几个数据在其形成的总和中所占的百分比值。整个饼代表总和，每一个数用一个楔形或薄片代表。

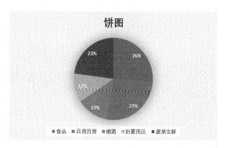

(4) 条形图——以水平条跨若干类别比较值

条形图由一系列水平条组成。使得对于时间轴上的某一点，两个或多个项目的相对尺寸具有可比性。条形图中的每一条在工作表上是一个单独的数据点或数。

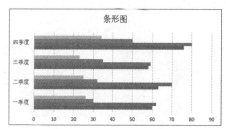

(5) 面积图——显示变动幅度

面积图显示一段时间内变动的幅值。当有几个部分的数据都在变动时，可以选择显示需要的部分，即可看到单独各部分的变动，同时也看到总体的变化。

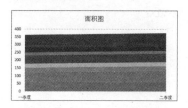

(6) XY 散点图——显示值集之间的关系

XY 散点图展示成对的数和它们所代表的趋势之间的关系。散点图的重要作用是可以用来绘制函数曲线，从简单的三角函数、指数函数、对数函数到更复杂的混合型函数，都可以利用它快速准确地绘制出曲线，所以在教学、科学计算中会经常用到。

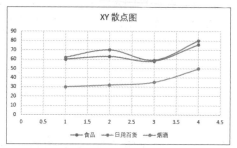

(7) 股价图——显示股票变化趋势

股价图是具有三个数据序列的折线图，被用来显示一段给定时间内一种股标的最高价、最低价和收盘价。股价图多用于金融、商贸等行业，用来描述商品价格、货币兑换率和温度、压力测量等。

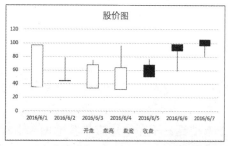

(8) 曲面图——在曲面上显示两个或更多个数据

曲面图显示的是连接一组数据点的三维曲面。曲面图主要用于寻找两组数据的最优组合。

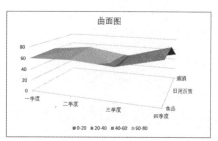

(9) 雷达图——显示相对于中心点的值

显示数据如何按中心点或其他数据变动。每个类别的坐标值从中心点辐射。

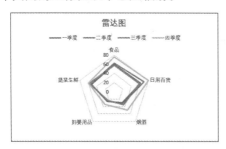

(10) 树状图——以矩形显示比例

树状图主要用于比较层次结构中不同级别的值，可以使用矩形显示层次结构级别中的比例。

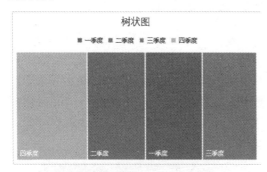

(11) 旭日图——以环形显示比例

旭日图主要用于比较层次结构中不同级别的值，可以使用矩形显示层次结构级别中的比例。

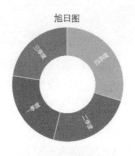

(12) 直方图——显示数据分布情况

直方图由一系列高度不等的纵向条纹或线段表示数据分布的情况。一般用横轴表示数据类型，纵轴表示分布情况。

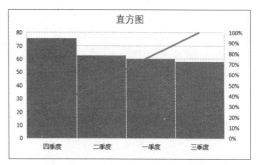

(13) 箱形图——显示一组数据的变体

箱形图主要用于显示一组数据中的变体。

(14) 瀑布图——显示值的演变

瀑布图用于显示一系列正值和负值的累积影响。

(15) 组合图——突出显示不同类型的信息

组合图将多个图表类型集中显示在一个图表中，集合各类图表的优点，更直观形象地显示数据。

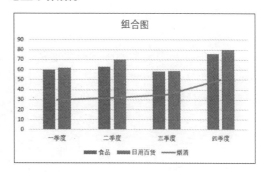

单击右上角的【关闭】按钮即可关闭【插入图表】对话框。

8.2.2 创建图表

创建图表时，不仅可以使用系统推荐的图表创建图表，还可以根据实际需要选择并创建合适的图表，下面就介绍在商场销售统计分析图表中创建图表的方法。

1. 使用系统推荐的图表

在 Excel 2016 中系统为用户推荐了多种图表类型，并显示图表的预览，用户只需要选择一种图表类型就可以完成图表的创建。

第1步 在打开的"商场销售统计分析图表.xlsx"素材文件中，选择数据区域内的任意一个单元格，单击【插入】选项卡下【图表】组中【推荐的图表】按钮。

> **提示**
>
> 如果要为部分数据创建图表，仅选择需要创建图表的部分数据。

第2步 弹出【插入图表】对话框，选择【推荐的图标】选项卡，在左侧的列表中就可以看到系统推荐的图表类型。选择需要的图表类型（这里选择"簇状柱形图"图表），单击【确定】按钮。

第3步 此时就完成使用推荐的图表创建图表的操作。

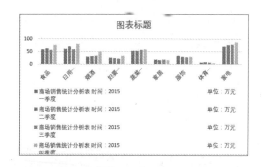

> **提示**
>
> 如果要删除创建的图表，只需要选中创建的图表，再按【Delete】键即可删除创建的图表。

2. 使用功能区创建图表

在 Excel 2016 的功能区中将图表类型集中显示在【插入】选项卡下的【图表】选项组中，方便用户快速创建图表，具体操作步骤如下。

第1步 选择数据区域内的任意一个单元格，选择【插入】选项卡，在【图表】组中即可看到包含多个创建图表按钮。

第2步 单击【图表】选项组中【插入柱形图或条形图】按钮后的下拉按钮，在弹出的下拉列表中选择【二维柱形图】组中的【簇状柱形图】选项。

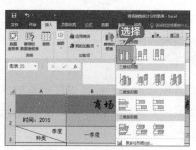

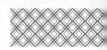

第3步 即可在该工作表中插入一个柱形图表，效果如图所示。

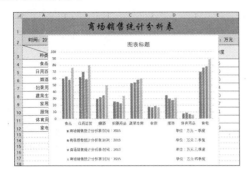

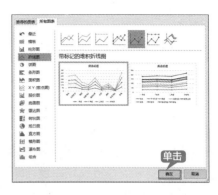

| 提示 | ::::::::

可以在选择创建的图表后，按【Delete】键将其删除。

3. 使用图表向导创建图表

使用图表向导也可以创建图表，具体的操作步骤如下。

第1步 在打开的素材文件中，选择数据区域的 A3:E12 单元格区域。单击【插入】选项卡下【图表】选项组中的【查看其他图表】按钮，弹出【插入图表】对话框，选择【所有图表】选项卡，在左侧的列表中选择【折线图】选项，在右侧选择一种折线图类型，单击【确定】按钮。

第2步 即可在 Excel 工作表中创建折线图图表，效果如下图所示。

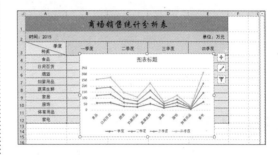

| 提示 | ::::::::

除了使用上面的3种方法创建图表外，还可以按【Alt+F1】组合键创建嵌入式图表，按【F11】键可以创建工作表图表。嵌入式图表就是与工作表数据在一起或者与其他嵌入式图表在一起的图表，而工作表图表是特定的工作表，只包含单独的图表。

8.3 图表的设置和调整

在商场销售统计分析表中创建图表后，可以根据需要设置图表的位置和大小，还可以根据需要调整图表的样式及类型。

8.3.1 调整图表的位置和大小

创建图表后如果对图表的位置和大小不满意，可以根据需要调整图表的位置和大小。

1. 调整图表位置

第1步 选择创建的图表，将鼠标光标放置在图表上，当鼠标指针变为✛形状时，按住鼠标左键，

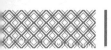
并拖曳鼠标。

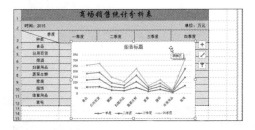

第2步 至合适位置处释放鼠标左键，即可完成调整图表位置的操作。

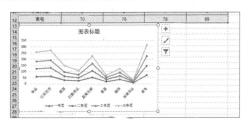

2. 调整图表大小

调整图表大小有两种方法，第一种方法是使用鼠标拖曳调整，第二种方法是精确调整图表的大小。

方法1：拖曳鼠标调整

第1步 选择插入的图表，将鼠标光标放置在图表四周的控制点上，例如这里将鼠标光标放置在右下角的控制点上，当鼠标光标变为形状时，按住鼠标左键并拖曳鼠标。

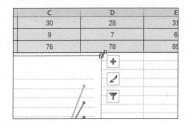

第2步 至合适大小后释放鼠标左键，即可完成调整图表大小的操作。

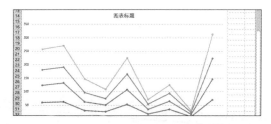

> **提示**
>
> 将鼠标光标放置在四个角的控制点上可以同时调整图表的宽度和高度，将鼠标光标放置在左右边的控制点上可以调整图表的宽度，将鼠标光标放置在上下边的控制点上可以同时调整图表的高度。

方法2：精确调整图表大小

如要精确地调整图表的大小，可以选择插入的图表，在【格式】选项卡下【大小】选项组单击【形状高度】和【形状宽度】微调框后的微调按钮，或者直接输入图表的高度和宽度值，按【Enter】键确认即可。

> **提示**
>
> 单击【格式】选项卡下【大小】选项组的【大小和属性】按钮，在打开的【设置图表区格式】窗格中单击选中【锁定纵横比】复选框，可等比放大或缩小图表。

8.3.2 调整图表布局

创建图表后，可以根据需要调整图表的布局，具体操作步骤如下。

第1步 选择创建的图表，单击【设计】选项卡下【图表布局】组中的【快速布局】按钮的下拉按钮，在弹出的下拉列表中选择【布局7】选项。

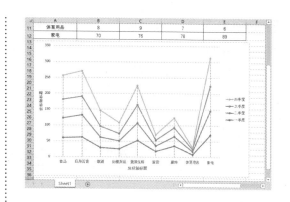

第2步 即可看到调整图表布局后的效果。

8.3.3 修改图表样式

修改图表样式主要包括调整图表颜色和调整图表样式两个方面的内容。修改图表样式的具体操作步骤如下。

第1步 选择图表，单击【设计】选项卡下【图表样式】组中的【更改颜色】按钮的下拉按钮，在弹出的下拉列表中选择【颜色3】选项。

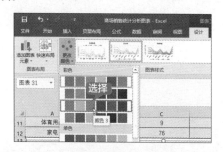

第2步 即可看到调整图表颜色后的效果。

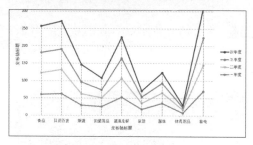

8.3.4 更改图表类型

第3步 选择图表，单击【设计】选项卡下【图表样式】组中的【其他】按钮，在弹出的下拉列表中选择【样式6】图表样式选项。

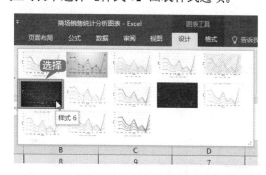

第4步 即可更改图表的样式，效果如下图所示。

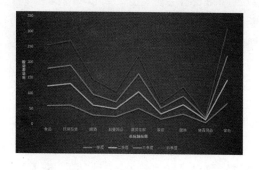

创建图表后，如果选择的图表类型不能满足展示数据的效果，还可以更改图表类型，具体操作步骤如下。

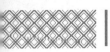
第1步 选择图表，单击【设计】选项卡下【类型】组中的【更改图表类型】按钮。

第2步 弹出【更改图表类型】对话框。

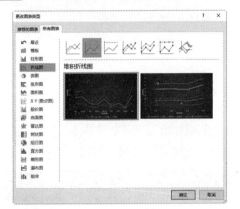

第3步 选择要更改的图表类型，这里在左侧列表中选择【柱形图】选项，在右侧选择【簇状柱形图】类型，单击【确定】按钮。

8.3.5 移动图表到新工作表

创建图表后，如果工作表中数据较多，数据和图表将会有重叠，可以将图表移动到新工作表中。

第1步 选择图表，单击【设计】选项卡下【位置】组中的【移动图表】按钮。

第2步 弹出【移动图表】对话框，在【选择放置图表的位置】组中单击选中【新工作表】单选项，并在文本框中设置新工作表的名称，单击【确定】按钮。

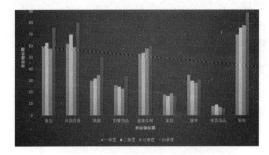

第4步 即可看到将折线图更改为簇状柱形图后的效果。

第3步 即可创建名称为"Chart1"的工作表，并在表中显示图表，而"Sheet1"工作表中则不包含图表。

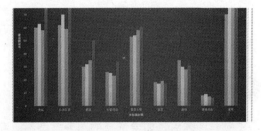

第4步 在"Chart1"工作表中选择图表，并单击鼠标右键，在弹出的快捷菜单中选择【移

动图表】菜单命令。

第5步 弹出【移动图表】对话框，在【选择放置图表的位置】组中单击选中【对象对于】单选项，并在文本框中选择"Sheet1"工作表，单击【确定】按钮。

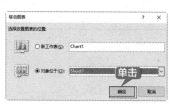

第6步 即可将图表移动至"Sheet1"工作表，并删除"Chart1"工作表。

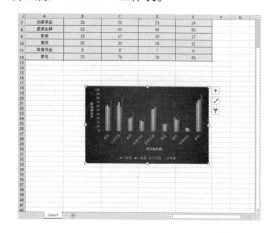

8.3.6 美化图表区和绘图区

美化图表区和绘图区可以使图表更美观。美化图表区和绘图区的具体操作步骤如下。

1. 美化绘图区

第1步 选中图表并单击鼠标右键，在弹出的快捷菜单中选择【设置图表区域格式】菜单命令。

第2步 弹出【设置图表区格式】窗格，在【填充线条】选项卡下【填充】组中选择【渐变填充】单选项。

第3步 单击【预设渐变】后的下拉按钮，在弹出的下拉列表中选择一种渐变样式。

第4步 单击【类型】后的下拉按钮，在弹出的下拉列表中选择【线性】选项。

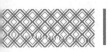

第5步 根据需要设置【方向】为"线性对角 – 右上到左下"，【角度】为"90°"，并根据需要设置渐变光圈。

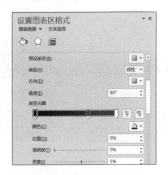

第6步 关闭【设置图表区格式】窗格，即可看到美化图表区后的效果。

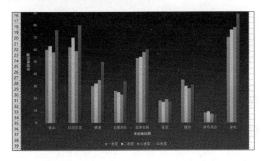

> **｜提示｜∷∷∷∷∷**
>
> 单击【添加渐变光圈】按钮可增加渐变光圈，选择渐变光圈后，单击【删除渐变光圈】按钮可移除渐变光圈。

2. 美化绘图区

第1步 选中图表的绘图区并单击鼠标右键，在弹出的快捷菜单中选择【设置绘图区格式】菜单命令。

第2步 弹出【设置绘图区格式】窗格，在【填充线条】选项卡下【填充】组中选择【纯色填充】单选项，并单击【颜色】后的下拉按钮，在弹出的下拉列表中选择一种颜色。还可以根据需要调整透明度。

第3步 关闭【设置绘图区格式】窗格，即可看到美化绘图区后的效果。

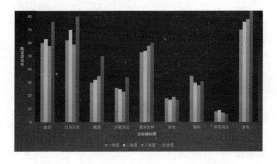

8.4 添加图表元素

创建图表后，可以在图表中添加坐标轴、轴标题、图表标题、数据标签、数据表、网格线和图例等元素。

8.4.1 图表的组成

图表主要由图表区、绘图区、标题、数据系列、坐标轴、图例、运算表和背景等组成。

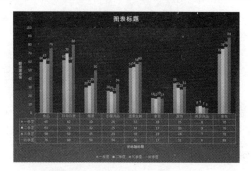

(1) 图表区

整个图表以及图表中的数据称为图表区。在图表区中，当鼠标指针停留在图表元素上方时，Excel 会显示元素的名称，从而方便用户查找图表元素。

(2) 绘图区

绘图区主要显示数据表中的数据，数据随着工作表中数据的更新而更新。

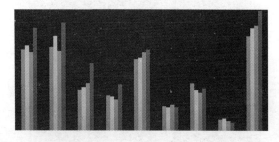

(3) 图表标题

创建图表完成后，图表中会自动创建标题文本框，只需在文本框中输入标题即可。

(4) 数据标签

图表中绘制的相关数据点的数据来自数据的行和列。如果要快速标识图表中的数据，可以为图表的数据添加数据标签，在数据标签中可以显示系列名称、类别名称和百分比。

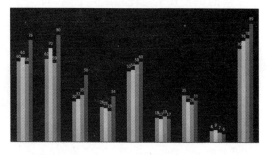

(5)坐标轴

默认情况下，Excel 会自动确定图表坐标轴中图表的刻度值，也可以自定义刻度，以满足使用需要。当在图表中绘制的数值涵盖范围较大时，可以将垂直坐标轴改为对数刻度。

(6)图例

图例用方框表示，用于标识图表中的数据系列所指定的颜色或图案。创建图表后，图例以默认的颜色来显示图表中的数据系列。

(7)数据表

数据表是反映图表中源数据的表格，默认的图表一般都不显示数据表。

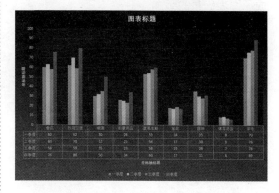

(8)背景

背景主要用于衬托图表，可以使图表更加美观。

8.4.2 添加图表标题

在图表中添加标题可以直观地反映图表的内容。添加图表标题的具体操作如下。

第1步 选择美化后的图表,单击【设计】选项卡下【图标布局】组中的【添加图表元素】按钮 的下拉按钮,在弹出的下拉列表中选择【图表标题】→【图表上方】选项。

第2步 即可在图表的上方添加【图表标题】文本框。

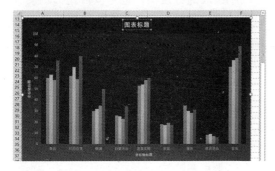

第3步 删除【图表标题】文本框中的内容,并输入"商场销售统计分析表"文本,就完成了图表标题的添加。

第4步 选择添加的图表标题,单击【格式】选项卡下【艺术字样式】组中的【快速样式】按钮的下拉按钮,在弹出的下拉列表中选择一种艺术字样式。

第5步 在【开始】选项卡的【字体】组中设置图表标题的【字体】为"楷体",【字号】为"18",即可完成图表标题的美化操作。

第6步 即可完成对标题的设置,最终效果如下图所示。

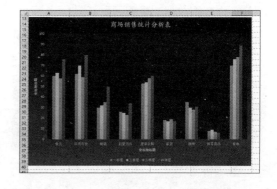

8.4.3 添加数据标签

添加数据标签可以直接读出柱形条对应的数值,添加数据标签的具体操作步骤如下。

第1步 选择图表,单击【设计】选项卡下【图表布局】组中的【添加图表元素】按钮 的下拉按钮,在弹出的下拉列表中选择【数据标签】→【数据标签外】选项。

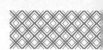

第2步 即可在图表中添加数据标签，效果如下图所示。

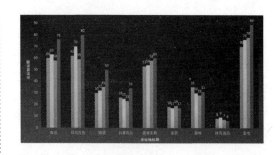

8.4.4 添加数据表

数据表是反映图表中源数据的表格，默认情况下图表中不显示数据表。添加数据表的具体操作步骤如下。

第1步 选择图表，单击【设计】选项卡下【图标布局】组中的【添加图表元素】按钮的下拉按钮，在弹出的下拉列表中选择【数据表】→【显示图例项标示】选项。

第2步 即可在图表中添加数据表，效果如下图所示。

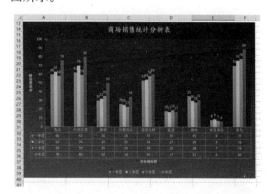

8.4.5 设置网格线

如果对默认的网格线不满意，可以添加网格线或自定义网格线样式。具体的操作步骤如下。

第1步 选择图表，单击【设计】选项卡下【图表布局】组中的【添加图表元素】按钮的下拉按钮，在弹出的下拉列表中选择【网格线】→【主轴主要垂直网格线】选项。

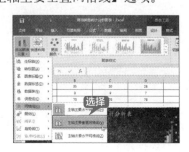

第2步 即可在图表中添加主轴主要垂直网格线表，效果如下图所示。

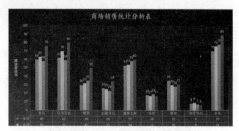

| 提示 |

默认情况下图表中显示"主轴主要水平网格线"，再次单击【主轴主要水平网格线】选项，可取消"主轴主要水平网格线"的显示。

8.4.6 设置图例显示位置

　　图例可以显示在图表区的右侧、顶部、左侧以及底部，为了使图表的布局更合理，可以根据需要更改图例的显示位置，设置图例显示在图表区右侧的具体操作步骤如下。

第1步　选择图表，单击【设计】选项卡下【图表布局】组中的【添加图表元素】按钮 的下拉按钮，在弹出的下拉列表中选择【图例】→【右侧】选项。

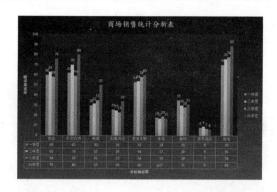

第2步　即可将图例显示在图表区右侧，效果如下图所示。

第3步　添加图表元素完成之后，根据需要调整图表的位置及大小，并对图表进行美化，以便能更清晰地显示图表中的数据。

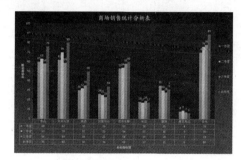

8.5 为各月销售情况创建迷你图

　　迷你图是一种小型图表，可放在工作表内的单个单元格中。由于其尺寸已经过压缩，因此，迷你图能够以简明且非常直观的方式显示大量数据集所反映出的图案。使用迷你图可以显示一系列数值的趋势，如季节性增长或降低、经济周期或突出显示最大值和最小值。将迷你图放在它所表示的数据附近时会产生最大的效果。若要创建迷你图，必须先选择要分析的数据区域，然后选择要放置迷你图的位置。为各月销售情况创建迷你图的具体操作步骤如下。

第1步　选择 F4 单元格，单击【插入】选项卡下【迷你图】组中的【折线图】按钮。

第2步　弹出【创建迷你图】对话框，单击【选择所需的数据】组下【数据范围】右侧的

按钮。

第3步　选择 B4：E4 单元格区域，单击 按钮，返回【创建迷你图】对话框单击【确定】按钮。

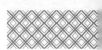

第4步 即可完成冰箱各月销售情况迷你图的创建。

第5步 将鼠标光标放在 F4 单元格右下角的控制柄上，按住鼠标左键，向下填充至 F12 单元格，即可完成所有产品各月销售迷你图的创建。

第6步 选择 F4:F12 单元格区域，单击【设计】选项卡还可以根据需要设置迷你图的样式，效果如下图所示。

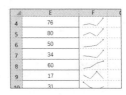

第7步 至此，就完成了商场销售统计分析图表的制作，只需要按【Ctrl+S】组合键保存制作完成的工作簿文件即可。

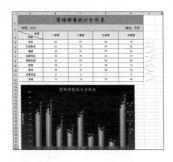

举一反三

项目预算分析图表

与商场销售统计分析图表类似的文件还有项目预算分析图表、年产量统计图表、货物库存分析图表、成绩统计分析图表等。制作这类文档时，都要做到数据格式的统一、并且要选择合适的图表类型，以便准确表达要传递的信息，下面就以制作项目预算分析图表为例进行介绍，操作步骤如下。

1. 创建图表

打开随书光盘中的"素材 \ch08\ 项目预算表 .xlsx"文件，创建簇状柱形图图表。

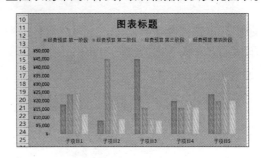

2. 设置并调整图表

根据需要调增图表的大小和位置，并调整图表的布局、样式，最后根据需要美化图表。

3. 添加图表元素

更改图表标题、添加数据标签、数据表以及调整图例的位置。

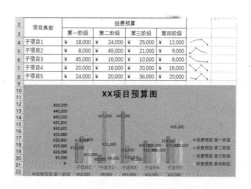

4. 创建迷你图

为每个子项目的每个阶段经费预算创建迷你图。

◇ 制作双纵坐标轴图表

在 Excel 做出双坐标轴的图表，有利于更好地理解数据之间的关联关系，例如分析价格和销量之间的关系。制作双坐标轴图表的步骤如下。

第1步 打开随书光盘中的"素材\ch08\某品牌手机销售额.xlsx"工作簿，选中 A2:C10 单元格区域。

	手机销售额		
月份	数量/台	销售额/元	
1月份	40	79960	
2月份	45	89955	
3月份	42	83958	
4月份	30	59970	
5月份	28	55972	
6月份	30	54000	
7月份	45	67500	
8月份	50	70000	

第2步 单击【插入】选项卡下【图表】选项组中的【插入折线图或面积图】按钮，在弹出的下拉列表中选择【折线图】类型。

第3步 即可插入折线图，效果如图所示。

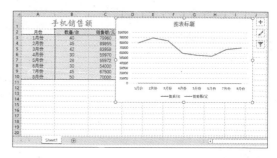

第4步 在弹出的快捷菜单中选择【设置数据系列格式】选项。

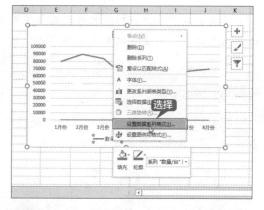

第5步 弹出【设置数据系列格式】对话框，选中【次坐标轴】单选按钮，单击【关闭】按钮。

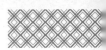

第 6 步 即可得到一个有双坐标轴的折线图表，可以清楚地看到数量和销售额之间的对应关系。

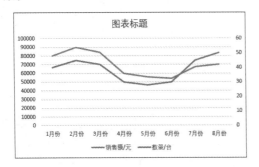

◇ 在 Excel 表中添加趋势线

在对数据进行分析时，有时需要对数据的变化趋势进行分析，这时可以使用添加趋势线的技巧。操作步骤如下所示。

第 1 步 打开随书光盘中的"素材\ch08\商场销售统计分析图表.xlsx"文件，创建仅包含热水器和空调的销售折线图。

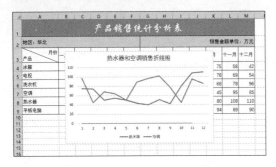

第 2 步 选中表示空调的折线，单击鼠标右键，在弹出的快捷菜单中选择【添加趋势线】选项。

第 3 步 弹出【设置趋势线格式】窗格，选中【趋势线选项】栏下的【线性】单选按钮，同时设置【趋势线名称】为"自动"，单击【关闭】按钮。

第 4 步 即可添加空调的销售趋势线，效果如下图所示。

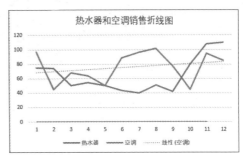

第 5 步 使用同样的方法可以添加热水器的销售趋势线。

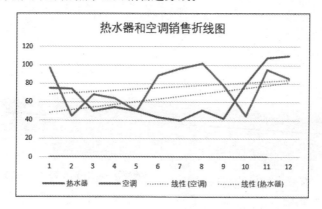

第 9 章

中级数据处理与分析——数据透视表和透视图

本章导读

　　数据透视可以将筛选、排序和分类汇总等操作依次完成，并生成汇总表格，对数据的分析和处理有很大的帮助，熟练掌握数据透视表和透视图的运用，可以在处理大量数据时发挥巨大作用，本章就以制作体育器材使用情况透视图为例学习数据透视表\图的使用。

思维导图

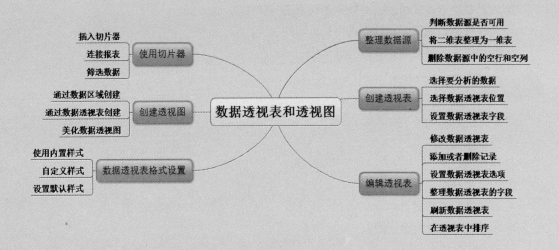

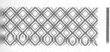

 9.1 体育器材使用情况透视表

体育器材使用情况表是学校各系一段时间内使用体育器材情况的明细表，一方面是统计体育器材的使用消耗的清单；另一方面则从侧面反映了各个系别的运动量和对各种运动的喜爱程度。体育器材使用情况透视表对学校开展相关体育活动，加强哪些方面的采购都有指导作用。

实例名称：体育器材使用情况表		
实例目的：指导学校开展相关体育活动，加强采购		
	素材	素材 \ch09\ 体育器材使用情况透视表 . xlsx
	结果	结果 \ch09\ 体育器材使用情况透视表 . xlsx
	录像	视频教学录像 \09 第 9 章

9.1.1 案例概述

由于体育器材使用情况表的数据类目比较多，且数据比较繁杂，因此直接观察很难发现其中的规律和变化趋势，使用数据透视表和数据透视图可以将数据按一定规律进行整理汇总，更直观地展现出数据的变化情况。

9.1.2 设计思路

制作体育器材使用情况透视表可以遵循以下思路进行。
① 对数据源进行整理，使其符合创建数据透视表的条件。
② 创建数据透视表，对数据进行初步整理汇总。
③ 编辑数据透视表，对数据进行完善和更新。
④ 设置数据透视表格式，对数据透视表进行美化。
⑤ 创建数据透视图，对数据进行更直观的展示。
⑥ 使用切片工具对数据进行筛选分析。

9.1.3 涉及知识点

本案例主要涉及以下知识点。
① 整理数据源。
② 创建透视表。
③ 编辑透视表。
④ 设置透视表格式。
⑤ 创建和编辑数据透视图。
⑥ 使用切片工具。

 # 9.2 整理数据源

数据透视表对数据源有一定的要求，创建数据透视表之前需要对数据源进行整理，使其符合创建数据透视表的条件。

9.2.1 判断数据源是否可用

创建数据透视表时首先需要判断数据源是否可用。在 Excel 中，用户可以从以下 4 种类型的数据源中创建数据透视表。

(1) Excel 数据列表。Excel 数据列表是最常用的数据源。如果以 Excel 数据列表作为数据源，则标题行不能有空白单元格或者合并的单元格，否则不能生成数据透视表，会出现如下图所示的错误提示。

(2) 外部数据源。文本文件、Microsoft SQL Server 数据库、Microsoft Access 数据库、dBASE 数据库等均可作为数据源。Excel 2000 及以上版本还可以利用 Microsoft OLAP 多维数据集创建数据透视表。

(3) 多个独立的 Excel 数据列表。数据透视表可以将多个独立的 Excel 表格中的数据汇总到一起。

(4) 其他数据透视表。创建完成的数据透视表也可以作为数据源来创建另外一个数据透视表。

在实际工作中，用户的数据往往是以二维表格的形式存在的，如下左图所示。这样的数据表无法作为数据源创建理想的数据透视表。只能把二维的数据表格转换为如下右图所示的一维表格，才能作为数据透视表的理想数据源。数据列表就是指这种以列表形式存在的数据表格。

	A	B	C
1	地区	季度	销量
2	东北	第一季度	1200
3	东北	第二季度	1000
4	东北	第三季度	1500
5	东北	第四季度	2000
6	华中	第一季度	1100
7	华中	第二季度	1500
8	华中	第三季度	1300
9	华中	第四季度	1400
10	西北	第一季度	1300
11	西北	第二季度	1500
12	西北	第三季度	1200
13	西北	第四季度	1300
	西南	第一季度	1500

	A	B	C	D	E
1		东北	华中	西北	西南
2	第一季度	1200	1100	1300	1500
3	第二季度	1000	1500	1500	1400
4	第三季度	1500	1300	1200	1800
5	第四季度	2000	1400	1300	1600
6					

9.2.2 将二维表整理为一维表

将二维表转换为一维表的具体操作步骤如下。

第1步 打开随书光盘中的"素材\ch09\体育器材使用情况透视表.xlsx"工作簿。

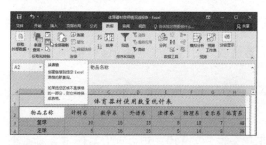

第2步 选中 A2:H13 单元格区域，单击【数据】选项卡下【获取和转换】选项组中的【从表格】按钮 从表格。

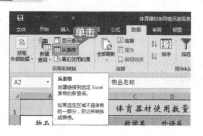

第3步 弹出【创建表】对话框，单击【确定】按钮。

第4步 弹出【表1-查询编辑器】窗口，单击【转换】选项卡下【任意列】组中的【逆透视列】按钮的下拉按钮，在弹出的下拉列表中选择【逆透视其他列】选项。

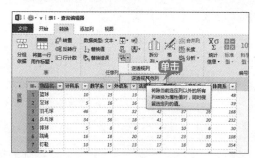

第5步 即可看到转换后的效果，单击【开始】选项卡下【关闭】选项组中的【关闭并上载】按钮。

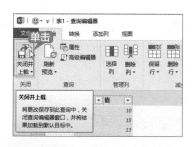

第6步 即可新建工作表并且将二维表转换为一维表，效果如图所示。

第7步 选择新建表中的 B2 单元格，单击【表格工具】中【设计】选项卡下【工具】组中的【转换为区域】按钮。

第8步 在弹出的提示框中单击【确定】按钮。

第9步 即可将二维数据表转换为一维数据表，根据需要对表格进行美化和完善，最终效果如图所示。

	A	B	C	D	E
1	物品名称	系别	数量		
2	篮球	计科系	10		
3	篮球	数学系	15		
4	篮球	外语系	13		
5	篮球	法律系	8		
6	篮球	物理系	18		
7	篮球	音乐系	7		
8	篮球	体育系	48		
9	足球	计科系	5		
10	足球	数学系	16		
11	足球	外语系	16		
12	足球	法律系	5		
13	足球	物理系	14		

9.2.3 删除数据源中的空行和空列

在数据源表中不可以存在空行或者空列,删除数据源中的空行和空列的具体操作步骤如下。

第1步 接 9.2.3 小节操作,在第 14 行上方插入空白行,并在 A14 单元格和 C14 单元格分别输入"标枪"和"3",此时,表格中即出现了空白单元格。

第2步 单击【开始】选项卡下【编辑】选项组内的【查找和选择】按钮,在弹出的下拉列表中选择【定位条件】选项。

第3步 弹出【定位条件】对话框,单击选中【空值】单选项,然后单击【确定】按钮。

第4步 即可定位到工作表中的空白单元格,效果如图所示。

第5步 将鼠标光标放置在定位的单元格上,单击鼠标右键,在弹出的快捷菜单中选择【删除】选项。

第6步 弹出【删除】对话框,单击选中【整行】单选项,然后单击【确定】按钮。

第7步 即可将空白单元格所在行删除,效果如图所示。

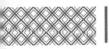

 创建透视表

　　当数据源工作表符合创建数据透视表的要求时，即可创建透视表，以便更好地对体育器材使用情况工作表进行分析和处理，具体操作步骤如下。

第1步 选中一维数据表中数据区域任意单元格，单击【插入】选项卡下【表格】选项组中的【数据透视表】按钮。

第2步 弹出【创建数据透视表】对话框，单击【请选择要分析的数据】组中的【选择一个表或区域】单选按钮，单击【表／区域】文本框右侧的【折叠】按钮。

第3步 在工作表中选择表格数据区域，单击【展开】按钮。

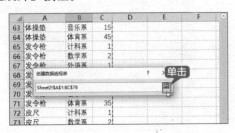

第4步 选中【选择放置数据透视表的位置】组中的【现有工作表】单选按钮，单击【位置】文本框右侧的【折叠】按钮。

第5步 在工作表中选择创建工作表的位置D2，单击【展开】按钮。返回【创建数据透视表】对话框，单击【确定】按钮。

第6步 即可创建数据透视表，如图所示。

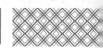

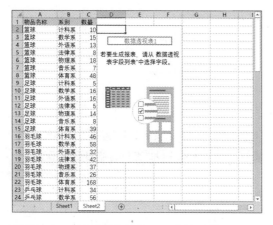

第7步 在【数据透视表字段】中将【物品名称】

字段拖至【列】区域中,将【系别】字段拖动至【行】区域中,将【数量】字段拖动至【值】区域中,即可生成数据透视表,效果如图所示。

9.4 编辑透视表

创建数据透视表之后,当添加或者删除数据,或者需要对数据进行更新时,可以对透视表进行编辑。

9.4.1 修改数据透视表

如果需要对数据透视表添加字段,可以使用更改数据源的方式对数据透视表做出修改,具体操作步骤如下。

第1步 选择新建的数据透视表中的 D 列单元格,单击鼠标右键,在弹出的快捷菜单中选择【插入】选项。

第2步 即可在 D 列插入空白列,选择 D1 单元格,输入"记录人"文本,并在下方输入记录人姓名,效果如图所示。

第3步 选择数据透视表,单击【分析】选项卡下【数据】组中的【更改数据源】按钮,在弹出的下拉列表中选择【更改数据源】选项。

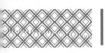
第4步 弹出【更改数据透视表数据源】对话框，单击【请选择要分析的数据】组中的【表/区域】文本框右侧的【折叠】按钮。

第5步 选择 A1:D78 单元格区域，单击【展开】按钮。

第6步 返回【移动数据透视表】对话框，单击【确定】按钮。

第7步 即可将【记录人】字段添加在字段列表，将【记录人】字段拖动至【筛选器】区域。

第8步 即可在数据透视表中看到相应变化，效果如图所示。

9.4.2 添加或者删除记录

如果工作表中的记录发生变化，就需要对数据透视表相应做出修改，具体操作步骤如下。

第1步 选择一维表中第 18 行和第 19 行的单元格区域。

第2步 单击鼠标右键，在弹出的快捷菜单中选择【插入】选项，即可在选择的单元格区域上方插入空白行，效果如图所示。

第3步 在新插入的单元格中输入相关内容，效果如图所示。

第4步 选择数据透视表，单击【分析】选项卡下【数据】选项组中的【刷新】按钮。

第5步 即可在数据透视表中加入新添加的记录，效果如图所示。

第6步 将新插入的记录从一维表中删除，再次单击【刷新】按钮，记录即会从数据透视表中消失。

9.4.3 设置数据透视表选项

可以对创建的数据透视表外观进行设置，具体操作步骤如下。

第1步 选择数据透视表，单击选中【设计】选项卡下【数据透视表样式选项】组中的【镶边行】和【镶边列】复选框。

第2步 即可在数据透视表中加入镶边行和镶边列，效果如图所示。

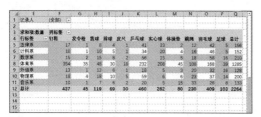

第3步 选择数据透视表，单击【分析】选项卡下【数据透视表】组中的【选项】按钮选项。

第4步 弹出【数据透视表选项】对话框，选择【布局和格式】选项卡，单击取消选中【格式】组中的【更新时自动调整列宽】复选框。

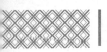

第5步 选择【数据】选项卡，单击选中【数据透视表数据】组中的【打开文件时刷新数据】复选框，单击【确定】按钮。

第6步 最终效果如下图所示。

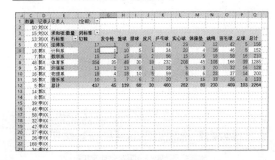

9.4.4 整理数据透视表的字段

在统计和分析过程中，可以通过整理数据透视表中的字段来分别对各字段进行统计分析，具体操作步骤如下。

第1步 选中数据透视表，在【数据透视表字段】窗格中取消选中【系列】字段复选框。

第2步 数据透视表中会相应发生改变，效果如图所示。

第3步 撤销选中【物品名称】复选框，该字段也将从数据透视表中消失，效果如图所示。

第4步 在【数据透视表字段】窗格中将【系列】字段拖至【列】区域中，将【物品名称】字段拖至【行】区域中。

第5步 即可将原来数据透视表中行和列进行互换，效果如图所示。

第 6 步 再次将【系列】字段拖动至【行】区域中，将【物品名称】字段拖动至【列】区域内，即可将行和列换回，效果如下图所示。

9.4.5 刷新数据透视表

如果数据源工作表中的数据发生变化，可以使用刷新功能刷新数据透视表，具体操作步骤如下。

第 1 步 选择 C8 单元格，将单元格中数值更改为 "30"。

	A	B	C	D
1	物品名称	系别	数量	记录人
2	篮球	计科系	10	刘XX
3	篮球	数学系	15	刘XX
4	篮球	外语系	13	刘XX
5	篮球	法律系	8	刘XX
6	篮球	物理系	18	郭X
7	篮球	音乐系	7	郭X
8	篮球	体育系	30	郭X
9	足球	计科系	5	郭X
10	足球	数学系	16	郭X
11	足球	外语系	16	郭X
12	足球	法律系	5	郭X
13	足球	物理系	14	郭X

第 2 步 选择数据透视表，单击【分析】选项卡下【数据】组中的【刷新】按钮。

第 3 步 数据透视表即相应发生改变，效果如图所示。

	E	F	G	H	I	J
	记录人	(全部)				
	求和项:数量	列标签				
	行标签	钉鞋	发令枪	篮球	排球	皮尺
	法律系	17		8	4	1
	计科系	10	1	10	5	1
	数学系	15	2	15	8	2
	体育系	354	35	30	30	18
	外语系	13		13	6	1
	物理系	18	4	18	10	5
	音乐系	10	1	7	6	2
	总计	437	45	101	69	30

第 4 步 将 C8 单元格数值改为 "48"，单击【分析】选项卡下【数据】组中的【刷新】按钮，数据透视表中相应数据即会恢复至 "48"，效果如图所示。

	E	F	G	H	I	J
1	记录人	(全部)				
2						
3	求和项:数量	列标签				
4	行标签	钉鞋	发令枪	篮球	排球	皮尺
5	法律系	17		8	4	
6	计科系	10	1	10	5	
7	数学系	15	2	15	8	
8	体育系	354	35	48	30	1
9	外语系	13		13	6	
10	物理系	18	4	18	10	
11	音乐系	10	1	7	6	
12	总计	437	45	119	69	3
13						

9.4.6 在透视表中排序

如果需要对数据透视表中的数据进行排序，可以使用下面的方法，具体操作步骤如下。

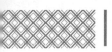

第1步 单击 E4 单元格内【行标签】右侧的下拉按钮，在弹出的下拉列表中选择【降序】选项。

第2步 即可看到以降序顺序显示的数据，效果如图所示。

第4步 即可将数据以【排球】数据为标准进行升序排列，效果如图所示。

第5步 对数据进行排序分析后，可以按【Ctrl+Z】组合键撤销上一步操作，效果如图所示。

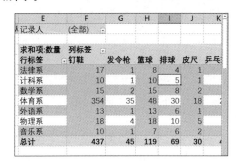

第3步 按【Ctrl+Z】组合键撤销上一步操作，选择数据透视表数据区域 I 列任意单元格，单击【数据】选项卡下【排序和筛选】选项组中的【升序】按钮。

9.5 数据透视表的格式设置

对数据透视表进行格式设置可以更好地使数据透视表清晰美观，增加数据透视表的易读性。

9.5.1 使用内置的数据透视表样式

Excel 内置了多种数据透视表的样式，可以满足大部分数据透视表的需要，使用内置的数据透视表样式的步骤如下。

第1步 选择数据透视表内任意单元格，单击【设计】选项卡下【数据透视表样式】组中的【其他】按钮，在弹出下拉列表中选择【中等深浅】组中的"数据透视表样式中等深浅6"样式。

第2步 即可对数据透视表应用该样式，效果如图所示。

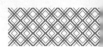

求和项:数据		列标签										
行标签	打靶	垒令杯	篮球	排球	皮尺	乒乓球	实心球	体操跳	铁饼	弱毛球	足球	总计
法律系	17	1	8	4	1	41	23	2	12	42	5	156
计科系	10	1	10	5	1	34	20	4	16	46	5	152
数学系	15	2	15	8	2	56	15	5	18	58	16	210
体育系	354	35	48	30	18	232	208	45	108	168	39	1285
外语系	13	1	13	6	1	18	5	3	20	32	16	128
物理系	18	4	18	10	5	59	6	6	23	37	14	200
音乐系	10	1	7	6	2	20	5	15	33	26	8	133
总计	437	45	119	69	30	460	282	80	230	409	103	2264

9.5.2 为数据透视表自定义样式

除了使用内置样式，用户还可以为数据透视表自定义样式，具体操作步骤如下。

第1步 选择数据透视表内任意单元格，单击【设计】选项卡下【数据透视表样式】组中的【其他】按钮，在弹出的下拉列表中选择【新建数据透视表样式】选项。

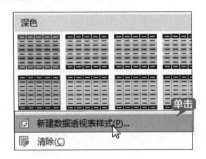

第2步 弹出【新建数据透视表样式】对话框，选择【表元素】选项组中的【整个表】选项，单击【格式】按钮。

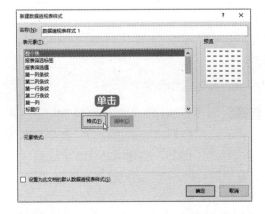

第3步 弹出【设置单元格格式】对话框，选择【边框】选项卡，在【线条】区域【样式】组中选择一种样条样式，在【颜色】下拉列表中选择一种颜色，在【预置】区域选择"外边框"选项，根据需要在【边框】区域对边框进行调整。

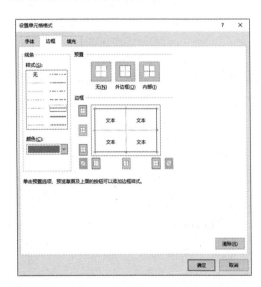

第4步 使用上述方法添加内边框，根据需要设置线条样式和颜色，效果如图所示。

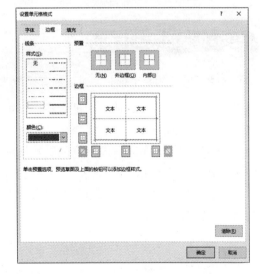

第5步 单击【填充】选项卡，在【背景色】颜色卡中选择一种颜色，单击【确定】按钮。

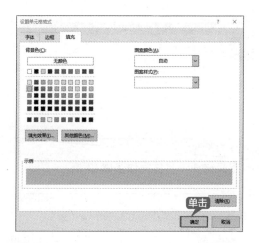

第6步 返回至【新建数据透视表样式】对话框，即可在【预览】区域看到创建的样式预览图，单击【确定】按钮。

第7步 再次单击【设计】选项卡下【数据透视表样式】组中的【其他】按钮，在弹出的下拉列表中就会出现自定义的样式，选择该样式。

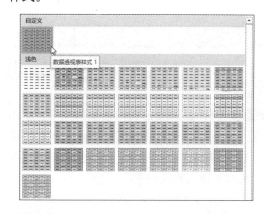

第8步 即可对数据透视表应用自定义的样式，效果如图所示。

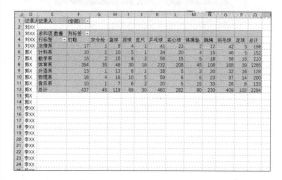

9.5.3 设置默认样式

如果经常使用某个样式，可以将其设置为默认样式，具体操作步骤如下。

第1步 选择数据透视区域任意单元格，单击【设计】选项卡下【数据透视表样式】组中的【其他】按钮，弹出样式下拉列表，将鼠标光标放置在需要设置为默认样式的样式上，单击鼠标右键，在弹出的快捷菜单中选择【设为默认值】选项。

第2步 即可将该样式设置为默认数据透视表样式，以后再创建数据透视表，将会自动应用该样式，例如，创建A1:D10单元格区域的数据透视表，就会自动使用默认样式。

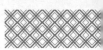

9.6 创建体育器材使用情况透视图

和数据透视表不同，数据透视图可以更直观地展示出数据的数量和变化，更容易从数据透视图中找到数据的变化规律和趋势。

9.6.1 通过数据区域创建数据透视图

数据透视图可以通过数据源工作表进行创建，具体操作步骤如下。

第1步 选中工作表中 A1:D78 单元格区域，单击【插入】选项卡下【图表】选项组中的【数据透视图】按钮。

第2步 弹出【创建数据透视图】对话框，选中【选择放置数据透视图的位置】组内的【现有工作表】单选按钮，单击【位置】文本框右侧的【折叠】按钮。

第3步 在工作表中选择需要放置透视图的位置，单击【展开】按钮。

第4步 返回【创建数据透视表】对话框，单击【确定】按钮。

第5步 即可在工作表中插入数据透视图，效果如图所示。

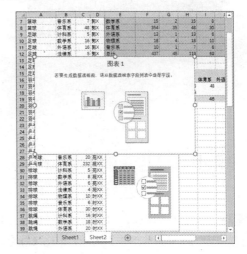

第6步 在【数据透视表字段】窗口中，将【物品名称】字段拖至【图例】区域，将【系别】字段拖至【轴】区域，将【数量】字段拖至【值】区域，将【记录人】字段拖至【筛选器】区域。

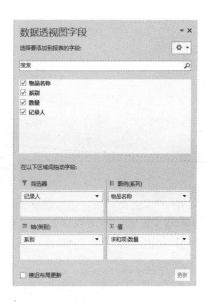

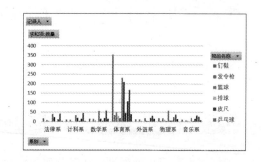

第7步 即可生成数据透视图，效果如图所示。

| 提示 |

　　创建数据透视图时，不能使用 XY 散点图、气泡图和股价图等图表类型。

9.6.2 通过数据透视表创建数据透视图

　　除了使用数据区域创建数据透视图之外，还可以使用数据透视表创建数据透视图，具体操作步骤如下。

第1步 选择数据透视表数据区域任意单元格，单击【分析】选项卡下【工具】选项组内的【数据透视图】按钮。

第2步 弹出【插入图表】对话框，选择【柱形图】选项组内的【簇状柱形图】选项，单击【确定】按钮。

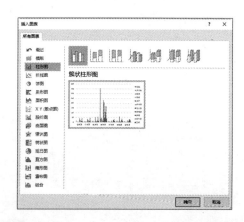

第3步 即可在工作表中插入数据透视图，效果如图所示。

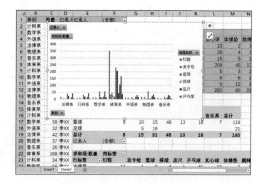

9.6.3 美化数据透视图

插入数据透视图之后，可以对数据透视图进行美化，具体操作步骤如下。

第1步 选中创建的数据透视图，单击【设计】选项卡下【图表样式】选项组内的【更改颜色】按钮，在弹出的下拉列表中选择一种颜色组合。

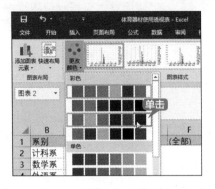

第2步 即可为数据透视图应用该颜色组合，效果如图所示。

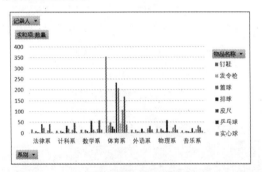

第3步 继续单击【图表样式】选项组内的【其他】按钮，在弹出的下拉列表中选择一种图表样式。

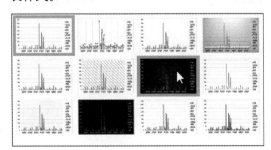

第4步 即可为数据透视图应用所选样式，效果如图所示。

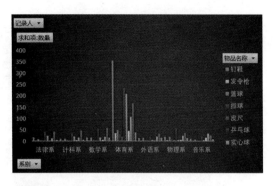

第5步 单击【设计】选项卡下【图表布局】选项组中的【添加图表元素】按钮，在弹出的下拉列表中选择【图表标题】→【图表上方】选项。

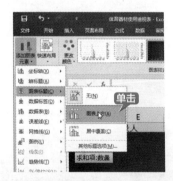

第6步 即可在数据透视图中添加图表标题，将图表标题更改为"体育器材使用情况透视图"，效果如图所示。

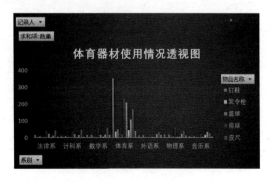

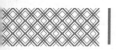

9.7 使用切片器同步筛选多个数据透视表

使用切片器可以同步筛选多个数据透视表中的数据，可以很快地对体育器材使用数据透视表中的数据进行筛选，具体操作步骤如下。

第1步 选中最下方的数据透视表，在【数据透视字段】窗口将【物品名称】字段移至【行】区域，将【系别】字段移至【列】区域。

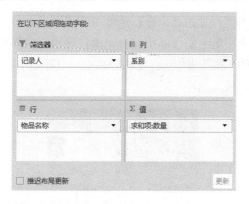

第2步 即可将最下方数据透视表行和列进行互换，效果如图所示。

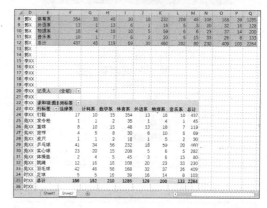

第4步 选择第一个数据透视表中的任意单元格，单击【分析】选项卡下【筛选】选项组内的【插入切片器】按钮。

第3步 由于使用切片器工具筛选多个透视表要求筛选的透视表拥有同样的数据源，因此删除第二个透视表，效果如图所示。

第5步 弹出【插入切片器】对话框，选中【物品名称】复选框，单击【确定】按钮。

第6步 即可插入【物品名称】切片器，效果如图所示。

筛选切片器中目录中的内容，具体步骤如下。

第1步 插入切片器后即可对切片器目录中的内容进行筛选，如单击【篮球】选项即可将第一个数据透视表中的复印纸数据筛选出来，效果如图所示。

第2步 将鼠标光标放置在【办公用品名称】切片器上，单击鼠标右键，在弹出的快捷菜单中选择【报表连接】选项。

第3步 弹出【数据透视表连接（物品名称）】对话框，选中【数据透视表3】复选框，单击【确定】按钮。

第4步 即可将【办公用品名称】切片器同时应用于第二个数据透视表，效果如图所示。

第5步 按住【Ctrl】键的同时选择【办公用品名称】切片器中的多个目录，可同时选中多个目录进行筛选，效果如图所示。

第6步 选中第二个数据透视表中的任意单元格，再次插入【系别】切片器，并将【系别】切片器同时应用于第一个数据透视表，效果如图所示。

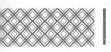
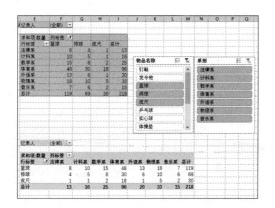

筛选，如筛选计科系的乒乓球使用情况。

第7步 使用两个切片器，可以进行更详细的

制作销售业绩透视表

创建销售业绩透视表可以很好地对销售业绩数据进行分析，找到普通数据表中很难发现的规律，对以后的销售策略有很重要的参考作用。制作销售业绩透视表可以按照以下步骤进行。

1. 创建销售业绩透视表

根据销售业绩表创建出销售业绩透视表。

2. 设置数据透视表格式

可以根据需要对数据透视表的格式进行设置，使表格更加清晰易读。

3. 插入数据透视图

在工作表中插入销售业绩透视图，以便更好地对各部门各季度的销售业绩进行分析。

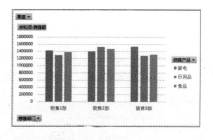

4. 美化数据透视图

对数据透视图进行美化操作，使数据图更加美观清晰。

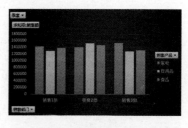

至此，销售业绩透视表就制作完成了。

◇ **组合数据透视表内的数据项**

对于数据透视表中的性质相同的数据项，可以将其进行组合以便更好地对数据进行统计分析，具体操作步骤如下。

第1步 打开随书光盘中的"素材\ch09\采购数据透视表.xlsx"工作簿。

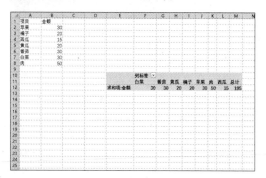

第2步 选择 K11 单元格，单击鼠标右键，在弹出的快捷菜单中选择【移动】→【将"肉"移至开头】选项。

第3步 即可将"肉"移至透视表开头位置，选中 F11:I11 单元格区域，单击鼠标右键，在弹出的快捷菜单中选择【创建组】选项。

第4步 即可创建名称为"数据组1"的组合，输入数据组名称"蔬菜"，按【Enter】键确认，效果如图所示。

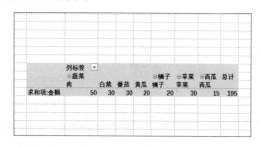

第5步 使用同样的方法，将 J11:L11 单元格区域创建为"水果"数据组，效果如图所示。

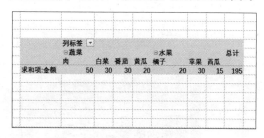

第6步 单击数据组名称左侧的按钮，即可将数据组合并起来，并给出统计结果。

◇ 将数据透视图转为图片形式

下面的方法可以将数据透视图转换为图片保存，具体操作步骤如下。

第1步 打开随书光盘中的"素材 \ch09\ 采购数据透视图 .xlsx"工作簿。

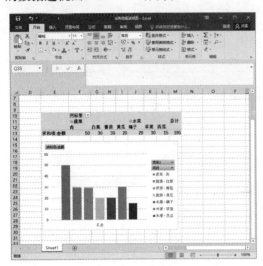

第2步 选中工作簿中的数据透视表，按【Ctrl+C】组合键复制。

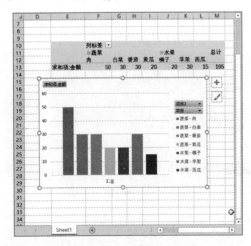

第3步 打开【画图】软件，按【Ctrl+V】组合键将图表复制在绘图区域。

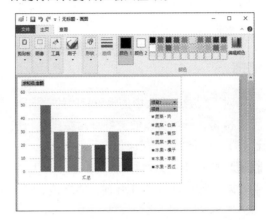

第4步 单击【文件】选项卡下的【另存为】选项，选择保存格式为"JPEG"，弹出【另存为】对话框，在文件名文本框内输入文件名称，选择保存位置，单击【保存】按钮即可。

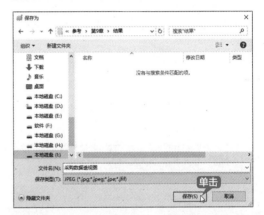

┃ 提示 ┃

除了以上方法之外，还可以使用选择性粘贴功能将图表以图片形式粘贴在 Excel、PPT 和 Word 中。

第 10 章

高级数据处理与分析——
公式和函数的应用

本章导读

公式和函数是 Excel 的重要组成部分，有着强大的计算能力，为用户分析和处理工作表中的数据提供了很大的方便，使用公式和函数可以节省处理数据的时间，降低在处理大量数据时的出错率。本章就通过制作企业职工工资明细表来学习公式的输入和使用。

思维导图

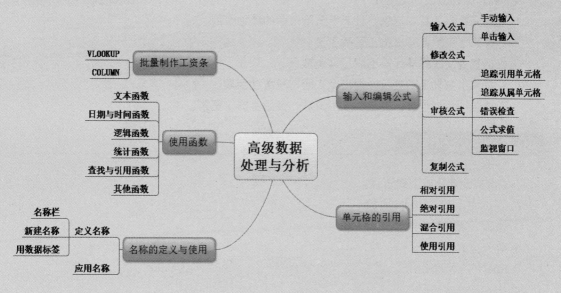

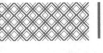
10.1 企业职工工资明细表

　　企业职工工资明细表是最常见的工作表类型之一，工作明细表作为企业职工工资的发放凭证，是根据各类工资类型汇总而成，涉及众多函数的使用。在制作企业职工工资明细表的过程中，需要使用多种类型的函数，了解各种函数的用法和性质，对分析数据有很大帮助。

实例名称：企业职工工资明细表	
实例目的：方便公司对数据分析	
素材	素材 \ch10\ 企业职工工资明细
结果	结果 \ch10\ 企业职工工资明细
录像	视频教学录像\10 第 10 章

10.1.1 案例概述

　　企业职工工资明细表由工资条、工资表、员工基本信息表、销售奖金表、业绩奖金标准和税率表组成，每个工作表里的数据都需要经过大量的运算，各个工资表之间也需要使用函数相互调用，最后由各个工作表共同组成一个企业职工工资明细的工作簿。通过制作企业职工工资明细表，可以学习各种函数的使用方法。

10.1.2 设计思路

　　企业职工工资明细表由几个基本的表格组成，如其中工资表记录着员工每项工资的金额和总的工资数目；员工基本信息表记录着员工的工龄等。由于工作表之间的调用关系，需要理清工作表的制作顺序，设计思路如下。

　　① 应先完善职工基本信息，计算出五险一金的缴纳金额。

　　② 计算职工工龄，得出员工工龄工资。

　　③ 根据奖金发放标准计算出职工奖金数目。

　　④ 汇总得出应发工资数目，得出个人所得税缴纳金额。

　　⑤ 汇总各项工资数额，得出实发工资数，最后生成工资条。

10.1.3 涉及知识点

　　本案例主要涉及以下知识点。

　　VLOOKUP、COLUMN 函数

　　① 输入、复制和修改公式。

　　② 单元格的引用。

　　③ 名称的定义和使用。

　　④ 文本函数的使用。

　　⑤ 日期函数和时间函数的使用。

⑥ 逻辑函数的使用。

⑦ 统计函数。

⑧ 查找和引用函数。

10.2 输入和编辑公式

输入公式是使用函数的第一步，在制作企业职工工资明细表的过程中使用函数的种类多种多样，输入方法也可以根据需要进行调整。

打开随书光盘中的"素材 \ch10\ 企业职工工资明细表 .xlsx"工作簿，可以看到工作簿中包含 5 个工作表，可以通过单击底部工作表标签进行切换。

【工资表】：工资表是企业职工工资的最终汇总表，主要记录员工基本信息和各个部分的工资构成。

【职工基本信息表】：员工基本信息表主要记录着员工的员工编号、姓名、入职日期、基本工资和五险一金的应缴金额等信息。

【销售奖金表】：销售奖金表是员工业绩的统计表，记录着员工的信息和业绩情况，统计各个员工应发放奖金的比例和金额。此外还统计出最高销售额和该销售额对应的员工。

【业绩奖金标准】：业绩奖金标准表是记录各个层级的销售额应发放奖金比例的表格，是统计奖金额度的依据。

【税率表】：税率表记录着个人所得税的征收标准，是统计个人所得税的依据。

10.2.1 输入公式

输入公式的方法很多，可以根据需要进行选择，做到准确快速输入。

1. 公式的输入方法

在 Excel 中输入公式的方法可分以为手动输入和单击输入。

方法 1：手动输入

第1步 选择"职工基本信息"工作表，在选定的单元格中输入"=11+4"，公式会同时出现在单元格和编辑栏中。

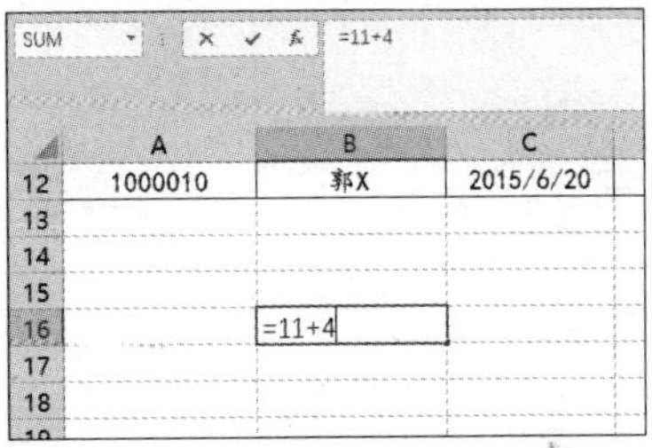

第2步 按【Enter】键可确认输入并计算出运算结果。

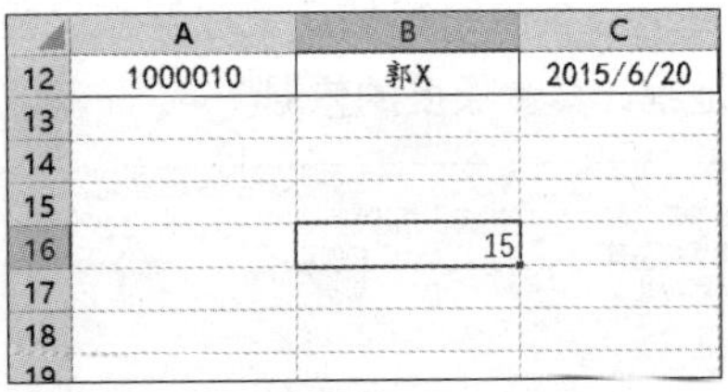

┃ **提示** ┃

公式中的各种符号一般都是要求在英文状态下输入。

方法 2：单击输入

单击输入在需要输入大量单元格的时候可以节省很多时间且不容易出错。下面以输入公式"=D3+D4"为例演示一下单击输入的步骤。

第1步 选择"职工基本信息"工作表，选中G4 单元格，输入"="。

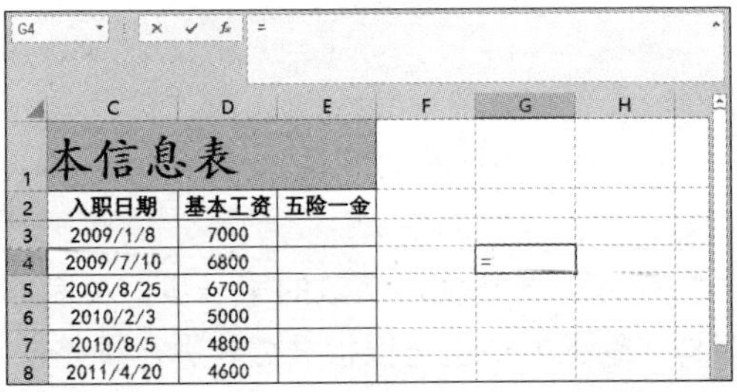

第2步 单击 D3 单元格，单元格周围会显示活动的虚线框，同时编辑栏中会显示"D3"，这就表示单元格已被引用。

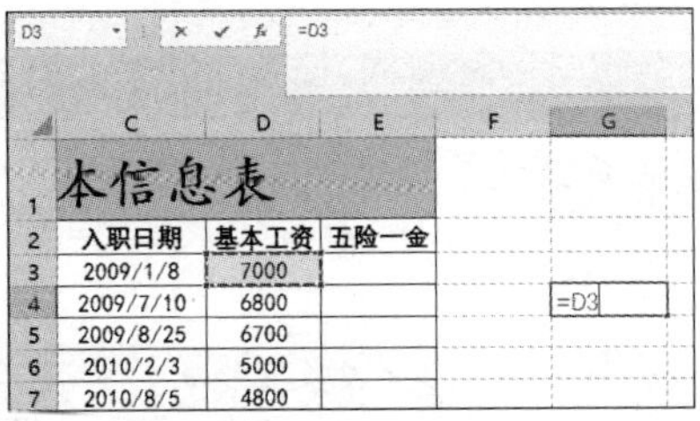

第3步 输入加号"+"，单击单元格 D4，单元格 D4 也被引用。

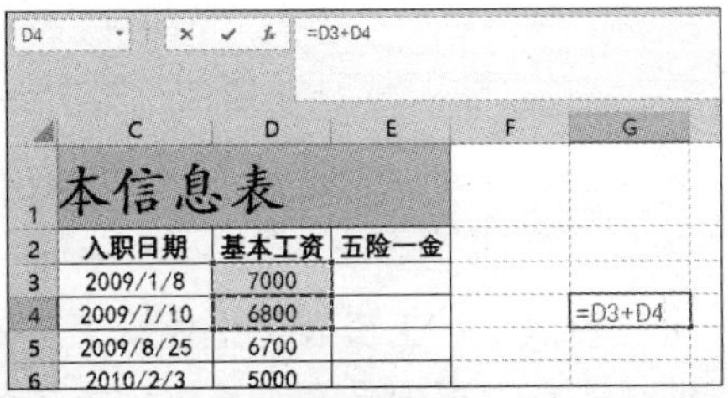

第4步 按【Enter】键确认，即可完成公式的输入并得出结果，效果如图所示。

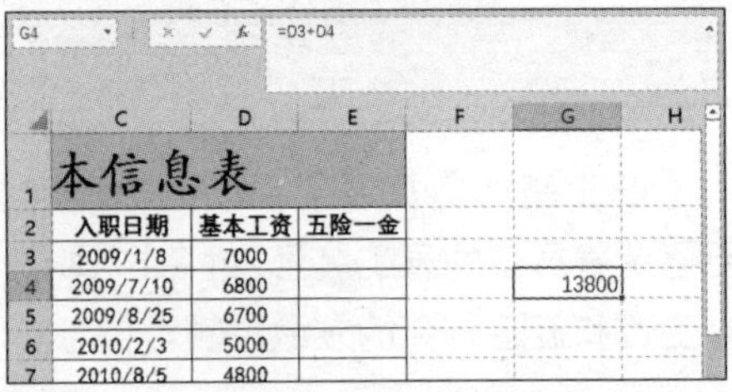

2. 在企业职工工资明细表中输入公式

选择"职工基本信息"工作表，选中 E3 单元格，在单元格中输入公式"=D3*10%"。

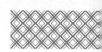

第2步 将鼠标指针放置在 E3 单元格右下角，当光标变为 ✚ 图形时，按住鼠标左键将鼠标指针向下拖动至 E12 单元格，即可快速填充所选单元格，效果如图所示。

第1步 按【Enter】键确认，即可得出职工"李××"五险一金缴纳金额。

10.2.2 修改公式

五险一金根据各地情况的不同缴纳比例也不一样，因此公式也应做出对应修改，具体操作步骤如下。

第1步 选择"职工基本信息"工作表，选中 E3 单元格。

第2步 将缴纳比例更改为 11%，只需在上方编辑栏中将公式更改为"=D3*11%"。

第3步 按【Enter】键确认，E3 单元格即可显示比例更改后的缴纳金额。

第4步 使用快速填充功能填充其他单元格即可得出其余职工的五险一金缴纳金额。

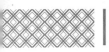
10.2.3 审核公式

利用 Excel 提供的审核功能，可以方便地检查工作表中涉及的公式的单元格之间的关系。

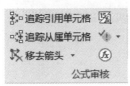

当公式使用引用单元格或从属单元格时，检查公式的准确性或查找错误的根源会很困难，而 Excel 提供有帮助检查公式的功能。可以使用【追踪引用单元格】和【追踪从属单元格】按钮，以追踪箭头显示或追踪单元格之间的关系。追踪单元格的具体操作步骤如下。

第1步 选择"职工基本信息"工作表，在 A14 和 B14 单元格中分别输入数字"45"和"51"，在 C14 单元格中输入公式"=A14+B14"，按【Enter】键确认。

	A	B	C	D
10	1000008	胡XX	2012/6/5	3800
11	1000009	马XX	2014/7/20	3600
12	1000010	郭X	2015/6/20	3200
13				
14	45	51	96	
15				

第2步 选中 B14 单元格，单击【公式】选项卡下【公式审核】选项组中的【追踪引用单元格】按钮 追踪引用单元格 。

第3步 即可显示蓝色箭头来表示单元格之间

的引用关系，效果如图所示。

	A	B	C	D	E
10	1000008	胡XX	2012/6/5	3800	380
11	1000009	马XX	2014/7/20	3600	360
12	1000010	郭X	2015/6/20	3200	320
13					
14	45	51	96		
15					
16					

第4步 选中 C14 单元格，按【Ctrl+C】组合键复制公式，在 D14 单元格中按【Ctrl+V】组合键将公式粘贴在单元格内。选中 C14 单元格，单击【公式】选项卡下【公式审核】选项组中的【追踪从属单元格】按钮，即可显示单元格间的从属关系。

	A	B	C	D	E
7	1000005	翟XX	2010/8/5	4800	480
8	1000006	苏XX	2011/4/20	4600	460
9	1000007	李XX	2011/10/20	4300	430
10	1000008	胡XX	2012/6/5	3800	380
11	1000009	马XX	2014/7/20	3600	360
12	1000010	郭X	2015/6/20	3200	320
13					
14	45	51	96	147	
15					

第5步 要移去工作表上的追踪箭头，单击【公式】选项卡下【公式审核】选项组中的【移去箭头】按钮，或单击【移去箭头】按钮右侧的下拉按钮，在弹出的下拉菜单中选择【移去箭头】选项，即可将箭头移去。

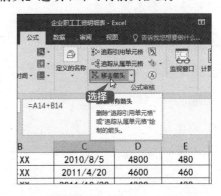

> **| 提示 |** ::::::::
>
> 使用 Excel 提供的审核功能，还可以进行错误检查和监视窗口等，这里不再一一赘述。

10.2.4 复制公式

在职工基本信息表中可以使用填充柄工具快速地在其余单元格填充 E3 单元格使用的公式，也可以使用复制公式的方法快速输入相同公式。

第1步 选中 E4：E12 单元格区域，将鼠标光标放置在选中单元格区域内。单击鼠标右键，在弹出的快捷菜单中选择【清除内容】选项。

第2步 即可清除所选单元格内的内容，效果如图所示。

	员工基本信息表				
	工号	姓名	入职日期	基本工资	五险一金
3	1000001	李XX	2009/1/8	7000	770
4	1000002	刘XX	2009/7/10	6800	
5	1000003	赵XX	2009/8/25	6700	
6	1000004	杜X	2010/2/3	5000	
7	1000005	翟XX	2010/8/5	4800	
8	1000006	苏XX	2011/4/20	4600	
9	1000007	李XX	2011/10/20	4300	

第3步 选中 E3 单元格，按【Ctrl+C】组合键复制公式。

E3 =D3*11%

	员工基本信息表				
	工号	姓名	入职日期	基本工资	五险一金
3	1000001	李XX	2009/1/8	7000	770
4	1000002	刘XX	2009/7/10	6800	
5	1000003	赵XX	2009/8/25	6700	
6	1000004	杜X	2010/2/3	5000	
7	1000005	翟XX	2010/8/5	4800	
8	1000006	苏XX	2011/4/20	4600	
9	1000007	李XX	2011/10/20	4300	

第4步 选中 E12 单元格，按【Ctrl+V】组合键粘贴公式，即可将公式粘贴至 E12 单元格，效果如图所示。

E12 =D12*11%

	员工基本信息表				
	工号	姓名	入职日期	基本工资	五险一金
3	1000001	李XX	2009/1/8	7000	770
4	1000002	刘XX	2009/7/10	6800	
5	1000003	赵XX	2009/8/25	6700	
6	1000004	杜X	2010/2/3	5000	
7	1000005	翟XX	2010/8/5	4800	
8	1000006	苏XX	2011/4/20	4600	
9	1000007	李XX	2011/10/20	4300	
10	1000008	胡XX	2012/6/5	3800	
11	1000009	马XX	2014/7/20	3600	
12	1000010	郭X	2015/6/20	3200	352

第5步 使用同样的方法可以将公式粘贴至其余单元格。

	员工基本信息表				
	工号	姓名	入职日期	基本工资	五险一金
3	1000001	李XX	2009/1/8	7000	770
4	1000002	刘XX	2009/7/10	6800	748
5	1000003	赵XX	2009/8/25	6700	737
6	1000004	杜X	2010/2/3	5000	550
7	1000005	翟XX	2010/8/5	4800	528
8	1000006	苏XX	2011/4/20	4600	506
9	1000007	李XX	2011/10/20	4300	473
10	1000008	胡XX	2012/6/5	3800	418
11	1000009	马XX	2014/7/20	3600	396
12	1000010	郭X	2015/6/20	3200	352

10.3 单元格的引用

单元格的引用分为绝对引用、相对引用和混合引用三种，学会使用引用会为制作企业职工工资明细表提供很大帮助。

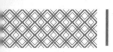

10.3.1 相对引用和绝对引用

【相对引用】：引用格式如"A1"，是当引用单元格的公式被复制时，新公式引用的单元格的位置将会发生改变，例如，当在A1：A5 单元格区域中输入数值"1，2，3，4，5"然后在 B1 单元格中输入公式"=A1+3"，当把 B1 单元格中的公式复制到 B2：B5 单元格区域，会发现 B2：B5 单元格区域中的计算结果为左侧单元格的值加上 3。

【绝对引用】：引用格式形如"$A$1"，这种对单元格引用的方式是完全绝对的，即一旦成为绝对引用，无论公式如何被复制，对采用绝对引用的单元格的引用位置是不会改变的。例如，在单元格 B1 中输入公式"=$A$1+3"，最后把 B1 单元格中的公式分别复制到 B2：B5 单元格区域，则会发现B2：B5 单元格区域中的结果均等于 A1 单元格的数值加上 3。

10.3.2 混合引用

【混合引用】：引用形式如"$A1"，指具有绝对列和相对行，或是具有绝对行和相对列的引用。绝对引用列采用 $A1、$B1等形式；绝对引用行采用 A$1、B$1 等形式。如果公式所在单元格的位置改变，则相对引用改变，而绝对引用不变。如果多行或多列地复制公式，相对引用自动调整，而绝对引用不作调整。

例如，当在 A1：A5 单元格区域中输入数值"1，2，3，4，5"然后在 B2：B5 单元格区域中输入数值"2，4，6，8，10"，在 D1：D5 单元格区域中输入数值"3，4，5，6，7"，在 C1 单元格中输入公式"=$A1+B$1"。

把 C1 单元格中的公式分别复制到C2：C5 单元格区域，则会发现 C2：C5 单元格区域中的结果均等于 A 列单元格的数值加上 B1 单元格的数值。

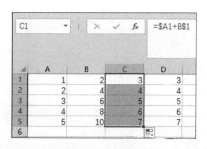

将 C1 单元格公式复制在 E1：E5 单元格区域内，则会发现 E1：E5 单元格区域中的结果均等于 A1 单元格的数值加上 D 列单元格的数值。

10.3.3 使用引用

灵活的使用引用可以更快地完成函数的输入，提高数据处理的速度和准确度。使用引用的方法有很多种，选择适合的方法可以达到最好的效果。

1. 输入引用地址

在使用引用单元格较少的公式时，可以使用直接输入引用地址的方法。如输入公式"=A14+2"。

2. 提取地址

在输入公式过程中，需要输入单元格或者单元格区域时，可以使用鼠标单击单元格或者选中单元格区域。

	A	B	C	D	E
1		员工基本信息表			
2	工号	姓名	入职日期	基本工资	五险一金
3	1000001	李XX	2009/1/8	7000	770
4	1000002	刘XX	2009/7/10	6800	748
5	1000003	赵XX	2009/8/25	6700	737
6	1000004	杜X	2010/2/3	5000	550
7	1000005	翟XX	2010/8/5	4800	528
8	1000006	苏XX	2011/4/20	4600	506
9	1000007	李XX	2011/10/20	4300	473
10	1000008	胡XX	2012/6/5	3800	418
11	1000009	马XX	2014/7/20	3600	396
12	1000010	郭X	2015/6/20	3200	352

3. 使用【折叠】按钮输入

第1步 选择"员工基本信息表"工作表，选中 F2 单元格。

	B	C	D	E	F
1	员工基本信息表				
2	姓名	入职日期	基本工资	五险一金	
3	李XX	2009/1/8	7000	770	
4	刘XX	2009/7/10	6800	748	
5	赵XX	2009/8/25	6700	737	
6	杜X	2010/2/3	5000	550	
7	翟XX	2010/8/5	4800	528	
8	苏XX	2011/4/20	4600	506	
9	李XX	2011/10/20	4300	473	
10	胡XX	2012/6/5	3800	418	

第2步 单击编辑栏中的【插入公式】按钮 f_x，在弹出的【插入函数】对话框中选择【选择函数】文本框内的【MAX】函数，单击【确定】按钮。

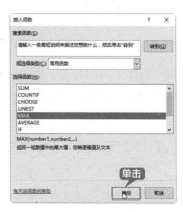

第3步 弹出【函数参数】对话框，单击【Number1】文本框右侧的【折叠】按钮。

第4步 在表格中选中需要处理的单元格区域，单击【展开】按钮。

第5步 返回【函数参数】对话框，可以看到选定的单元格区域，单击【确定】按钮。

第6步 即可得出最高的基本工资数额，并显示在插入函数的单元格内。

10.4 名字的定义与使用

为单元格或者单元格区域定义名称可以方便对该单元格或者单元格区域进行查找和引用，在数据繁多的工资明细表中可以发挥很大作用。

10.4.1 定义名称

名称是代表单元格、单元格区域、公式或者常量值的单词或字符串，名称在使用范围内必须保持唯一，也可以在不同的范围中使用同一个名称。如果要引用工作簿中相同的名称，则需要在名称之前加上工作簿名。

1. 为单元格命名

选中【销售奖金表】中的G3单元格，在编辑栏的名称文本框中输入"最高销售额"后按【Enter】键确认，即可完成为单元格命名的操作。

| 提示 |

为单元格命名时必须遵守以下几点规则。

① 名称中的第 1 个字符必须是字母、汉字、下划线或反斜杠，其余字符可以是字母、汉字、数字、点和下划线。

② 不能将 "C" 和 "R" 的大小写字母作为定义的名称。在名称框中输入这些字母时，会将它们作为当前单元格选择行或列的表示法。例如选择单元格 A2，在名称框中输入 "R"，按【Enter】键，光标将定位到工作表的第 2 行上。

③ 不允许的单元格引用。名称不能与单元格引用相同（例如，不能将单元格命名为 "Z12" 或 "R1C1"）。如果将 A2 单元格命名为 "Z12"，按【Enter】键，光标将定位到 "Z12" 单元格中。

④ 不允许使用空格。如果要将名称中的单词分开，可以使用下划线或句点作为分隔符。例如选择一个单元格，在名称框中输入 "单元格"，按【Enter】键，则会弹出错误提示框。

⑤ 一个名称最多可以包含 255 个字符。Excel 名称不区分大小写字母。例如在单元格 A2 中创建了名称 Smase，在单元格 B2 名称栏中输入 "SMASE"，确认后则会回到单元格 A2 中，而不能创建单元格 B2 的名称。

2. 为单元格区域命名

为单元格区域命名有以下几种方法。

方法 1：在名称栏中直接输入

第 1 步 选择 "销售奖金表" 工作表，选中 C3:C12 单元格区域。

第 2 步 在名称栏中输入 "销售额" 文本，按【Enter】键，即可完成对该单元格区域的命名。

方法 2：使用【新建名称】对话框

第 1 步 选择 "销售奖金表" 工作表，选中 D3:D12 单元格区域。

第 2 步 单击【公式】选项卡下【定义的名称】组中的【定义名称】按钮 定义名称 。

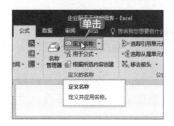

第 3 步 在弹出的【新建名称】对话框中的【名称】文本框中输入 "奖金比例"，单击【确定】按钮即可定义该区域名称。

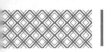

第2步 单击【公式】选项卡下【定义的名称】组中的【根据所选内容创建】按钮 根据所选内容创建。

第4步 命名后的效果如下图所示。

	B	C	D	E
1		业绩表		
2	姓名	销售额	奖金比例	奖金
3	李XX	48000		
4	刘XX	38000		
5	赵XX	52000		
6	杜X	45000		
7	翟XX	45000		
8	苏XX	62000		
9	李XX	30000		
10	胡XX	34000		
11	马XX	24000		
12	郭X	8000		

第3步 在弹出的【以选定区域创建名称】对话框中单击选中【首行】复选框，然后单击【确定】按钮。

方法3：用数据标签命名

工作表（或选定区域）的首行或每行的最左列通常含有标签以描述数据。若一个表格本身没有行标题和列标题，则可将这些选定的行和列标签转换为名称。具体的操作步骤如下。

第1步 选择"职工基本信息"工作表，选中单元格区域C2:C12。

第4步 即可为单元格区域命名。在名称栏中输入"入职日期"，按【Enter】键即可自动选中单元格区域C3:C12。

10.4.2 应用名称

为单元格、单元格区域定义好名称后，就可以在工作表中使用了。具体的操作步骤如下。

第1步 选择"员工基本信息"工作表，分别将E3和E12单元格命名为"最高缴纳额"和"最低缴纳额"，单击【公式】选项卡下【定义的名称】组中的【名称管理器】按钮。

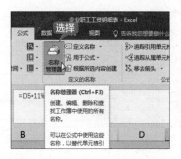

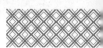

第2步 弹出【名称管理器】对话框，可以看到定义的名称。

第3步 单击【关闭】按钮，选择一个空白单元格H5。

第4步 单击【公式】选项卡下【定义的名称】组中的【用于公式】按钮 用于公式▾，在弹出的下拉菜单中选择【粘贴名称】选项。

第5步 弹出【粘贴名称】对话框，在【粘贴名称】列表中选择"最高缴纳额"，单击【确定】按钮。

第6步 即可看到单元格出现公式"=最高缴纳额"。

第7步 按【Enter】键即可将名称为"最高缴纳额"的单元格的数据显示在H5单元格中。

10.5 使用函数计算工资

制作企业职工工资明细表需要运用很多种类型的函数，这些函数为数据处理提供了很大帮助。

10.5.1 使用文本函数提取员工信息

职工的信息是工资表中必不可少的一项信息，逐个输入不仅浪费时间且容易出现错误，文本函数则很擅长处理这种字符串类型的数据。使用文本函数可以快速准确地将员工信息输入工资表，具体操作步骤如下。

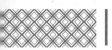
第1步 选择"工资表"工作表，选中 B3 单元格。在编辑栏中输入公式"=TEXT(职工基本信息 !A3,0)"。

	A	B	C	E
1			企业职工工	
2	编号	工号	姓名	工龄	工龄
3	1	信息!A3, 0)		
4	2			
5	3			
6	4			
7	5			

> **| 提示 |**
>
> 公式"=TEXT(职工基本信息 !A3,0)"用于显示职工基本信息表中 A3 单元格的工号。

第2步 按【Enter】键确认，即可将"职工基本信息"工作表相应单元格的工号引用在 B3 单元格。

	A	B	C
1			企
2	编号	工号	姓名
3	1	1000001	
4	2		
5	3		
6	4		

第3步 使用快速填充功能可以将公式填充在 B4：B12 单元格区域中，效果如下图所示。

	A	B	C	D
1			企业职工	
2	编号	工号	姓名	工龄
3	1	1000001		
4	2	1000002		
5	3	1000003		
6	4	1000004		
7	5	1000005		
8	6	1000006		
9	7	1000007		
10	8	1000008		
11	9	1000009		
12	10	1000010		
13				

第4步 选中 C3 单元格，在编辑栏中输入"=TEXT(职工基本信息 !B3,0)"。

	A	B	C	D
1			企业职工	
2	编号	工号	姓名	工龄
3	1	1000001	信息!B3, 0)	
4	2	1000002		
5	3	1000003		
6	4	1000004		
7	5	1000005		
8	6	1000006		
9	7	1000007		

> **| 提示 |**
>
> 公式"=TEXT(职工基本信息 !B3,0)"用于显示职工基本信息表中 B3 单元格的员工姓名。

第5步 按【Enter】键确认，即可将职工姓名填充在单元格内。

	A	B	C	D
1			企业	
2	编号	工号	姓名	工龄
3	1	1000001	李XX	
4	2	1000002		
5	3	1000003		
6	4	1000004		
7	5	1000005		
8	6	1000006		
9	7	1000007		
		1000008		

第6步 使用快速填充功能可以将公式填充在 C4：C12 单元格区域中，效果如图所示。

	A	B	C	D
1			企业职工	
2	编号	工号	姓名	工龄
3	1	1000001	李XX	
4	2	1000002	刘XX	
5	3	1000003	赵XX	
6	4	1000004	杜X	
7	5	1000005	翟XX	
8	6	1000006	苏XX	
9	7	1000007	李XX	
10	8	1000008	胡XX	
11	9	1000009	马XX	
12	10	1000010	郭X	
13				
14				

10.5.2 使用日期与时间函数计算工龄

员工的工龄是计算员工工龄工资的依据。使用日期函数可以很准确地计算出员工工龄，根据工龄即可计算出工龄工资，具体操作步骤如下。

第1步 选择"工资表"工作表，选中 D3 单元格，在单元格中输入公式"=DATEDIF(职工基本信息 !C3,TODAY(),"y")"。

提示

公式"=DATEDIF(职工基本信息 !C3, TODAY(),"y")"用于计算员工的工龄。

第2步 按【Enter】键确认，即可得出员工工龄。

第3步 使用快速填充功能可快速计算出其余员工工龄，效果如图所示。

第4步 选中 E3 单元格，输入公式"=D3*100"。

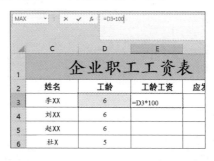

第5步 按【Enter】键即可计算出对应员工工龄工资。

姓名	工龄	工龄工资	应发工
李XX	6	￥600.00	
刘XX	6		
赵XX	6		
杜X	5		
翟XX	5		

第6步 使用填充柄填充计算出其余员工工龄工资，效果如图所示。

姓名	工龄	工龄工资	应发工资	个人所得税
李XX	6	￥600.00		
刘XX	6	￥600.00		
赵XX	6	￥600.00		
杜X	5	￥500.00		
翟XX	5	￥500.00		
苏XX	4	￥400.00		
李XX	4	￥400.00		
胡XX	3	￥300.00		
马XX	1	￥100.00		
郑X	0	￥0.00		

10.5.3 使用逻辑函数计算业绩提成奖金

业绩奖金是企业职工工资的重要构成部分，业绩奖金根据职工的业绩划分为几个等级，每个等级奖金的奖金比例也不同。逻辑函数可以用来进行复合检验，因此很适合计算这种类型的数据。具体操作步骤如下。

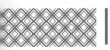
第1步 切换至"销售奖金表"工作表，选中D3 单元格，在单元格中输入公式"=HLOOKUP(C3, 业绩奖金标准 !$B$2:$F$3,2)"。

第4步 选中 E3 单元格，在单元格中输入公式 "=IF(C3<50000,C3*D3,C3*D3+500)"。

姓名	销售额	奖金比例	奖金
李XX	48000	2:$F$3, 2)	
刘XX	38000		
赵XX	52000		
杜X	45000		
翟XX	45000		
苏XX	62000		
李XX	30000		
胡XX	34000		
马XX	24000		
郭X	8000		

销售额	奖金比例	奖金
48000	0.1	C3*D3+500)
38000	0.07	
52000	0.15	
45000	0.1	
45000	0.1	
62000	0.15	
30000	0.07	
34000	0.07	
24000	0.03	
8000	0	

| 提示 |

HLOOKUP 函数是 Excel 中的横向查找函数，公式 "=HLOOKUP(C3, 业绩奖金标准 !$B$2:$F$3,2)" 中第 3 个参数设置为 "2" 表示取满足条件的记录在 "业绩奖金标准 !$B$2:$F$3" 区域中第 2 行的值。

| 提示 |

单月销售额大于 50000，给予 500 元奖励。

第5步 按【Enter】键确认，即可计算出该员工奖金数目。

第2步 按【Enter】键确认，即可得出奖金比例。

姓名	销售额	奖金比例	奖金
李XX	48000	0.1	
刘XX	38000		
赵XX	52000		
杜X	45000		
翟XX	45000		
苏XX	62000		
李XX	30000		
胡XX	34000		
马XX	24000		
郭X	8000		

销售额	奖金比例	奖金
48000	0.1	4800
38000	0.07	
52000	0.15	
45000	0.1	
45000	0.1	
62000	0.15	
30000	0.07	
34000	0.07	
24000	0.03	
8000	0	

第3步 使用填充柄工具将公式填充进其余单元格，效果如图所示。

工号	姓名	销售额	奖金比例	奖金
1000001	李XX	48000	0.1	
1000002	刘XX	38000	0.07	
1000003	赵XX	52000	0.15	
1000004	杜X	45000	0.1	
1000005	翟XX	45000	0.1	
1000006	苏XX	62000	0.15	
1000007	李XX	30000	0.07	
1000008	胡XX	34000	0.07	
1000009	马XX	24000	0.03	
1000010	郭X	8000	0	

第6步 使用快速填充功能得出其余职工奖金数目，效果如图所示。

销售额	奖金比例	奖金
48000	0.1	4800
38000	0.07	2660
52000	0.15	8300
45000	0.1	4500
45000	0.1	4500
62000	0.15	9800
30000	0.07	2100
34000	0.07	2380
24000	0.03	720
8000	0	0

10.5.4 使用统计函数计算最高销售额

公司会对业绩突出的员工进行表彰，因此需要在众多销售数据中找出最高的销售额并找到对应的员工。统计函数作为专门进行统计分析的函数，可以很快地在工作表中找到相应数据，具体操作步骤如下。

第1步 选中 G3 单元格，单击编辑栏左侧的【插入函数】按钮 fx 。

第2步 弹出【插入函数】对话框，在【选择函数】文本框中选中【MAX】函数，单击【确定】按钮。

第3步 弹出【函数参数】对话框，在【Nember1】文本框中输入"销售额"，按【Enter】键确认。

第4步 即可找出最高销售额并显示在 G3 单元格内，如图所示。

第5步 选中 H3 单元格，输入公式"=INDEX(B3：B12,MATCH(G3,C3：C12,))"。

第6步 按【Enter】键，即可显示最高销售额对应的职工姓名。

> **｜提示｜:::::::**
>
> 公式 =INDEX(B3:B12,MATCH(G3,C3:C12,)) 的含义为 G3 的值与 C3:C12 单元格区域的值匹配时，返回 B3:B12 单元格区域中对应的值。

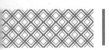
10.5.5 使用查找与引用函数计算个人所得税

个人所得税根据个人收入的不同实行阶梯形式的征收方式，因此直接计算起来比较复杂。而在 Excel 中，这类问题可以使用查找和引用函数来解决，具体操作步骤如下。

1. 计算应发工资

第1步 切换至"工资表"工作表，选中 F3 单元格。

第2步 在单元格中输入公式"= 职工基本信息 !D3- 职工基本信息 !E3+ 工资表 !E3+ 销售奖金表 !E3"。

第3步 按【Enter】键确认，即可计算出应发工资数目。

第4步 使用快速填充功能得出其余职工应发工资数目，效果如图所示。

2. 计算个人所得税数额

第1步 计算职工"李××"的个人所得税数目，选中 G3 单元格。

第2步 在单元格中输入公式"=IF(F3< 税率表 !E$2,0,LOOKUP(工资表 !F3- 税率表 !E$2, 税率表 !C$4:C$10,(工资表 !F3- 税率表 !E$2)* 税率表 !D$4:D$10- 税率表 !E$4:E$10))"。

第3步 按【Enter】键即可得出职工"李××"应缴纳的个人所得税数目。

应发工资	个人所得税	实发工资
¥11,630.0	¥1,071.0	
¥9,312.0	¥607.4	
¥14,863.0	¥1,835.8	
¥9,450.0	¥635.0	
¥9,272.0	¥599.4	
¥14,294.0	¥1,693.5	
¥6,327.0	¥177.7	
¥6,062.0	¥151.2	

| 提示 |

　　LOOKUP 函数根据税率表查找对应的个人所得税，使用 IF 函数可以返回低于起征点员工所缴纳的个人所得税。

第4步 使用快速填充功能填充其余单元格，计算出其余职工应缴纳的个人所得税数额，效果如图所示。

10.5.6 计算个人实发工资

　　企业职工工资明细表最重要的一项就是员工的实发工资数目。计算实发工资的方法很简单，具体操作步骤如下。

第1步 单击H3单元格，输入公式"=F3-G3"。

| MAX | × ✓ ƒx =F3-G3 |

应发工资	个人所得税	实发工资
¥11,630.0	¥1,071.0	=F3-G3
¥9,312.0	¥607.4	
¥14,863.0	¥1,835.8	
¥9,450.0	¥635.0	
¥9,272.0	¥599.4	
¥14,294.0	¥1,693.5	
¥6,327.0	¥177.7	
¥6,062.0	¥151.2	
¥4,024.0	¥15.7	
¥2,848.0	¥0.0	

第2步 按【Enter】键确认，即可得出员工"张××"的实发工资数目。

应发工资	个人所得税	实发工资
¥11,630.0	¥1,071.0	¥10,559.0
¥9,312.0	¥607.4	
¥14,863.0	¥1,835.8	
¥9,450.0	¥635.0	
¥9,272.0	¥599.4	
¥14,294.0	¥1,693.5	
¥6,327.0	¥177.7	

第3步 使用填充柄工具将公式填充进其余单元格，得出其余员工实发工资数目，效果如图所示。

企业职工工资表

编号	工号	姓名	工龄	工龄工资	应发工资	个人所得税
1	1000001	李XX	6	¥600.00	¥11,630.0	¥1,071.0
2	1000002	刘XX	6	¥600.00	¥9,312.0	¥607.4
3	1000003	赵XX	6	¥600.00	¥14,863.0	¥1,835.8
4	1000004	杜X	5	¥500.00	¥9,450.0	¥635.0
5	1000005	董XX	5	¥500.00	¥9,272.0	¥599.4
6	1000006	苏XX	4	¥400.00	¥14,294.0	¥1,693.5
7	1000007	李XX	4	¥400.00	¥6,327.0	¥177.7
8	1000008	胡XX	3	¥300.00	¥6,062.0	¥151.2
9	1000009	马XX	1	¥100.00	¥4,024.0	¥15.7
10	1000010	郭X	0	¥0.00	¥2,848.0	¥0.0

10.6 使用 VLOOKUP、COLUMN 函数批量制作工资条

　　工资条是发放给员工的工资凭证，可以使员工知道自己工资的详细发放情况。制作工资条的步骤如下所示。

第1步 新建工作表，并将其命名为"工资条"，选中"工资条"工作表中 A1:H1 单元格区域。将其合并，然后输入文字"企业职工工资条"，并设置其【字体】为"华文楷体"，【字号】为"20"，根据需要设置表头背景色，效果如图所示。

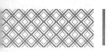
第2步 在 A2：H2 单元格区域中输入如图所示文字，并在 A3 单元格内输入序号"1"，适当调整列宽，并将所有单元格【对齐方式】设置为"居中对齐"。然后在单元格 B3 内输入公式"=VLOOKUP($A3，工资表!$A$3:$H$12,COLUMN(),0)"。

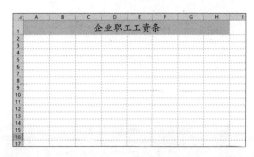

| 提示 |

在公式"=VLOOKUP($A3，工资表!$A$3:$H$12,COLUMN(),0)"中，在工资表单元格区域 A3:H12 中查找 A3 单元格的值，COLUMN() 用来计数，0 表示精确查找。

第3步 按【Enter】键确认，即可引用员工编号至单元格内。

第4步 使用快速填充功能将公式填充至 C3：H3 单元格区域内，即可引用其余项目至对应单元格内，效果如图所示。

第5步 选中 A2：H3 单元格区域，单击【字体】选项组内的【边框】按钮右侧的下拉按钮，在弹出的下拉选项列表中选择【所有框线】选项，为所选单元格区域添加框线，效果如图所示。

第6步 选中 A2：H4 单元格区域，将鼠标光标放置在 H4 单元格框线右下角，待鼠标光标变为实心十字，按住鼠标左键，拖动鼠标光标至 H30 单元格，即可自动填充其余企业职工工资条，效果如下图所示。

至此，企业职工工资明细表就制作完成了。

制作凭证明细查询表

公司年度开支凭证明细表是对公司一年内费用支出的归纳和汇总,工作簿内包含多个项目的开支情况。对年度开支情况进行详细的处理和分析有利于对公司本阶段工作的总结,为公司更好地做出下一阶段的规划有很重要的作用。年度开支凭证明细表数据繁多,需要使用多个函数进行处理,可以分为以下几个步骤进行。

1. 计算工资支出

使用求和函数对"工资支出"工作表中每个月份的工资数目进行汇总,以便分析公司每月的工资发放情况。

2. 调用工资支出工作表数据

使用 VLOOKUP 函数调用"工资支出"工作表里面的数据,完成对"明细表"工作表里工资发放情况的统计。

3. 调用其他支出

使用 VLOOKUP 函数调用"其他支出"工作表里面的数据,完成对"明细表"其他项目开支情况的统计。

4. 统计每月支出

使用求和函数对每个月的支出情况进行汇总,得出每月的总支出。

至此,公司年度开支明细表就统计制作完成了。

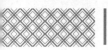

◇ 分步查询复杂公式

Excel 中不乏复杂公式，在使用复杂公式计算数据时如果对计算结果产生怀疑，可以分步查询公式。

第1步 打开随书光盘中的"素材 \ch10\ 住房贷款速查表 .xlsx"工作簿，选择单元格 D5。单击【公式】选项卡下【公式审核】选项组中的【公式求值】按钮 f_x 公式求值 。

第2步 弹出【公式求值】对话框，在【求值】文本框中可以看到函数的公式，单击【求值】按钮。

第3步 即可得出第一步计算结果，如图所示。

第4步 再次单击【求值】按钮，即可计算第二步计算结果。

第5步 重复单击【求值】按钮，即可将公式每一步计算结果求出，查询完成后，单击【关闭】按钮即可。

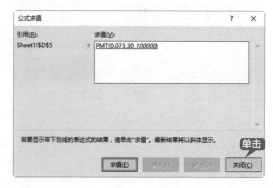

◇ 逻辑函数间的混合运用

在使用"是""非""或"等逻辑函数时，默认情况下返回的是"TURE"或"FALSE"等逻辑值，但是在实际工作和生活中，这些逻辑值的意义并非很大。所以，很多情况下，可以借助 IF 函数返回"完成""未完成"等结果。

第1步 打开随书光盘中的"素材 \ch10\ 任务完成情况表 .xlsx"工作簿，在单元格 F3 中输入公式"=IF(AND (B3 > 100,C3 > 100,D3 > 100,E3 > 100) ,"完成","未完成")"。

第2步 按【Enter】键即可显示完成工作量的信息。

第3步 利用快速填充功能，判断其他员工工作量的完成情况。

◇ 提取指定条件的不重复值

以提取销售助理人员名单为例介绍如何提取指定条件的不重复值的操作技巧。

第1步 打开随书光盘中的"素材 \ch10\ 住房贷款速查表 .xlsx"工作簿，在 F2 单元格内输入"姓名"文本，在 G2 和 C3 单元格内分别输入"职务"和"销售助理"文本。

第2步 选中数据区域任意单元格，单击【数据】选项卡下【排序和筛选】选项组内的【高级】按钮。

第3步 弹出【高级筛选】对话框，选中【将筛选结果复制到其他位置】单选按钮，【列表区域】为 $A$2:$D$14 单元格区域，【条件区域】为 $G$2:$G$3 单元格区域，【复制到】为 $F$2 单元格，然后选中【选择不重复的记录】复选框，单击【确定】按钮。

第4步 即可将职务为"销售助理"的人员姓名全部提取出来，效果如图所示。

E	F	G	H
	姓名	职务	
	贺双双	销售助理	
	刘晓坡		
	张可洪		
	范娟娟		

第**3**篇

PPT 办公应用篇

本篇主要介绍了 PPT 中的各种操作，通过本篇的学习，读者可以学习 PPT 的基本操作、图形和图表的应用、动画和多媒体的应用及放映幻灯片等操作。

第11章
PPT 的基本操作

📖 本章导读

　　在职业生涯中，会遇到包含文字、图片和表格的演示文稿，如个人述职报告、公司管理培训 PPT、企业发展战略 PPT、产品营销推广方案等，使用 PowerPoint 2016 提供的为演示文稿应用主题、设置格式化文本、图文混排、添加数据表格、插入艺术字等操作，可以方便地对包含图片的演示文稿进行设计制作。

📡 思维导图

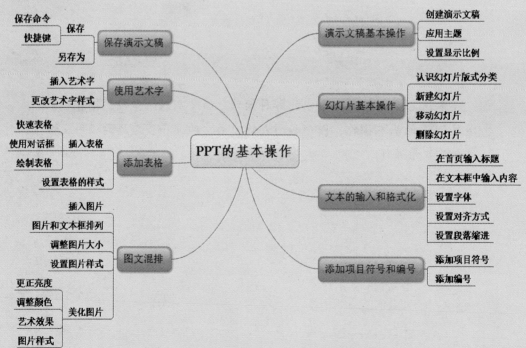

11.1 个人述职报告

制作个人述职报告要做到标准清楚、内容客观、重点突出、个性鲜明，便于了解工作情况。

实例名称：制作个人述职报告	
实例目的：便于了解工作情况	
素材	素材 \ch11\ 前言 .txt、工作业绩 .txt
结果	结果 \ch11\ 个人述职报告 .pptx
录像	视频教学录像 \11 第 11 章

11.1.1 案例概述

述职报告是指各级工作人员，一般为业务部门陈述以主要业绩业务为主，向上级、主管部门和下属群众陈述任职情况，包括履行岗位职责，完成工作任务的成绩、缺点问题、设想，进行自我回顾、评估、鉴定的书面报告。

述职报告是任职者陈述个人的任职情况，评议个人任职能力，接受上级领导考核和群众监督的一种应用文，具有汇报性、总结性和理论性的特点。

述职报告从时间上分有任期述职报告、年度述职报告、临时述职报告。从范围上分有个人述职报告、集体述职报告等。本章就以制作个人述职报告为例介绍 PPT 的基本操作。

制作个人述职报告时，需要注意以下几点。

1. 清楚述职报告的作用

① 要围绕岗位职责和工作目标来讲述自己的工作。

② 要体现出个人的作用，不能写成工作总结。

2. 内容客观、重点突出

① 述职报告特别强调个人，讲究摆事实、讲道理，以叙述说明为主，不能旁征博引。

② 述职报告要写事实，对搜集来的事实、数据、材料等进行认真的归类、整理、分析、研究，述职报告的目的在于总结经验教训，使未来的工作能在前期工作的基础上有所进步，有所提高，因此述职报告对以后的工作具有很强的指导作用。

③ 述职报告的内容应当是通俗易懂的，语言可以口语化。

④ 述职报告是工作业绩考核、评价、晋升的重要依据，述职者一定要实事求是、真实客观地陈述，力求全面、真实、准确地反映述职者在所在岗位职责的情况。对成绩和不足，既不要夸大，也不要缩小。

11.1.2 设计思路

制作个人述职报告时可以按以下的思路进行。

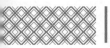

① 新建空白演示文稿，为演示文稿应用主题。

② 设置文本与段落的格式。

③ 为文本添加项目符号和编号。

④ 插入图片并设置图文混排。

⑤ 添加数据表格，并设置表格的样式。

⑥ 插入艺术字作为结束页，并更改艺术字样式，保存演示文稿。

11.1.3 涉及知识点

本案例主要涉及以下知识点。

① 为演示文稿应用主题并设置显示比例。

② 输入文本并设置段落格式。

③ 添加项目符号和编号。

④ 设置幻灯片的图文混排。

⑤ 添加数据表格。

⑥ 插入艺术字。

11.2 演示文稿的基本操作

在制作个人述职报告时，首先要新建空白演示文稿，并为演示文稿应用主题，以及设置演示文稿的显示比例。

11.2.1 新建空白演示文稿

启动 PowerPoint 2016 软件之后，PowerPoint 2016 会提示创建什么样的 PPT 演示文稿，并提供模板供用户选择，单击【空白演示文稿】命令即可创建一个空白演示文稿。

第 1 步 启动 PowerPoint 2016，弹出如图所示的 PowerPoint 界面，单击【空白演示文稿】选项。

第 2 步 即可新建空白演示文稿。

11.2.2 为演示文稿应用主题

新建空白演示文稿后，用户可以为演示文稿应用主题，来满足个人述职报告模板的格式要求。具体操作步骤如下。

1. 使用内置主题

PowerPoint 2016 中内置了 39 种主题，用户可以根据需要使用这些主题。具体操作步骤如下。

第1步 单击【设计】选项卡下【主题】组右侧的【其他】按钮，在弹出的列表主题样式中任选一种样式，如选择"离子会议室"主题。

第2步 此时，主题即可应用到幻灯片中，设置后的效果如下图所示。

2. 自定义主题

如果对系统自带的主题不满意，用户可以自定义主题。具体操作步骤如下。

第1步 单击【设计】选项卡【主题】选项组右侧的【其他】按钮，在弹出的列表主题样式中选择【浏览主题】选项。

第2步 在弹出的【选择主题或主题文档】对话框中，选择要应用的主题模板，然后单击【应用】按钮，即可应用自定义的主题。

11.2.3 设置演示文稿的显示比例

PPT 演示文稿中一般有 4:3 与 16:9 两种显示比例，PowerPoint 2016 默认的显示比例为 16:9，用户可以自定义幻灯片页面的大小来满足演示文稿的设计需求。设置演示文稿显示比例的具体操作步骤如下。

第1步 单击【设计】选项卡下【自定义】组中的【幻灯片大小】按钮，在弹出的下拉列表中选择【自定义幻灯片大小】选项。

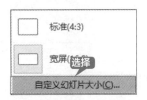

第2步 在弹出的【幻灯片大小】对话框中，单击【幻灯片大小】文本框右侧的下拉按钮，在弹出的下拉列表中选择【全屏显示(16：10)】选项，然后单击【确定】按钮。

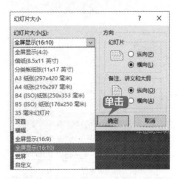

第3步 在弹出的【Microsoft PowerPoint】对话框中选择【最大化】选项。

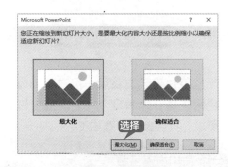

第4步 在演示文稿中即可看到设置后的效果。

11.3 幻灯片的基本操作

使用 PowerPoint 2016 制作述职报告时要先掌握幻灯片的基本操作。

11.3.1 认识幻灯片版式分类

在使用 PowerPoint 2016 制作幻灯片时，经常需要更改幻灯片的版式，来满足幻灯片不同样式的需要。具体操作步骤如下。

第1步 新建演示文稿后，会新建一张幻灯片页面，此时的幻灯片版式为"标题幻灯片"版式页面。

第2步 单击【开始】选项卡下【幻灯片】组中的【版式】按钮右侧的下拉按钮，在弹出的面板中即可看到包含有"标题幻灯片""标题和内容""节标题""两栏内容"等17种版式。

| 提示 | ：：：：：：

　　每种版式的样式及占位符各不相同，用户可以根据需要选择要创建或更改的幻灯片版式，从而制作出符合要求的 PPT。

11.3.2 新建幻灯片

　　新建空白演示文稿之后，默认情况下仅包含一张幻灯片页面，用户可以根据需要新建幻灯片页面。具体操作步骤如下。

第1步 单击【开始】选项卡下【幻灯片】组中的【新建幻灯片】按钮右侧的下拉按钮，在弹出的列表中选择【标题和内容】选项。

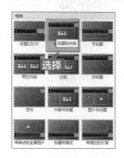

第2步 新建的幻灯片即显示在左侧的【幻灯片】窗格中。

第3步 重复上述操作步骤，新建6张【仅标题】幻灯片及1张【空白】幻灯片。效果如下图所示。

第4步 在【幻灯片】窗格中单击鼠标右键，在弹出的快捷菜单中选择【新建幻灯片】菜单命令。也可在选择幻灯片页面后新建幻灯片页面。

11.3.3 移动幻灯片

　　用户可以通过移动幻灯片的方法改变幻灯片的位置，单击需要移动的幻灯片并按住鼠标左键，拖曳幻灯片至目标位置，松开鼠标左键即可。此外，通过剪切并粘贴的方式也可以移动幻灯片。

11.3.4 删除幻灯片

删除幻灯片的常见方法有两种，用户可以根据使用习惯自主选择。具体操作步骤如下。

1. 使用【Delete】快捷键

在【幻灯片】窗格中选择要删除的幻灯片，按【Delete】键。

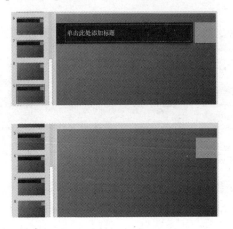

2. 使用鼠标右键

选择要删除的幻灯片页面并单击鼠标右键，在弹出的快捷菜单中单击【删除幻灯片】菜单命令，即可删除选择的幻灯片页面。

11.4 文本的输入和格式化设置

在幻灯片中可以输入文本，并对文本进行字体、颜色、对齐方式、段落缩进等格式化设置。

11.4.1 在幻灯片首页输入标题

幻灯片中【文本占位符】的位置是固定的，用户可以在其中输入文本。具体操作步骤如下。

第1步 单击标题文本占位符内的任意位置，使鼠标光标置于文本占位符内，输入标题文本"述职报告"，效果如下图所示。

第2步 选择副标题文本占位符，输入文本"述职人：王××"，按【Enter】键换行，并输入"2016年2月25日"。

11.4.2 在文本框中输入内容

在演示文稿的文本框中输入内容来完善述职报告。具体操作步骤如下。

第1步 打开随书光盘中的文件"素材 \ch11\ 前言 . txt"。选中记事本中的文字，按【Ctrl+C】组合键，复制所选内容。返回到 PPT 演示文稿中，选择第 2 张幻灯片中的文本框，按【Ctrl+V】组合键，将复制的内容粘贴至文本占位符内。

第2步 在标题文本框中输入"前言"文本。

第3步 打开随书光盘中的"素材 \ch11\ 工作业绩 .txt"文件，将其粘贴至第 3 张幻灯片页面。并在"标题"文本框中输入"一：主要工作业绩"文本。

第4步 重复上面操作步骤，打开随书光盘中的"素材 \ch11\ 主要职责 .txt"文件，把内容复制粘贴到第 4 张幻灯片，并输入标题"二：主要职责"。

第5步 重复上面操作步骤，打开随书光盘中的"素材 \ch11\ 存在问题及解决方案 .txt"文件，把内容复制粘贴到第 5 张幻灯片，并输入标题"三：存在问题及解决方案"。

第6步 在第 6 张幻灯片页面中输入"四：团队建设"标题文本。然后在第 7 张幻灯片输入标题"五：后期计划"，并输入随书光盘中的"素材 \ch11\ 后期计划 .txt"文件中的内容，效果如下图所示。

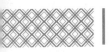
11.4.3 设置字体

PowerPoint 默认的【字体】为"宋体",【字体颜色】为"黑色",在【开始】选项卡下的【字体】选项组中或【字体】对话框中【字体】选项卡中可以设置字体、字号及字体颜色等,具体操作步骤如下。

第1步 选中第1张幻灯片页面中需要修改字体的文本内容,单击【开始】选项卡下【字体】选项组中【字体】按钮的下拉按钮,在弹出的下拉列表中设置【字体】为"华文行楷"。

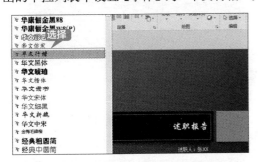

第2步 单击【开始】选项卡下【字体】选项组中【字号】按钮的下拉按钮,在弹出的下拉列表中设置【字号】为"66"。

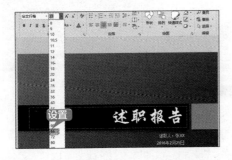

第3步 单击【开始】选项卡下【字体】选项组中【字体颜色】按钮的下拉按钮,在弹出的下拉列表中选择颜色即可更改文字的颜色,这里设置颜色为"黄色"。

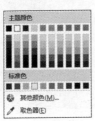

第4步 选择"前言"幻灯片页面,重复上述操作步骤设置标题内容的字体,并设置正文内容的【字体】为"华文楷体",【字号】为"18"。并把文本框拖曳到合适的大小与位置,使用同样的方法设置其余的幻灯片的部分正文字体。

第5步 选择第5张幻灯片页面,并选择"存在问题"文本,单击【开始】选项卡下【字体】选项组中【字体颜色】按钮的下拉按钮,在弹出的下拉列表中选择【深蓝】选项,更改正文字体的颜色。

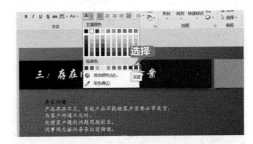

提示

也可以单击【开始】选项卡下【字体】选项组中的【字体】按钮,在弹出的【字体】对话框中也可以设置字体及字体颜色。

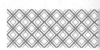
11.4.4 设置对齐方式

段落对齐方式包括左对齐、右对齐、居中对齐、两端对齐和分散对齐等，不同的对齐方式可以达到不同的效果。

第1步 选择第 1 张幻灯片页面，选中需要设置对齐方式的标题段落，单击【开始】选项卡【段落】选项组中的【居中对齐】按钮。

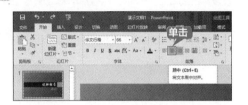

第2步 即可看到将标题文本设置为"居中对齐"后的效果，如下图所示。

第3步 此外，还可以使用【段落】对话框设置对齐方式，将光标定位在段落中，单击【开始】选项卡【段落】选项组中的【段落设置】按钮，弹出【段落】对话框，在【常规】区域的【对齐方式】下拉列表中选择【右对齐】选项，单击【确定】按钮。

第4步 即可将标题文本设置为"右对齐"，使用同样的方法将副标题文本占位符内的文本设置为"右对齐"，效果如下图所示。

11.4.5 设置文本的段落缩进

段落缩进是指段落中的行相对于页面左边界或右边界的位置，段落文本缩进的方式有首行缩进、文本之前缩进和悬挂缩进 3 种。设置段落文本缩进的具体操作步骤如下。

第1步 选择第 2 张幻灯片页面，将光标定位在要设置的段落中，单击【开始】选项卡【段落】选项组右下角的【段落设置】按钮。

第2步 弹出【段落】对话框，在【缩进和间距】选项卡下【缩进】区域中单击【特殊格式】右侧的下拉按钮，在弹出的下拉列表中选择【首行缩进】选项，单击【确定】按钮。

第3步 在【间距】区域中单击【行距】右侧的下拉按钮，在弹出的下拉列表中选择【1.5

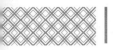
倍行距】选项，单击【确定】按钮。

第4步 设置后的效果如图所示。

第5步 重复上述操作步骤，把演示文稿中的其他正文【行距】设置为"1.5倍"行距。

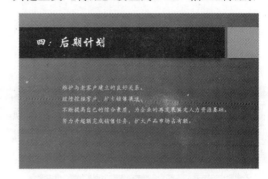

11.5 添加项目符号和编号

添加项目符号和编号可以使文章变得层次分明，容易阅读。

11.5.1 为文本添加项目符号

项目符号就是在一些段落的前面加上完全相同的符号。具体操作步骤如下。

1. 使用【开始】选项卡

第1步 选中第3张幻灯片中的正文内容，单击【开始】选项卡下【段落】组中的【项目符号】按钮 ⊟▾ 右侧的下拉按钮，在弹出的下拉列表中将指针放置在某个项目符号即可预览效果。

第2步 选择一种项目符号类型，即可将其应用至选择的段落内。

2. 使用鼠标右键

用户还可以选中要添加项目符号的文本内容，单击鼠标右键，然后在弹出的快捷菜单中选择【项目符号】菜单命令，在其下一级子菜单中选择一种项目符号样式即可。

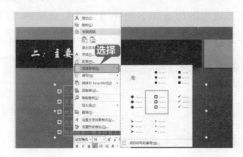

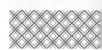

| 提示 |

在下拉列表中选择【项目符号和编号】
→【项目符号和编号】选项，即可打开【项
目符号和编号】对话框，单击【自定义】按
钮，在打开的【符号】对话框中即可选择其
他符号作为项目符号。

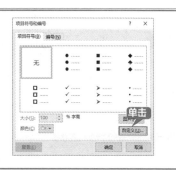

11.5.2 为文本添加编号

编号是按照大小顺序为文档中的行或段
落添加的。具体操作步骤如下。

1. 使用【开始】选项卡

第1步 在第5张幻灯片页面中选择要添加编
号的文本，单击【开始】选项卡的【段落】
组中的【编号】按钮右侧的下拉箭头，
在弹出的下拉列表中即可选择编号的样式。

第2步 单击选择编号样式，即可添加编号。

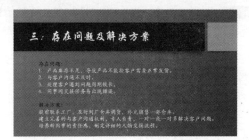

| 提示 |

单击【定义新编号格式】选项，可定
义新的编号样式。单击【设置编号值】选项，
可以设置编号起始值。

2. 使用鼠标右键

第1步 选择第5张幻灯片中的部分正文内容。
单击鼠标右键，在弹出的快捷菜单中选择【编
号】选项，在其下一级子菜单中选择一种样式。

第2步 即可完成编号的添加，效果如下图所
示。

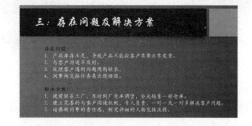

第3步 重复上述操作，根据需要为演示文稿
中的其他文本添加编号。

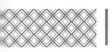

11.6 幻灯片的图文混排

在制作个人述职报告时插入适当的图片，并根据需要调整图片的大小为图片设置样式与艺术效果，可以达到图文并茂的效果。

11.6.1 插入图片

在制作述职报告时，插入适当的图片，可以为文本进行说明或强调。具体操作步骤如下。

第1步 选择第3张幻灯片页面，单击【插入】选项卡下【图像】选项组中的【图片】按钮。

第2步 弹出【插入图片】对话框，选中需要的图片，单击【插入】按钮。

第3步 即可将图片插入幻灯片中。

11.6.2 图片和文本框排列方案

在个人述职报告中插入图片后，选择好的图片和文本框的排列方案，可以使报告看起来更美观整洁。具体操作步骤如下。

第1步 分别选择插入的图片，按住鼠标左键拖曳鼠标，将插入的图片分散横向排列。

第2步 同时选中插入的4张图片，单击【开始】选项卡下【绘图】组中的【排列】按钮的下拉按钮。在弹出的下拉列表中选择【对齐】→【横向分布】选项。

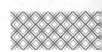

第3步 选择的图片即可在横向上等分对齐排列。

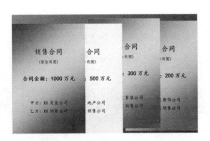

第4步 单击【开始】选项卡下【绘图】组中的【排列】按钮的下拉按钮。在弹出的下拉列表中选择【对齐】→【对齐幻灯片】选项，将图片对齐。

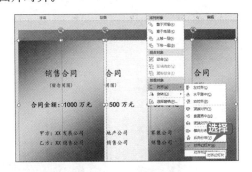

11.6.3 调整图片大小

在述职报告中，确定图片和文本框的排列方案之后，需要调整图片的大小来适应幻灯片的页面。具体操作步骤如下。

第1步 同时选中演示文稿中的图片，把鼠标光标放在任意一张图片四个角的控制点上，按住鼠标左键并拖曳鼠标，即可更改图片的大小。

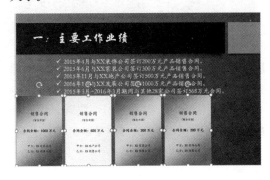

第5步 单击【开始】选项卡下【绘图】组中的【排列】按钮的下拉按钮。在弹出的下拉列表中选择【对齐】→【底端对齐】选项。

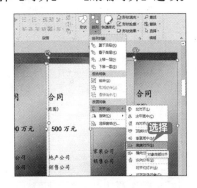

第6步 图片即可按照底端对齐的方式整齐排列。

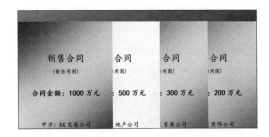

> **提示**
>
> 在【格式】选项卡下【大小】组中单击【形状高度】和【形状宽度】后的微调按钮或者直接输入数值，可以精确调整图片的大小。

第2步 单击【开始】选项卡下【绘图】组中的【排列】按钮的下拉按钮。在弹出的下拉列表中选择【对齐】→【横向分布】选项，将图片横向平均分布到幻灯片中，最终效果如下图所示。

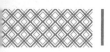
用户可以为插入的图片设置边框、图片版式等样式，使述职报告更加美观。具体操作步骤如下。

第1步 同时选中插入的图片，单击【图片工具】→【格式】选项卡下【图片样式】选项组中的【其他】按钮 ，在弹出的下拉列表中选择【双框架，黑色】选项。

第2步 即可改变图片的样式。

第3步 单击【图片工具】→【格式】选项卡下【图片样式】组中的【图片边框】按钮右侧的下拉按钮，在弹出的下拉列表中选择【粗细】→【1磅】选项。

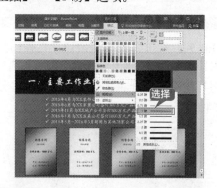

第4步 即可更改图片边框线的粗细，效果如下图所示。

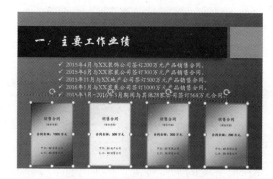

第5步 单击【图片工具】→【格式】选项卡下【图片样式】组中的【图片边框】按钮右侧 的下拉按钮，在弹出的下拉列表中选择【主题颜色】→【紫色，个性色 6，深色 50%】选项。

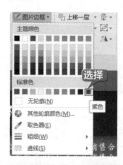

第6步 即可更改图片边框线的颜色。

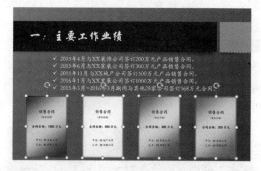

第7步 单击【图片工具】→【格式】选项卡下【图片样式】组中的【图片效果】按钮 右侧的下拉按钮，在弹出的下拉列表中选择【阴影】→【外部】下的【右下斜偏移】选项。

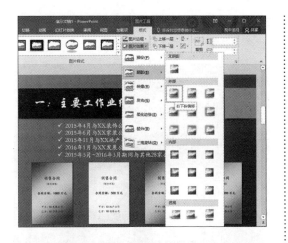

第 8 步 完成设置图片效果的操作，最终效果
如下图所示。

11.6.5 为图片添加艺术效果

对插入的图片进行更正、调整等艺术效
果的编辑，可以使图片更好地融入述职报告
的氛围中。具体操作步骤如下。

第 1 步 选中一张插入的图片，单击【图片工具】
→【格式】选项卡下【调整】组中【更正】
按钮 更正▼ 右侧的下拉按钮，在弹出的下拉
列表中选择【亮度：0%（正常）对比度：−20%】
选项。

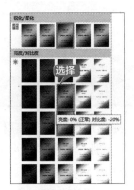

第 2 步 即可改变图片的锐化／柔化以及亮度／
对比度。

第 3 步 单击【图片工具】→【格式】选项卡下【调
整】选项组中【颜色】按钮 颜色▼ 右侧的下
拉按钮，在弹出的下拉列表中选择【饱和度：
200%】选项。

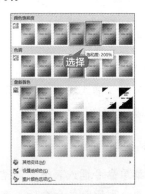

第 4 步 即可改变图片的色调色温。

第 5 步 单击【图片工具】→【格式】选项卡下【调
整】选项组中【艺术效果】按钮 艺术效果▼ 右
侧的下拉按钮，在弹出的下拉列表中选择【图
样】选项。

第6步 即可改变图片的艺术效果。

11.7 添加数据表格

PowerPoint 2016 中可以插入表格使述职报告中要传达的信息更加简单明了，并可以为插入的表格设置表格样式。

11.7.1 插入表格

在 PowerPoint 2016 中插入表格的方法有利用菜单命令插入表格、利用对话框插入表格和绘制表格 3 种。

1. 利用菜单命令

利用菜单命令插入表格是最常用的插入表格的方式。利用菜单命令插入表格的具体操作步骤如下。

第1步 在演示文稿中选择要添加表格的幻灯片，单击【插入】选项卡下【表格】选项组中的【表格】按钮，在插入表格区域中选择要插入表格的行数和列数。

第2步 释放鼠标左键即可在幻灯片中创建 7 行 5 列的表格。

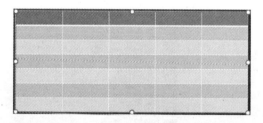

第3步 打开随书光盘中的"素材\ch11\团队建设.txt"文件，根据"团队建设.txt"文件内容在表格中输入数据。

职务	成员			
销售经理	张XX			
销售副经理	李XX、马XX			
	组长	组员		
销售一组	刘XX	段XX	郭XX	吕XX
销售二组	冯XX	张XX	朱XX	毛XX

第4步 选中第 1 行第 2 列至第 5 列的单元格。

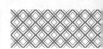

第5步 单击【表格工具】→【布局】选项卡下【合并】组中的【合并单元格】按钮。

第6步 即可合并选中的单元格。

第7步 单击【表格工具】→【布局】选项卡下【对齐方式】组中的【居中】按钮 ，即可使文字居中显示。

职务	成员		
销售经理	张XX		
销售副经理	李XX、马XX		
	组长	组员	
销售一组	刘XX	段XX	郭XX	吕XX
销售二组	冯XX	张XX	朱XX	毛XX

第8步 重复上述操作步骤，根据表格内容合并需要合并的单元格。

职务	成员		
销售经理	张XX		
销售副经理	李XX、马XX		
	组长	组员	
销售一组	刘XX	段XX	郭XX	吕XX
销售二组	冯XX	张XX	朱XX	毛XX

2. 利用【插入表格】对话框

用户还可以利用【插入表格】对话框来插入表格，具体操作步骤如下。

第1步 将光标定位至需要插入表格的位置，单击【插入】选项卡下【表格】选项组中的【表格】按钮 ，在弹出的下拉列表中选择【插入表格】选项。

第2步 弹出【插入表格】对话框，分别在【行数】和【列数】微调框中输入列数和行数，单击【确定】按钮，即可插入一个表格。

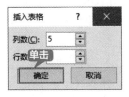

3. 绘制表格

当用户需要创建不规则的表格时，可以使用表格绘制工具绘制表格，具体操作步骤如下。

第1步 单击【插入】选项卡下【表格】选项组中的【表格】按钮，在弹出的下拉列表中选择【绘制表格】选项。

第2步 此时鼠标指针变为 形状，在需要绘制表格的地方单击并拖曳鼠标绘制出表格的外边界，形状为矩形。

第3步 在该矩形中绘制行线、列线或斜线，绘制完成后按【Esc】键退出表格绘制模式。

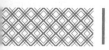
11.7.2 设置表格的样式

在 PowerPoint 2016 中可以设置表格的样式，使个人述职报告看起来更加美观。具体操作步骤如下。

第1步 选择表格，单击【表格工具】→【设计】选项卡下【表格样式】组中的【其他】按钮 ，在弹出的下拉列表中选择【中度样式 2-强调 6】选项。

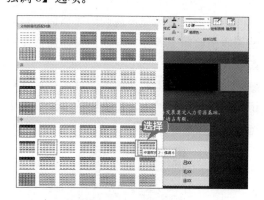

第2步 更改表格样式后的效果如下图所示。

第3步 单击【表格工具】→【设计】选项卡下【表格样式】组中的【效果】按钮右侧的下拉按钮，在弹出的下拉列表中选择【阴影】→【内部居中】选项。

第4步 设置阴影后的效果如下图所示。

职务	成员			
销售经理	张XX			
销售副经理	李XX、马XX			
	组长	组员		
销售一组	刘XX	段XX	郭XX	吕XX
销售二组	冯XX	张XX	朱XX	毛XX
销售三组	周XX	赵XX	卫XX	徐XX

11.8 使用艺术字作为结束页

艺术字与普通文字相比，有更多的颜色和形状可以选择，表现形式更加多样化，在述职报告中插入艺术字可以达到锦上添花的效果。

11.8.1 插入艺术字

PowerPoint 2016 中插入艺术字作为结束页的结束语。具体操作步骤如下。

第1步 选择最后一张幻灯片，单击【插入】选项卡下【文本】选项组中的【艺术字】按钮 ，在弹出的下拉列表中选择一种艺术字样式。

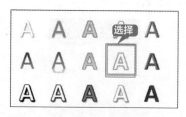

第2步 文档中即可弹出【请在此放置您的文字】文本框。

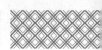

第 3 步 单击文本框内的文字，输入文本内容"谢谢！"。

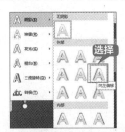

11.8.2 更改艺术字样式

插入艺术字之后，可以更改艺术字的样式，使述职报告更加美观。具体操作步骤如下。

第 1 步 选中艺术字，单击【绘图工具】→【格式】选项卡下【艺术字样式】组中的【本文效果】按钮 A 文本效果·，在弹出的下拉列表中选择【阴影】选项组中的【向左偏移】选项。

第 2 步 为艺术字添加阴影后的效果如下图所示。

第 3 步 选中艺术字，单击【绘图工具】→【格式】选项卡下【艺术字样式】组中的【本文效果】按钮 A 文本效果·，在弹出的下拉列表中选择【映像】选项组中的【紧密映像.4pt 偏移量】选项。

第 4 步 选中艺术字，设置【字号】为"80"，并调整艺术字文本框的位置，效果如下图所示。

第 4 步 为艺术字添加映像后的效果如下图所示。

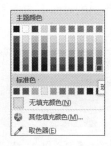

第 5 步 单击【绘图工具】→【格式】选项卡下【形状样式】组中的【形状填充】按钮 形状填充·，在弹出的下拉列表中选择【玫瑰红，个性色 6，深色 50%】选项。

第 6 步 单击【绘图工具】→【格式】选项卡下【形状样式】组中的【形状填充】按钮 形状填充·，在弹出的下拉列表中选择【渐变】→【深色变体】→【线性向下】选项。

第7步 单击【绘图工具】→【格式】选项卡下【形状样式】组中的【形状效果】按钮 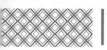，右侧的下拉按钮，在弹出的下拉列表中选择【阴影】→【外部】→【左下斜偏移】选项。

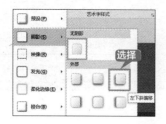

第8步 单击【绘图工具】→【格式】选项卡下【形状样式】组中的【形状效果】按钮 形状效果，右侧的下拉按钮，在弹出的下拉列表中选择【映像】→【映像变体】→【半映像，8pt 偏移量】选项。

第9步 调整艺术字文本框的大小与位置，最终效果如下图所示。

11.9 保存设计好的演示文稿

个人述职报告演示文稿设计并完成之后，需要进行保存。保存演示文稿的具体操作步骤如下。

第1步 单击【快速访问】工具栏中的【保存】按钮 日，在弹出的界面中选择【浏览】选项。

第2步 在弹出的【另存为】对话框中选择文件要保存的位置，在【文件名】文本框中会自动生成演示文稿的首页标题内容 "述职报告 .pptx"，并单击【保存】按钮，即可保存演示稿。

| 提示 |

保存已经保存过的文档时，可以直接单击【快速访问】工具栏中的【保存】按钮。选择【文件】→【保存】命令或按【Ctrl+S】组合键都可以快速保存文档。

如需要将述职报告演示文稿另存至其他位置或以其他的名称另存，可以使用【另存为】命令。将演示文稿另存的具体操作步骤如下。

第1步 在已保存的演示文稿中，单击【文件】选项卡，在左侧的列表中单击【另存为】选项。

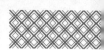

第2步 在【另存为】界面中选择【这台电脑】选项，并单击【浏览】按钮。在弹出的【另存为】对话框中选择文档所要保存的位置，在【文件名】文本框中输入要另存的名称，例如这里输入"个人述职报告.pptx"，单击【保存】按钮，即可完成文档的另存操作。

举一
反三

设计公司管理培训 PPT

与个人述职报告类似的演示文稿还有公司管理培训 PPT、企业发展战略 PPT 等。设计制作这类演示文稿时，都要做到内容客观、重点突出、个性鲜明，使公司能了解演示文稿的重点内容，并突出个人魅力。下面就以设计公司管理培训 PPT 为例进行介绍。具体操作步骤如下。

1. 新建演示文稿

新建空白演示文稿，为演示文稿应用主题，并设置演示文稿的显示比例。

2. 新建幻灯片

新建幻灯片，并在幻灯片内输入文本，设置字体格式，段落对齐方式、段落缩进等。

3. 添加项目符号，进行图文混排

为文本添加项目符号与编号，并插入图片，为图片设置样式，添加艺术效果。

4. 添加数据表格、插入艺术字

插入表格，并设置表格的样式。插入艺术字，对艺术字的样式进行更改。并保存设计好的演示文稿。

◇ 使用网格和参考线辅助调整版式

在 PowerPoint 2016 中使用网格和参考线，可以调整版式，提高特定类型 PPT 制作效率，优化排版细节，丰富作图技巧。具体操作方法如下。

第1步 打开 PowerPoint 2016 软件，并新建一张空白幻灯片。选择【视图】选项卡下【显示】选项组，单击选中【网格线】复选框与【参考线】复选框。在幻灯片中即可出现网格线与参考线。

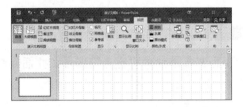

第2步 单击【插入】选项卡下【图像】组中的【图片】按钮，在弹出的【插入图片】对话框中选择图片，单击【插入】按钮，插入图片后即可使用网格与参考线调整图片版式。

◇ 将常用的主题设置为默认主题

将常用的主题设置为默认主题，可以提高操作效率。

打开 PPT 演示文稿，单击【设计】选项卡下【主题】组中的【其他】按钮，在弹出的下拉面板中选择要设置默认主题的主题样式并单击鼠标右键，在弹出的快捷菜单中选择【设置为默认主题】选项，即可完成设置默认主题的操作。

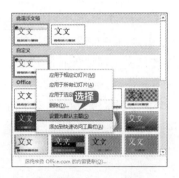

◇ 使用取色器为 PPT 配色

PowerPoint 2016 可以对图片的任何颜色进行取色，以更好地搭配文稿颜色。具体操作步骤如下。

第1步 打开软件 PowerPoint 2016，并应用任意一种主题。选择标题文本占位符，单击【绘图工具】→【格式】选项卡下【形状样式】组中的【形状填充】按钮右侧的下拉按钮，在弹出的【主题颜色】面板中选择【取色器】选项。

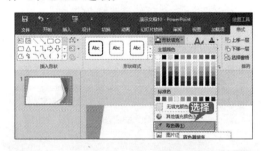

第2步 在幻灯片上任意一点单击，拾取该颜色。

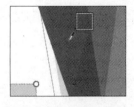

第3步 即可将拾取的颜色填充到文本框中，效果如下图所示。

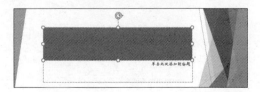

第12章
图形和图表的应用

📖 本章导读

在职业生活中，会遇到包含自选图形、SmartArt 图形和图表的演示文稿，如产品营销推广方案、设计企业发展战略 PPT、个人述职报告、设计公司管理培训 PPT 等。使用 PowerPoint 2016 提供的自定义幻灯片母版、插入自选图形、插入 SmartArt 图形、插入图表等操作，可以方便地对这些包含图形图表的幻灯片进行设计制作。

✈ 思维导图

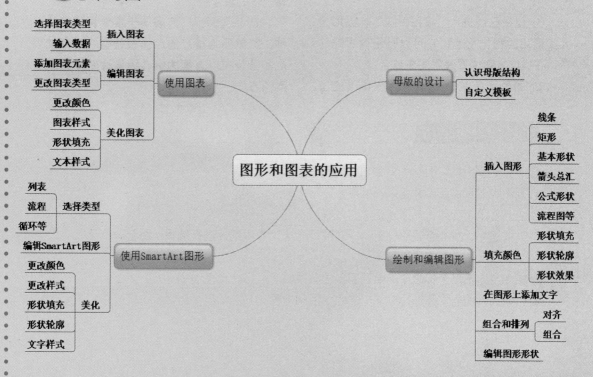

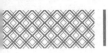

12.1 产品营销推广方案

设计产品营销推广方案 PPT 要做到内容客观、重点突出、气氛相融，便于领导更好地阅览方案的内容。

实例名称：设计产品营销推广方案		
实例目的：便于领导更好地阅览方案的内容		
	素材	素材 \ch12\ 市场背景 .txt、推广时间及安排 .txt
	结果	结果 \ch12\ 产品营销推广方案 .pptx
	录像	视频教学录像 \12 第 12 章

12.1.1 案例概述

设计产品营销推广方案时，需要注意以下几点。

1. 内容客观

① 要围绕推广的产品进行设计制作，紧扣内容。

② 必须基于事实依据，客观实在。

2. 重点突出

① 现在已经进入"读图时代"，图形是人类通用的视觉符号，它可以吸引读者的注意，在推广方案中要注重图文结合。

② 图形图片的使用要符合宣传页的主题，可以进行加工提炼来体现形式美，并产生强烈鲜明的视觉效果。

3. 气氛相融

① 色彩可以渲染气氛，并且加强版面的冲击力，用以烘托主题，容易引起公众的注意。

② 推广方案的色彩要从整体出发，并且各个组成部分之间的色彩要相关，来形成主题内容的基本色调。

产品营销推广方案属于企业管理中的一种，气氛要与推广的产品相符合。本章就以产品营销推广方案为例介绍设计制作推广方案的方法。

12.1.2 设计思路

设计产品营销推广方案时可以按以下思路进行。

① 制作宣传页页面，并插入背景图片。

② 插入艺术字标题，并插入正文文本框。

③ 插入图片，放在合适的位置，调整图片布局，并对图片进行编辑、组合。

④ 添加表格，并对表格进行美化。

⑤ 使用自选图形为标题添加自选图形为背景。

⑥ 根据插入的表格添加折线图，来表示活动力度。

12.1.3 涉及知识点

本案例主要涉及以下知识点。
① 设置页边距、页面大小。
② 插入艺术字。
③ 插入图片。
④ 插入表格。
⑤ 插入自选图形。
⑥ 插入图表。

12.2 PPT 母版的设计

幻灯片母版与幻灯片模板相似，用于设置幻灯片的样式，可制作演示文稿中的背景、颜色主题和动画等。

12.2.1 认识母版的结构

演示文稿的母版视图包括：幻灯片母版、讲义母版、备注母版三种类型，幻灯片母版视图中可以设置标题样式和文本样式。

第1步 启动 PowerPoint 2016，新建空白演示文稿，并将其另存为"产品营销推广方案.pptx"，单击【视图】选项卡下【母版视图】组中的【幻灯片母版】按钮，进入幻灯片母版视图。

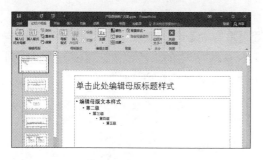

第2步 在幻灯片母版视图中，主要包括左侧的幻灯片窗口和右侧的幻灯片母版编辑区域，在幻灯片母版编辑区域包含页眉、页脚、标题与文本框。

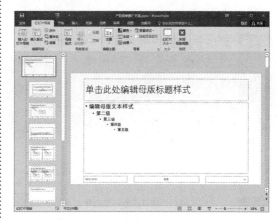

12.2.2 自定义模板

自定义母版模板可以为整个演示文稿设置相同的颜色、字体、背景和效果等。具体操作步骤如下。

第1步 在左侧的幻灯片窗格中选择第一张幻灯片，单击【插入】选项卡下【图像】组中的【图片】按钮。

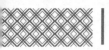

第2步 弹出【插入图片】对话框，选择"背景1.jpg"文件，单击【插入】按钮。

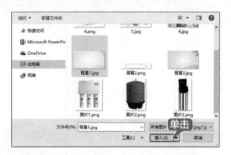

第3步 即可将图片插入到幻灯片母版中。

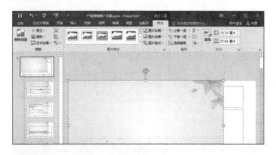

第4步 把鼠标光标移动到图片四个角的控制点上，当鼠标光标变为 ↖ 时拖曳图片右下角的控制点，把图片放大到合适的大小。

第5步 在幻灯片上单击鼠标右键，在弹出的快捷菜单中选择【置于底层】→【置于底层】选项。

第6步 即可把图片置于底层，使文本占位符显示出来。

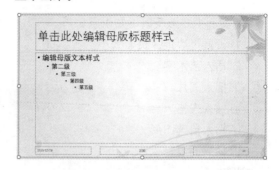

字体样式、字号及对幻灯片插入图片的设置如下。

第1步 选中幻灯片标题中的文字，单击【开始】选项卡下【字体】组中的【字体】按钮 等线 Light (标) ▾ 的下拉按钮，在弹出的下拉列表中选择【字体】"华文行楷"。

第2步 单击【开始】选项卡下【字体】组中的【字号】按钮 44 ▾ 的下拉按钮，在弹出的下拉列表中设置【字号】为"48"。

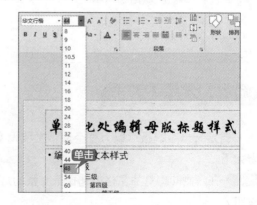

第3步 再次单击【插入】选项卡下【图像】组中的【图片】按钮，弹出【插入图片】对话框，选择"背景2.png"文件，单击【插入】按钮，即可把图片插入到演示文稿中。

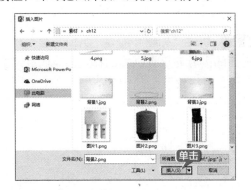

第4步 选择插入的图片，当鼠标光标变为 ✛ 时，按住鼠标左键将其拖曳到合适的位置，释放鼠标左键。

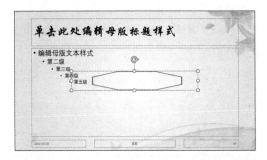

第5步 在图片上单击鼠标右键，在弹出的快捷菜单中选择【置于底层】→【下移一层】菜单命令。

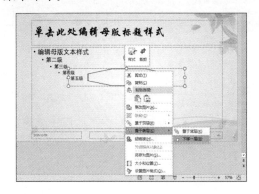

第6步 根据需要调整标题文本框的位置。

第7步 在幻灯片窗口中，选择第二张幻灯片，在【幻灯片母版】选项卡下的【背景】组中，单击选中【隐藏背景图形】复选框，隐藏背景图形。

第8步 单击【插入】选项卡下【图像】组中的【图片】按钮，弹出【插入图片】对话框，选择"背景3.jpg"图片，单击【插入】按钮，即可使图片插入幻灯片中。

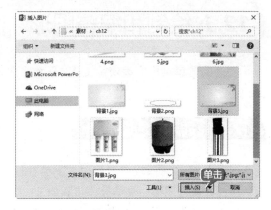

设置母版的操作如下。

第1步 根据需要调整图片的大小，并将插入的图片置于底层。完成自定义幻灯片母版的操作。

第2步 单击【幻灯片母版】选项卡下【关闭】组中的【关闭母版视图】按钮，即可关闭母版视图。

在绘制和编辑图形之前，首先需要制作产品营销推广方案的首页、目录页和市场背景页面。

第1步 在首页幻灯片中，插入艺术字并输入相关内容，效果如下图所示。

第2步 新建"标题和内容"页面，输入目录页面的内容并设置文本的样式，完成目录页制作，最终效果如下图所示。

第3步 新建【仅标题】幻灯片，输入标题并将"素材 \ch12\ 市场背景 .txt"文件中的内容粘贴至"市场背景"幻灯片内，并设置文字样式，制作完成的市场背景页面效果如下图所示。

12.3 绘制和编辑图形

在产品营销推广方案演示文稿中，绘制和编辑图形，可以丰富演示文稿的内容，美化演示文稿。

12.3.1 插入自选图形

在制作产品营销推广方案时，需要在幻灯片中插入自选图形。具体操作步骤如下。

第1步 新建"仅标题"幻灯片页面，在【标题】文本框中输入"推广目的"文本，并设置文字在文本框内的居中显示。

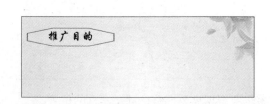

第2步 单击【插入】选项卡【插图】组中的【形状】按钮，弹出下拉列表选择【基本形状】→【椭圆】选项。

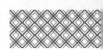

第 3 步 此时鼠标指针在幻灯片中的形状显示为十，在幻灯片绘图区空白位置处单击，确定图形的起点，按住【Shift】键拖曳鼠标光标至合适位置时，释放鼠标左键与【Shift】键，即可完成圆形的绘制。

第 4 步 重复步骤 2~3 的操作，在幻灯片中依次绘制椭圆、右箭头、六边形以及矩形等其他自选图形。

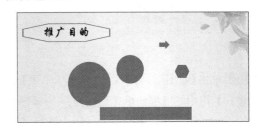

12.3.2 填充颜色

插入再选图形后，需要对插入的图形填充颜色，使图形与幻灯片背景搭配。为自选图形填充颜色的具体操作步骤如下。

第 1 步 选择要填充颜色的基本图形，这里选择较大的"圆形"，单击【绘图工具】→【格式】选项卡下【形状样式】组中的【形状填充】按钮 右侧的下拉按钮，在弹出的下拉列表中选择【蓝色，个性色 5，淡色 60%】选项。

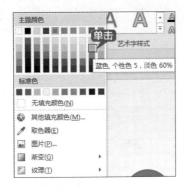

第 2 步 单击【绘图工具】→【格式】选项卡下【形状样式】组中的【形状轮廓】按钮 右侧的下拉按钮，在弹出的下拉列表中选择【无轮廓】选项。

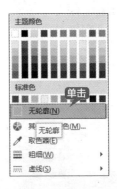

第 3 步 再次选择要填充颜色的基本图形，单击【绘图工具】→【格式】选项卡下【形状样式】组中的【形状填充】按钮 右侧的下拉按钮，在弹出的下拉列表中选择【蓝色，个性色 5，深色 40%】选项。

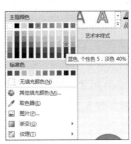

第 4 步 单击【绘图工具】→【格式】选项卡下【形状样式】组中的【形状轮廓】按钮右侧的下

拉按钮 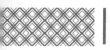，在弹出的下拉按钮中选择
【无轮廓】选项。

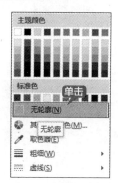

第5步 单击【绘图工具】→【格式】选项卡下【形状样式】组中的【形状填充】按钮 形状填充 右侧的下拉按钮，在弹出的下拉按钮中选择【渐变】→【深色变体】栏下的【线性向左】选项。

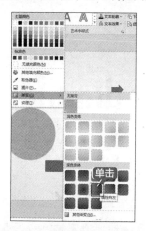

第6步 即可为选择的大圆形填充颜色，重复上述操作步骤，为其他的自选图形填充颜色。

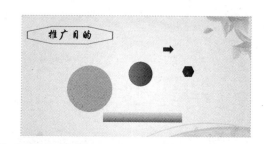

第7步 选择【矩形】形状，单击【绘图工具】→【格式】选项卡下【形状样式】组中的【形状效果】按钮 形状效果 的下拉按钮，在弹出的下拉按钮中选择【阴影】→【外部】栏下的【向下偏移】选项。

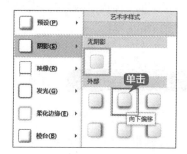

第8步 为插入的自选图形填充颜色后的效果如下图所示。

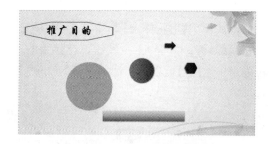

12.3.3 在图形上添加文字

设置好自选图形的颜色后，可以在自选图形上添加文字，在自选图形上添加文字的具体操作步骤如下。

第1步 选择要添加文字的正六边形自选图形，单击鼠标右键，在弹出的快捷菜单中选择【编辑文字】菜单命令。

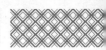

第2步 即可在自选图形中显示光标，在其中输入相关的文字"1"。

第3步 选择输入的文字，单击【开始】选项卡下【字体】组中【字体】按钮右侧的下拉按钮，在弹出的下拉列表中选择【华文楷体】选项。

第4步 单击【开始】选项卡下【字体】组中的【字号】按钮右侧的下拉按钮，在弹出的下拉列表中选择【20】选项。

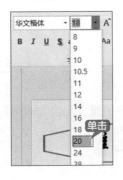

第5步 单击【开始】选项卡下【字体】组中的【字体颜色】按钮 右侧的下拉按钮，在弹出的下拉列表中选择【蓝色，个性色5，淡色80%】选项。

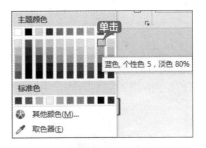

第6步 重复上述操作步骤，选择【矩形】自选图形，并单击鼠标右键，在弹出的下拉列表中选择【编辑文字】选项，输入文字"消费群快速认知新产品的功能、效果"，并设置字体格式。

第7步 在图形上添加文字并设置文字格式的效果如下图所示。

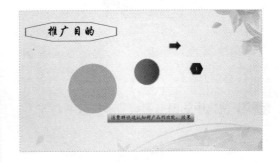

12.3.4 图形的组合和排列

用户绘制自选图形与编辑文字之后要对图形进行组合与排列，使幻灯片更加美观。具体操作步骤如下。

第1步 选择要进行排列的图形，按住【Ctrl】键再次选择另一个图形，同时选中这两个图形。

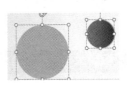

第2步 单击【绘图工具】→【格式】选项卡下【排列】组中的【对齐】按钮 右侧的下拉按钮，在弹出的下拉列表中选择【右对齐】选项。

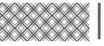

第3步 使选中的图形靠右对齐。

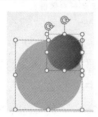

第4步 再次选择【绘图工具】→【格式】选项卡下【排列】组中的【对齐】按钮 对齐 右侧的下拉按钮，在弹出的下拉列表中选择【垂直居中】选项。

第5步 使选中的图形靠右并垂直居中对齐。

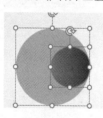

第6步 单击【绘图工具】→【格式】选项卡下【排列】组中的【组合】按钮 组合 右侧的下拉按钮，在弹出的下拉列表中选择【组合】选项。

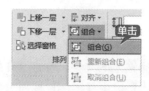

第7步 即可使选中的两个图形进行组合。拖曳鼠标光标，把图形移动到合适的位置。

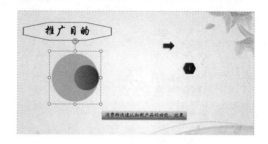

第8步 如果要取消组合，再次选择【绘图工具】→【格式】选项卡下【排列】组中的【组合】按钮 组合 右侧的下拉按钮，在弹出的下拉列表中选择【取消组合】选项。

第9步 即可取消组合已组合的图形。

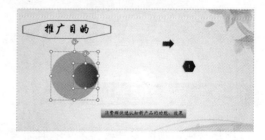

12.3.5 绘制不规则的图形——编辑图形形状

在绘制图形时，通过编辑图形的顶点来编辑图形。具体操作步骤如下。

第1步 选择要编辑的小圆形自选图形，单击【绘图工具】→【格式】选项卡下【插入形状】组中的【编辑形状】按钮 编辑形状 右侧的下拉按钮，在弹出的下拉列表中选择【编辑顶点】选项。

第2步 即可看到选择图形的顶点处于可编辑的状态。

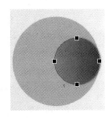

第3步 将鼠标光标放置在图形的一个顶点上，向上或向下拖曳鼠标光标至合适位置处释放鼠标左键，即可对图形进行编辑操作。

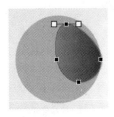

第4步 使用同样的方法编辑其余的顶点。

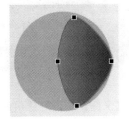

第5步 编辑完成后，在幻灯片空白位置单击即可完成对图形顶点的编辑。

第6步 重复上述操作，编辑其他自选图形的顶点。

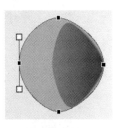

第7步 为自选图形填充渐变色。

插入新的椭圆并设置填充及组合图形的操作步骤如下。

第1步 使用同样的方法插入新的【椭圆】形状。并根据需要设置填充颜色与渐变颜色。

第2步 选择一个自选图形，按【Ctrl】键再选择其余的图形，并释放鼠标左键与【Ctrl】键。

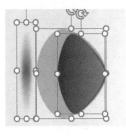

第3步 单击【绘图工具】→【格式】选项卡下【排列】组中的【组合】按钮 组合▾ 右侧的下拉按钮，在弹出的下拉列表中选择【组合】选项。

第4步 即可使选中的图形进行组合。

插入箭头形状并调整其位置，并对其进行组合，操作步骤如下。

第1步 选择插入的【右箭头】形状，放到合适的位置。

第2步 将鼠标光标放在图形上方的【旋转】按钮上，按住鼠标左键向左拖曳鼠标，为图形设置合适的角度。

第3步 选择插入的【六边形】形状，将其拖曳到【矩形】形状的上方。

第4步 同时选中【六边形】形状与【矩形】形状，选择【绘图工具】→【格式】选项卡下【排列】

组中的【组合】按钮 组合·右侧的下拉按钮，在弹出的下拉列表中选择【组合】选项。

第5步 即可组合选中的形状。

第6步 调整组合后的图形至合适的位置。

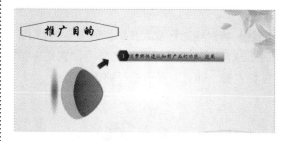

第7步 重复上面的操作绘制其他图形，并更改图形中的内容，效果如下图所示。

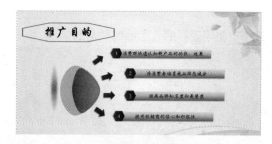

第8步 新建【仅标题】幻灯片页面，并在【标题】文本框中输入"前期调查"文本，然后根据需要绘制并编辑图形，效果如下图所示。

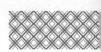

12.4 使用 SmartArt 图形展示推广流程

SmartArt 图形是信息和观点的视觉表示形式。可以在多种不同的布局中创建 SmartArt 图形。SmartArt 图形主要应用在创建组织结构图、显示层次关系、演示过程或者工作流程的各个步骤或阶段、显示过程、程序或其他事件流以及显示各部分之间的关系等方面。配合形状的使用，可以制作出更精美的演示文稿。

12.4.1 选择 SmartArt 图形类型

SmartArt图形主要分为列表、流程、循环、层次结构、关系、矩阵、棱锥图和图片等几大类。

第1步 新建"仅标题"幻灯片页面，并在【标题】文本框中输入"产品定位"文本。

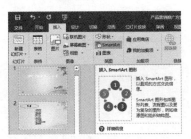

第2步 单击【插入】选项卡下【插图】组中的【SmartArt】按钮。

第3步 弹出【选择 SmartArt 图形】对话框，选择【图片】选项组中的【六边形群集】选项，并单击【确定】按钮。

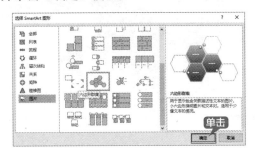

第4步 即可将选择的 SmartArt 图形插入到"产品定位"幻灯片页面中。

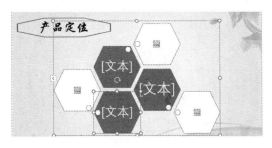

在插入的 SmartArt 图形中插入图片及输入文字，操作步骤如下。

第1步 将鼠标光标放置在 SmartArt 图形上方，按住鼠标左键并拖曳鼠标可以调整 SmartArt 图形的位置。

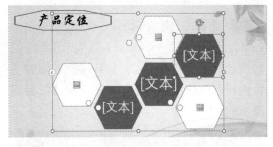

第2步 单击 SmartArt 图形左侧的【图片】按钮，在弹出的【插入图片】对话框中，单击【来自文件】后的【浏览】按钮。

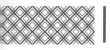
第3步 弹出【插入图片】对话框，选择要插入的图片，单击【插入】按钮。

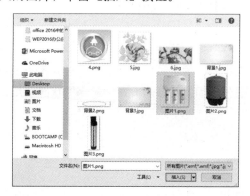

第4步 即可把图片插入到 SmartArt 图形中。

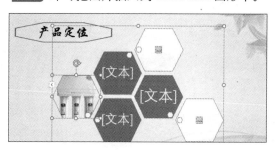

第5步 重复上述操作步骤插入其余的图片到 SmartArt 图形中。

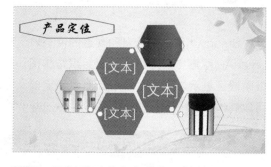

第6步 根据需要在文字编辑区输入相关文字，完成 SmartArt 图形的创建。

12.4.2 编辑 SmartArt 图形

创建 SmartArt 图形之后，用户可以根据需要来编辑 SmartArt 图形。具体操作步骤如下。

第1步 选择创建的 SmartArt 图形，单击【SmartArt 工具】→【设计】选项卡下的【创建图形】组中的【添加形状】按钮右侧的下拉按钮，在弹出的下拉列表中选择【在后面添加形状】选项。

第2步 即可在图形中添加新的 SmartArt 形状，用户可以根据需要在新添加的 SmartArt 图形中添加图片与文本。

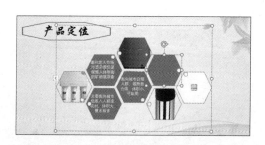

第3步 要删除多余的 SmartArt 图形时，选择要删除的图形，按【Delete】键即可删除。

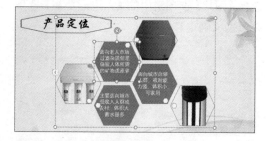

第4步 用户可以自主调整 SmartArt 图形的

位置，选择要调整的 SmartArt 图形，单击【SmartArt 工具】→【设计】选项卡下【创建图形】组中的【上移】按钮，即可把图形上移一个位置。

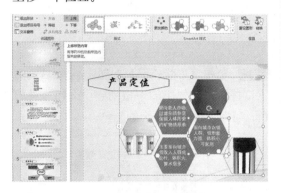

第5步 单击【下移】按钮，即可把图形下移一个位置。

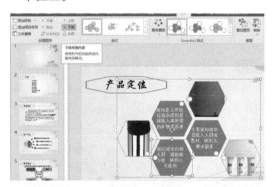

第6步 单击【SmartArt 工具】→【设计】选项卡下【版式】组中的【其他】按钮，在弹出的下拉列表中选择【升序图片重点流程】

选项。

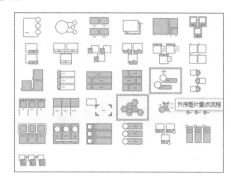

第7步 即可更改 SmartArt 图形的版式。

第8步 重复上述操作，把 SmartArt 图形的版式变回【六边形群集】版式，即可完成编辑 SmartArt 图形的操作。

12.4.3 美化 SmartArt 图形

编辑完 SmartArt 图形，还可以对 SmartArt 图形进行美化。具体操作步骤如下。

第1步 选择 SmartArt 图形，单击【SmartArt 工具】→【设计】选项卡下【SmartArt 样式】组中的【更改颜色】按钮。

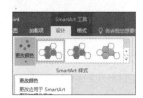

第2步 在弹出的下拉列表中，包含彩色、个性色1、个性色2、个性色3等多种颜色，这里选择【彩色】→【彩色范围－个性色3至4】选项。

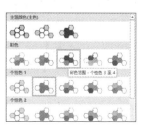

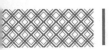

第3步 即可更改 SmartArt 图形的颜色。

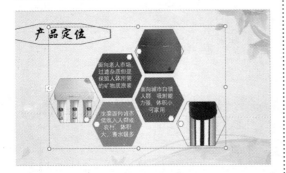

第4步 单击【SmartArt 工具】→【设计】选项卡下【SmartArt 样式】组中的【其他】按钮 ，在弹出的下拉按钮中选择【三维】→【嵌入】选项。

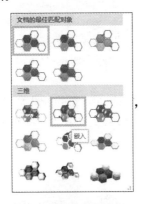

第5步 即可更改 SmartArt 图形的样式。

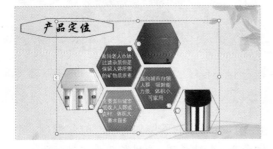

　　设置 SmartArt 图形样式、轮廓和字体等效果如下。

第1步 此外，还可以根据需要设计单个 SmartArt 图形的样式，选择要设置样式的图形，单击【SmartArt 工具】→【格式】选项卡下【形状样式】组中的【形状填充】按钮 右侧的下拉按钮，在弹出的下拉列表中选择颜色。

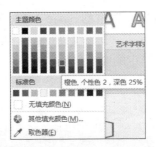

第2步 单击【形状轮廓】按钮 右侧的下拉按钮，在弹出的下拉列表中选择一种颜色，可以更改形状轮廓的颜色。

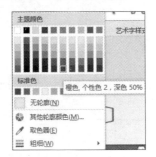

第3步 选择形状中的文本，单击【SmartArt 工具】→【格式】选项卡下【艺术字样式】组中的【其他】按钮 ，在弹出的下拉列表中选择一种艺术字样式。

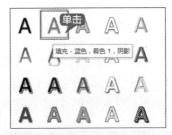

第4步 在【开始】选项卡下【字体】组中可以根据需要设置字体格式，效果如下图所示。

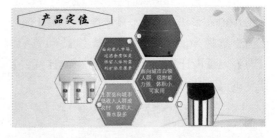

第5步 选择 SmartArt 图形中的图片，单击【图片工具】→【格式】选项卡【调整】组可以更改图片的【亮度／对比度】、颜色饱和度、

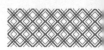

色调、重新着色以及艺术效果等，设置方法与设置图片操作相同。完成对 SmartArt 图形中图片设置后的效果如下图所示。

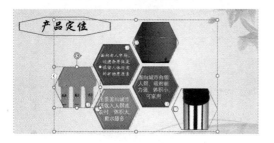

> **｜提示｜**
>
> 如果要撤销设置的图片样式，可以在选择图片后，单击【图片工具】→【格式】选项卡下【调整】组中的【重设图片】按钮，在弹出的下拉列表中选择【重设图片】选项，即可取消图片样式的设置。

第6步 使用格式刷工具将设置的文字样式应用至其他文本中，即可完成对 SmartArt 图形的美化操作，效果如下图所示。

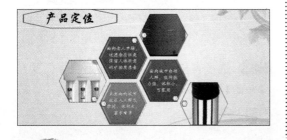

第7步 新建"仅标题"幻灯片页面，输入标题"推广理念"，并添加图形，制作完成的【推广理念】幻灯片页面效果如下图所示。

第8步 新建"仅标题"幻灯片页面，输入标题"推广渠道"，并添加图形，制作完成的【推广渠道】幻灯片页面效果如下图所示。

12.5 使用图表展示产品销售数据情况

在 PowerPoint 2016 中插入图表，可以使产品营销推广方案中要传达的信息更加简单明了。

12.5.1 插入图表

在产品营销推广方案中插入图表，丰富演示文稿的内容。具体操作步骤如下。

第1步 新建【仅标题】幻灯片页面，并在【标题】文本框中输入"推广时间及安排"文本，根据需要调整字体的位置。

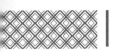
第2步 单击【插入】选项卡下【表格】组中的【表格】按钮，在弹出的下拉列表中选择【插入表格】选项。

第3步 弹出【插入表格】对话框，设置【列数】为"5"，【行数】为"5"，单击【确定】按钮。

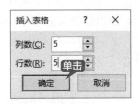

第4步 即可在幻灯片中插入表格，将鼠标光标放在表格上，按住鼠标左键并拖曳鼠标，即可调整表格的位置，拖曳至合适位置处释放鼠标左键，即可调整图表的位置。

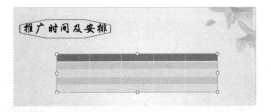

第5步 打开随书光盘中的"素材\ch12\推广时间及安排.txt"文件，根据其内容在表格中输入相应的文本，即可完成表格的创建。

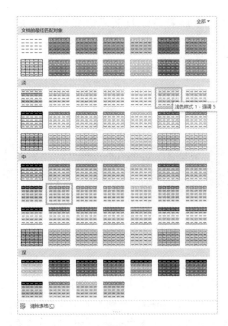

第6步 选择表格，单击【表格工具】→【设计】选项卡下【表格样式】组中的【其他】按钮，在弹出的下拉列表中选择一种表格样式。

第7步 即可改变表格的样式，效果如下图所示。

第8步 选择表格内的文字，然后根据需要在【开始】选项卡下设置表格文本的样式，效果如下图所示。

插入图表及形状的操作步骤如下。

第1步 新建【仅标题】幻灯片页面，并设置标题为"效果预期"。插入5列4行的表格，并调整表格的位置。然后输入"素材\ch12\效果预期.txt"文件中的内容并根据需要设置表格样式，效果如下图所示。

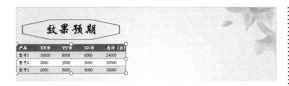

第2步 单击【插入】选项卡下【插图】组中的【图表】按钮。

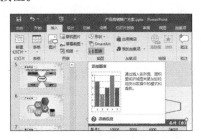

第3步 弹出【插入图表】对话框,在【所有图表】选项卡下选择【柱形图】选项,在右侧选择【簇状柱形图】选项,单击【确定】按钮。

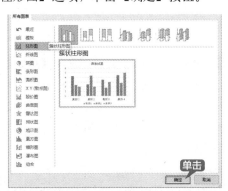

第4步 即可在幻灯片中插入图表,并打开【Microsoft PowerPoint中的图表】工作表,在工作表中,根据插入的表格输入相关的数据。

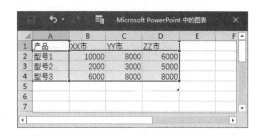

第5步 关闭【Microsoft PowerPoint中的图表】工作表,即可完成插入图表的操作。

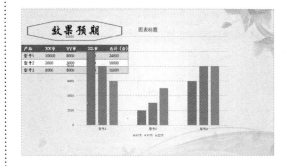

12.5.2 编辑图表

插入图表之后,可以根据需要编辑图表。具体操作步骤如下。

第1步 选择创建的图表,单击【图表工具】→【设计】选项卡下【图表布局】组中的【添加图表元素】按钮,在弹出的下拉列表中选择【数据标签】→【数据标签外】菜单命令。

第2步 即可在图表中添加数据标签,效果如下图所示。

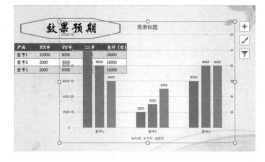

第3步 单击【图表工具】→【设计】选项卡下【图表布局】组中的【添加图表元素】按钮,在

弹出的下拉列表中选择【数据表】→【显示图例项标示】菜单命令。

第4步 即可在图表中添加数据表，效果如下图所示。

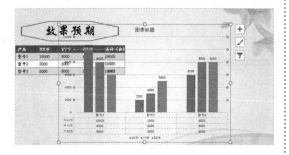

更改图表类型、大小及效果图如下。

第1步 选择图表【标题】文本框，删除文本框的内容，并输入"效果预期"文本。

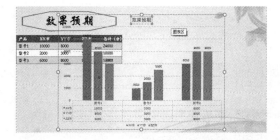

第2步 此外，用户也可以根据需要改变图表的类型，单击【图标工具】→【设计】选项卡下【设计】组中的【更改图表类型】按钮。

第3步 在弹出的【更改图表类型】对话框中选择要更改的图表类型。例如选择【折线图】组中的【折线图】选项，单击【确定】按钮。

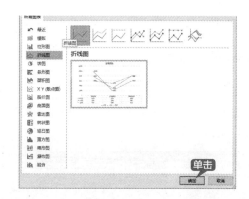

第4步 即可将簇状柱形图表更改为折线图图表类型，效果如下图所示。

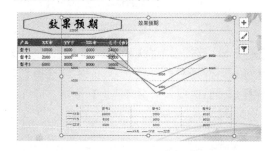

第5步 再次将图表的类型更改为【簇状柱形图】类型，选择插入的图表，将鼠标光标放置在四周的控制点上，按住鼠标左键并拖曳鼠标，至合适大小后释放鼠标左键即可更改图表的大小。

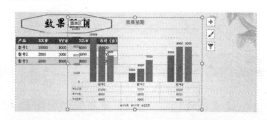

第6步 选择插入的图表，将鼠标光标放置在图表上，按住鼠标左键并拖曳鼠标至合适的位置，释放鼠标左键即可完成移动图表的操作。编辑图表后的效果如下图所示。

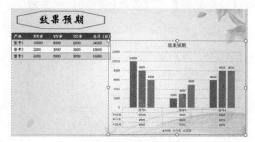

12.5.3 美化图表

编辑图表之后，用户可以根据需要美化图表。具体操作步骤如下。

第1步 选择创建的图表，单击【图表工具】→【设计】选项卡下【图表样式】组中的【更改颜色】按钮，在弹出的下拉列表中，根据需要选择颜色，这里单击【颜色3】选项。

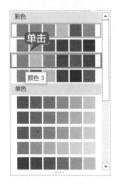

第2步 即可更改图表的颜色，效果如下图所示。

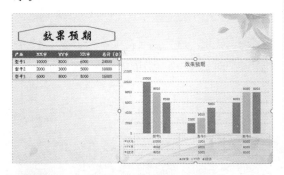

第3步 单击【图表工具】→【设计】选项卡下【图表样式】组中的【其他】按钮，在弹出的下拉列表中选择【样式14】选项。

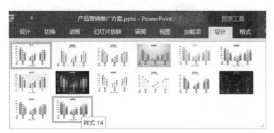

第4步 即可更改图表的样式，效果如下图所示。

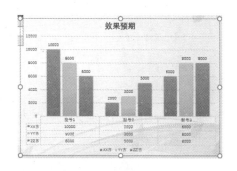

第5步 选择图表，单击【图表工具】→【格式】选项卡下【形状样式】组中的【形状填充】按钮 ◇形状填充▾ 的下拉按钮，在弹出的下拉列表中选择【蓝色，个性色5，淡色80%】选项。

第6步 即可完成更改图表形状填充的操作，效果如下图所示。

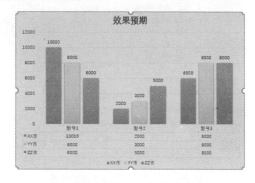

设置字体以及样式等效果图如下。

第1步 选择【图表标题】文本，单击【图表工具】→【格式】选项卡下【艺术字样式】组中的【快速样式】按钮，在弹出的下拉列表中选择一种艺术字样式。

第2步 即可更改图表标题的艺术字样式，效果如下图所示。

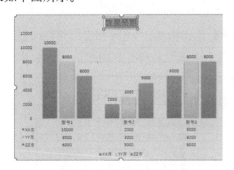

第3步 选择【图表标题】文本，单击【图表工具】→【格式】选项卡下【艺术字样式】组中的【文本填充】按钮 ▲ 文本填充▾ 右侧的下拉按钮，在弹出的下拉列表中选择一种颜色。

第4步 即可完成美化图表操作，最终效果如下图所示。

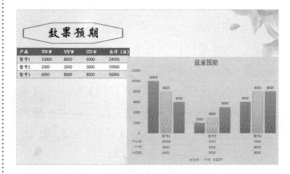

第5步 制作结束幻灯片页面，插入【标题】幻灯片页面后，删除幻灯片中的文本占位符。选择并插入一种艺术字样式，输入"谢谢欣赏！"文本，并根据需要设置字体样式，结束页面效果如下图所示。

第6步 至此，就完成了产品推广方案PPT的制作，最终效果如下图所示。

举一反三

设计企业发展战略 PPT

与产品营销推广方案类似的演示文稿还有设计企业发展战略PPT、个人述职报告、设计公司管理培训PPT等。设计这类演示文稿时，都要做到内容客观、重点突出、气氛相融，便于领导更好地阅览方案的内容。下面就以设计企业发展战略PPT为例进行介绍。具体操作步骤如下。

1. 设计幻灯片母版

新建空白演示文稿并进行保存，自定义母版模板。

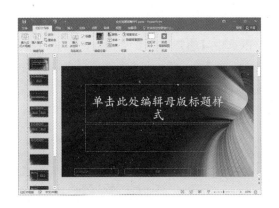

2. 绘制和编辑图形

在幻灯片中插入自选图形并为图形填充颜色，在图形上添加文字，对图形进行排列。

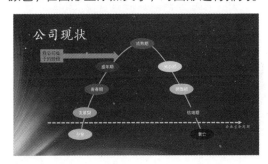

3. 插入和编辑 SmartArt 图形

插入 SmartArt 图形，并进行编辑与美化。

4. 插入图表

在企业发展战略幻灯片中插入图表，并进行编辑与美化。

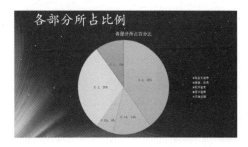

◇ 巧用【Ctrl】和【Shift】键绘制图形

在 PowerPoint 中使用【Ctrl】键与【Shift】键可以方便地绘制图形。具体操作方法如下。

第1步 在绘制长方形、加号、椭圆等具有重心的图形时，同时按住【Ctrl】键，图形会以重心为基点进行变化。如果不按住【Ctrl】键，会以某一边为基点变化。

第2步 在绘制正方形、圆形、正三角形、正十字等中心对称的图形时，按住【Shift】键，可以使图形等比绘制。

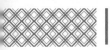

◇ 为幻灯片添加动作按钮

在幻灯片中适当地添加动作按钮，可以方便地对幻灯片的播放进行操作。具体操作步骤如下。

第1步 单击【插入】选项卡下【插图】组中的【形状】按钮。在弹出的下拉列表中选择【动作按钮：第1张】图形。

第2步 在最后一张幻灯片页面中绘制选择动作按钮自选图形。

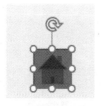

第3步 绘制完成，弹出【操作设置】对话框，单击选中【超链接到】复选框，在其下拉列表中选择【第一张幻灯片】选项，单击【确定】按钮。完成动作按钮的添加。

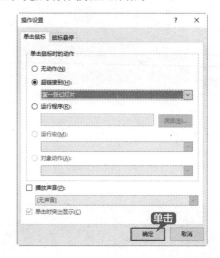

第4步 放映幻灯片至最后一页时，单击添加的动作按钮即可快速返回第一张幻灯片页面。

第13章

动画和多媒体的应用

📖 本章导读

　　动画和多媒体室演示文稿的重要元素，在制作演示文稿的过程中，适当地加入动画和多媒体可以使演示文稿变得更加精彩。演示文稿提供了多种动画样式，支持对动画效果和视频的自定义播放。本章就以制作 ×× 公司宣传 PPT 为例演示动画和多媒体在演示文稿中的应用。

✈ 思维导图

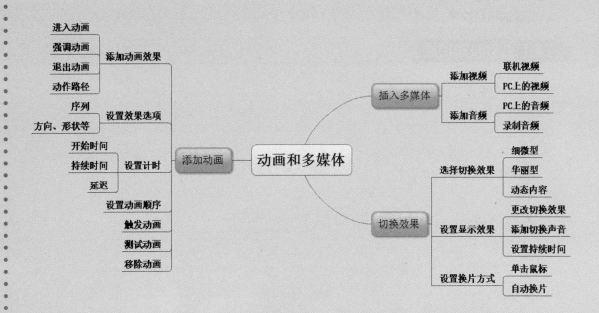

13.1 公司宣传 PPT

公司宣传 PPT 是为了对公司进行更好地宣传而制作的宣传材料，PPT 的好坏关系到了公司的形象和宣传效果，因此应注重每张幻灯片中的细节处理。在特定的页面加入合适的过渡动画，会使幻灯片更加生动；也可为幻灯片加入视频等多媒体素材，以达到更好的宣传效果。

实例名称：公司宣传 PPT

实例目的：达到更好的宣传效果

	素材	素材 \ch13\XX 公司宣传 PPT
	结果	结果 \ch13\XX 公司宣传 PPT
	录像	视频教学录像 \13 第 13 章

13.1.1 案例概述

公司宣传 PPT 共包含了公司简介、公司员工组成、设计理念、公司精神、公司文化几个主题，分别对公司各个方面进行介绍。公司宣传 PPT 是公司的宣传文件，代表了公司的形象，因此，对公司宣传 PPT 的制作应该美观大方，观点明确。

13.1.2 设计思路

XX 公司宣传 PPT 的设计可以参照下面的思路。
① 设计 PPT 封面。
② 设计 PPT 目录页。
③ 为内容过渡页添加过渡动画。
④ 为内容添加动画。
⑤ 插入多媒体。
⑥ 添加切换效果。

13.1.3 涉及知识点

本案例主要涉及以下知识点。
① 幻灯片的插入。
② 动画的使用。
③ 在幻灯片中插入多媒体文件。
④ 为幻灯片添加切换效果。

13.2 设计企业宣传 PPT 封面页

企业宣传 PPT 的一个重要部分就是封面，封面的内容包括 PPT 的名称和制作单位等，具体操作步骤如下。

第1步 打开随书光盘中的"素材 \ch13\ × × 公司宣传 PPT.pptx"演示文稿。将鼠标光标放置在幻灯片窗格最上方，单击【开始】选项卡下【幻灯片】组中的【新建幻灯片】的下拉按钮，在弹出的下拉列表中选择【标题幻灯片】样式。

第2步 即可新建一张幻灯片页面，在新建的幻灯片内的标题文本框内输入"× × 公司宣传 PPT"文本。

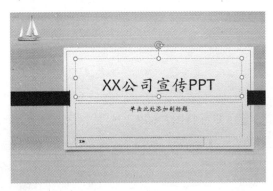

第3步 选中输入的文字，在【开始】选项卡下【字体】组中设置【字体】为"楷体"，【字号】为"48"，并单击【文字阴影】按钮 S 为文字添加阴影效果。

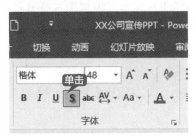

第4步 单击【开始】选项卡下【字体】组中【字体颜色】按钮的下拉按钮，在弹出的下拉按钮中选择【水绿色，个性色1】选项。

第5步 即可完成对标题文本的样式设置，效果如下图所示。

> **提示**
>
> 标题文本也可以选用艺术字，艺术字与普通文字相比，有更多的颜色和形状可以选择，表现形式多样化。

第6步 在副标题文本框内输入"公司宣传部"，并设置文字的【字体】为"楷体"，【字号】为"20"，【字体颜色】为"黑色"，并添加"文字阴影"效果，删除"页脚"占位符，制作完成的封面页效果如下图所示。

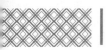
13.3 设计企业宣传 PPT 目录页

在为演示文稿添加完封面之后，需要为其添加目录页，具体操作步骤如下。

第1步 选中第1张幻灯片页，单击【开始】选项卡下【幻灯片】组中的【新建幻灯片】按钮的下拉按钮，在弹出的下拉列表中选择"仅标题"样式。

第2步 即可添加一张新的幻灯片，如图所示。

第3步 在幻灯片中的文本框内输入"目录"文本，并设置【字体】为"宋体"，【字号】为"36"，效果如图所示。

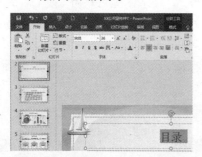

第4步 单击【插入】选项卡下【图像】组中的【图片】按钮。

第5步 在弹出的【插入图片】对话框中选择随书光盘中的"素材\ch013\图片1"图片，单击【插入】按钮。

第6步 即可将图片插入幻灯片，适当调整图片大小，效果如下图所示。

调整图片位置、设置图片样式及字体的格式如下。

第1步 单击【插入】选项卡下【文本】组中的【文本框】按钮，在图片上绘制文本框，并在文本框内输入"1"，设置【字体颜色】为"白色"，【字号】为"16"，并调整至图片中间位置，效果如图所示。

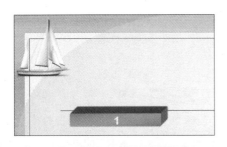

第2步 同时选中图片和数字，单击【格式】选项卡下【排列】组中的【组合】按钮 组合，在弹出的下拉列表中选择【组合】选项。

| 提示 |

组合功能可将图片和数字组合在一起，再次拖动图片，数字会随图片的移动而移动。

第3步 单击【插入】选项卡下【插图】组中的【形状】按钮，在弹出的下拉列表中选择【矩形】组中的【矩形】形状。

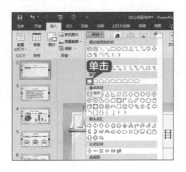

第4步 按住鼠标左键拖曳光标在幻灯片中插入矩形形状，效果如图所示。

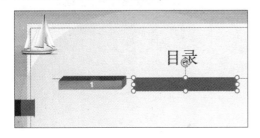

第5步 单击【格式】选项卡下【形状样式】组中的【形状轮廓】按钮，在弹出的下拉列表中选择【无轮廓】选项。

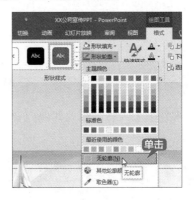

第6步 选中形状，在【格式】选项卡下【大小】组中设置形状的【高度】为"0.8厘米"，【宽度】为"11厘米"。然后根据需要设置形状格式，效果如下图所示。

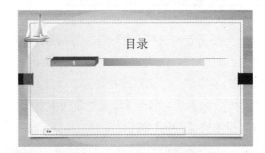

第7步 选中形状，单击鼠标右键，在弹出的快捷菜单中选择【编辑文字】选项。

第8步 在形状中输入"公司简介"文字，并设置文字【字体】为"宋体"，字号为"16"，【字体颜色】为"蓝色"，【对齐方式】设置为"居中对齐"，将图片置于形状上层，并组合图形，效果如下图所示。

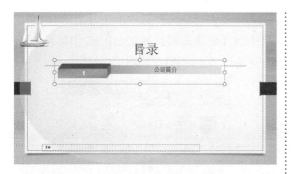

第9步 重复上面的操作输入其他内容，目录

页最终效果如下图所示。

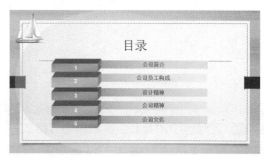

13.4 为内容过渡页添加动画

为内容过渡页添加动画可以使幻灯片内容的切换显得更加醒目，在公司宣传 PPT 中，为内容过渡页面添加动画可以使演示文稿更加生动，起到更好的宣传效果。

13.4.1 为文字添加动画

为公司宣传 PPT 的封面标题添加动画效果，可以使封面更加生动，具体操作步骤如下。

第1步 单击第 1 张幻灯片中的 "×× 公司宣传 PPT" 文本框，单击【动画】选项卡下【动画】组中的【其他】按钮。

第2步 在弹出的下拉列表中选择【进入】组中的 "飞入" 样式。

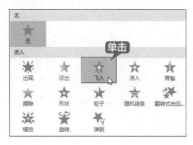

第3步 即可为文字添加飞入动画效果，文本框左上角会显示一个动画标记，效果如下图所示。

第4步 单击【动画】选项组中的【效果选项】按钮，在弹出的下拉列表中选择【自左下部】选项。

第5步 在【计时】选项组中选择【开始】下拉列表中的"上一动画之后"选项,【持续时间】设置为"02.75",【延迟】设置为"00.50"。

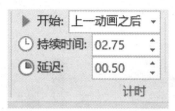

第6步 使用同样的方法对副标题设置"飞入"动画效果,【效果选项】设置为"自右下部",【开

始】设置为"上一动画之后",【持续时间】设置为"01.00",【延迟】设置为"00.00"。

13.4.2 为图片添加动画

同样可以对图片添加动画效果,使图片更加醒目,具体操作步骤如下。

第1步 选择第 2 张幻灯片,选中组合后的第一个图形。

第2步 单击【格式】选项卡下【排列】组中的【组合对象】按钮,在弹出的下拉列表中选择【取消组合】选项。

第3步 分别为图片和形状添加"随即线条"动画效果,效果如图所示。

第4步 使用上述方法,为其余目录内容添加"随机线条"动画效果,最终效果如图所示。

| 提示 |

对于需要设置同样动画效果的部分,可以使用动画刷工具快速复制动画效果。

13.5 为内容页添加动画

幻灯片页面中除了文字和图片外,还通常包含有图表、SmartArt 图形等内容,还可以为幻灯片中的内容添加自定义动作路径。下面介绍在公司宣传 PPT 中为内容页添加动画的方法。

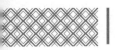
13.5.1 为图表添加动画

除了对文本添加动画，还可以对幻灯片中的图表添加动画效果，具体操作步骤如下。

第1步 选择第3张幻灯片，为公司简介内容添加【飞入】动画效果，并设置【效果选项】为"按段落"，为每个段落添加动画效果，如下图所示。

第2步 选择第4张幻灯片，选中年龄组成图表。

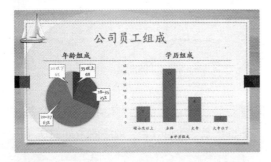

第3步 在【动画】选项卡下【动画】组中为图表添加"轮子"动画效果，然后单击【动画】选项组中的【效果选项】按钮，在弹出的下拉列表中选择【按类别】选项。

第4步 即可对图表中每个类别添加动画效果，效果如下图所示。

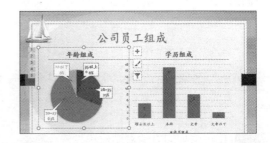

第5步 选中"学历组成"图表，为图表添加"飞入"动画效果，单击【效果选项】按钮，在弹出的下拉列表中选择【按类别】选项。

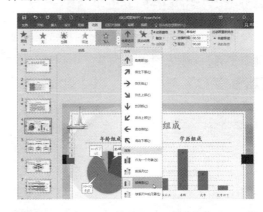

第6步 即可对图表中每个类别添加动画效果，效果如图所示。

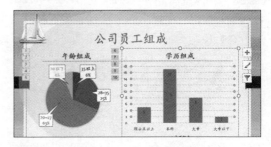

第7步 在【计时】选项组中设置【开始】为"单击时"，【持续时间】为"01.00"，【延迟】为"00.50"。

第8步 选择第5张幻灯片，为幻灯片中的图

形添加"飞入"效果，最终效果如下图所示。

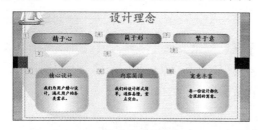

13.5.2 为 SmartArt 图形添加动画

为 SmartArt 图形添加动画效果可以使图形更加突出，更好地表达图形要表述的意义。具体操作步骤如下。

第1步 选择第 6 张幻灯片，选择"诚信"文本及图形，单击【格式】选项卡下【排列】组中的【组合】按钮，在弹出的下拉列表中选择【组合】选项，将图形和文本组合在一起。

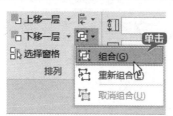

第2步 组合完成之后，为组合后的图形添加"飞入"动画效果，效果如下图所示。

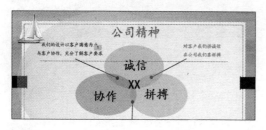

第3步 使用同样的方法组合其余图形和文字，并为图形添加"飞入"动画效果。

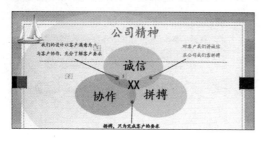

第4步 选中"我们的设计以客户满意为止，与客户协作，充分了解客户要求"文本和连接线。

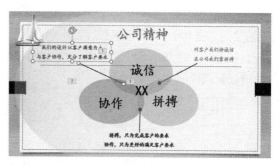

第5步 单击【动画】选择组内的"飞入"效果，为文字添加动画效果，结果如下图所示。

第6步 使用同样的方法为其余文本和线段添加"飞入"动画效果，最终效果如下图所示。

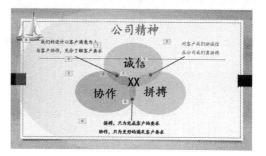

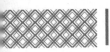
13.5.3 添加动作路径

除了对PPT应用动画样式外，还可以为PPT添加动作路径，具体操作步骤如下。

第1步 选择第7张幻灯片，选择公司使命包含的文本和图形。

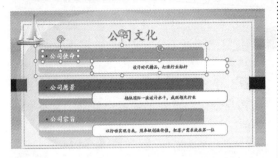

第2步 单击【动画】选项卡下【动画】组中的【其他】按钮，在弹出的下拉列表中选择【动作路径】组内的"转弯"样式。

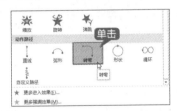

第3步 即可为所选图形和文字添加动作路径，效果如下图所示。

第4步 单击【动画】选项组中的【效果选项】按钮，在弹出的下拉列表中选择"上"选项。

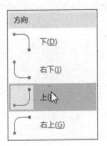

第5步 如果要反转路径方向，可以单击【效果选项】按钮，在弹出的下拉列表中选择"反转路径方向"选项。

第6步 完成自定义动作路径动画的操作，效果如下图所示。

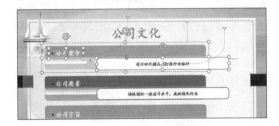

第7步 将公司愿景和公司宗旨的图形及关联文字分别组合，效果如下图所示。

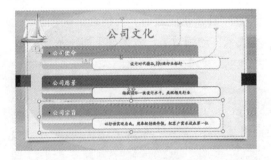

设置动作路径动画图形如下。

第1步 选中设置动作路径动画的图形，双击【动画】选项卡下【高级动画】组中的【动画刷】按钮 ★ 动画刷，复制动画。

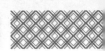
第2步 分别单击组合后的公司愿景和公司宗旨图形，应用复制后的动画效果。

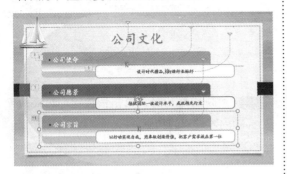

第3步 根据需要为其他幻灯片页面中的文本添加动画效果，完成为公司宣传PPT添加动画的操作。

13.6 设置添加的动画

为公司宣传PPT中的幻灯片添加动画效果之后，还可以根据需要设置添加的动画，以达到最好的播放效果。

13.6.1 触发动画

在幻灯片中设置触发动画可以是用户根据需要控制动画的播放。设置触发动画的具体操作步骤如下。

> **提示**
>
> 触发器动画是PPT中的一项功能，它可以将一个图片、图形、按钮，甚至可以是一个段落或文本框设置为触发器，单击该触发器时会触发一个操作，该操作可能是声音、电影或动画。

第1步 选择第1张幻灯片页面，选中标题文本框。

第2步 单击【格式】选项卡下【插入形状】组内的【其他】按钮，在弹出的下拉按钮中选择【动作按钮】组中的"开始"动作按钮。

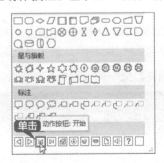

第3步 在幻灯片页面的适当位置绘制【开始】按钮。

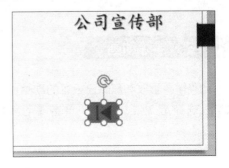

第4步 绘制完成，弹出【操作设置】对话框，选择【单击鼠标】选项卡，选中【无动作】单选按钮，单击【确定】按钮。

第6步 放映幻灯片时，单击该按钮即可播放为标题内容设置的动画。

第5步 选择标题文本框，单击【动画】选项卡下【高级动画】组中的【触发】按钮 触发，在弹出的下拉选项列表中选择【单击】→【动作按钮：开始4】选项。

13.6.2 测试动画

动画效果设置完成之后，可以预览测试，以检查动画的播放效果，测试动画的具体操作步骤如下。

第1步 选择要测试动画的幻灯片页面，这里选择第2张幻灯片页面，单击【动画】选项卡下【预览】组中的【预览】按钮。

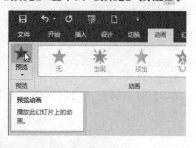

第2步 即可预览添加动画，效果如下图所示。

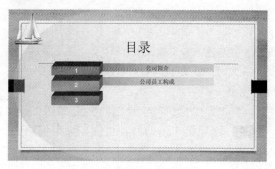

13.6.3 移除动画

如果需要更改和删除已设置的动画，可以使用下面的方法，具体操作步骤如下。

第1步 选择第2张幻灯片，单击【动画】选项卡下【高级动画】组中的【动画窗格】按钮 动画窗格。

第2步 弹出【动画窗格】窗格，可以在窗格中看到幻灯片页面中添加的动画列表。

第3步 选择"组合 33"选项并单击鼠标右键，在弹出的快捷菜单中选择【删除】选项。

第4步 即可将"组合 33"动画删除，效果如下图所示。

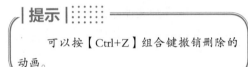

> **提示**
>
> 可以按【Ctrl+Z】组合键撤销删除的动画。

13.7 插入多媒体

在演示文稿中可以插入多媒体文件，例如声音或者视频。在公司宣传 PPT 中添加多媒体文件可以使 PPT 文件内容更加丰富，起到更好的宣传效果。

13.7.1 添加公司宣传视频

可以在 PPT 中添加公司的宣传视频，具体操作步骤如下。

第1步 选择第 3 张幻灯片，选中公司简介内容文本框，适当调整文本框的位置和大小，效果如下图所示。

第2步 单击【插入】选项卡下【媒体】组中的【视频】按钮，在弹出的下拉列表中选择【PC 上的视频】选项。

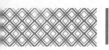
第3步 弹出【插入视频文件】对话框，选择随书光盘中的"素材\ch13\宣传视频.wmv"文件，单击【插入】按钮。

提示

调整视频大小及位置的操作与调整图片类似，这里不再赘述。

第4步 即可将视频插入幻灯片中，适当调整视频窗口大小和位置，效果如下图所示。

13.7.2 添加背景音乐

除了插入视频文件外，还可以在幻灯片页面中添加声音文件，添加背景音乐的具体操作步骤如下。

第1步 选择第2张幻灯片页面，单击【插入】选项卡下【媒体】组中的【音频】按钮，在弹出的下拉列表中选择【PC上的音频】选项。

第2步 弹出【插入音频】对话框，选择随书光盘中的"素材\ch13\声音.mp3"文件，

单击【确定】按钮。

第3步 即可将音频文件添加至幻灯片中，产生一个音频标志，适当调整标记位置，效果如下图所示。

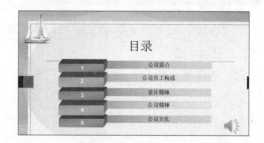

13.8 为幻灯片添加切换效果

在幻灯片中添加幻灯片切换效果可以使切换幻灯片显得更加自然，使幻灯片各个主题的切换更加流畅。

13.8.1 添加切换效果

在 XX 公司宣传 PPT 各张幻灯片之间添加切换效果的具体操作步骤如下。

第1步 选择第 1 张幻灯片，单击【切换】选项卡下【切换到此幻灯片】组中的【其他】按钮，在弹出的下拉列表中选择【华丽型】组中的【百叶窗】样式。

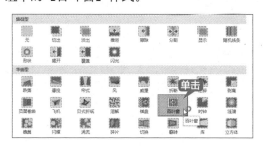

第2步 即可为第 1 张幻灯片添加"百叶窗"切换效果，效果如下图所示。

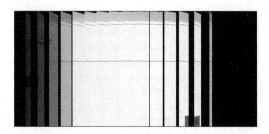

第3步 使用同样的方法可以为其他幻灯片页面添加切换效果。

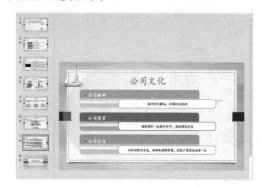

> **提示**
>
> 如果要将设置的切换效果应用至所有幻灯片页面，可以单击【切换】选项卡下【计时】组中的【全部应用】按钮。

13.8.2 设置显示效果

对幻灯片添加切换效果之后，可以更改其显示效果，具体操作步骤如下。

第1步 选择第 1 张幻灯片，单击【切换】选项卡下【切换到此幻灯片】组中的【效果选项】按钮，在弹出的下拉列表中选择【水平】选项。

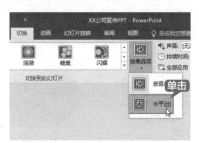

第2步 单击【计时】选项组中的【声音】下拉按钮，在弹出的下拉列表中选择"风铃"声音样式，在【持续时间】微调框中将持续时间设置为"01.00"，即可完成设置显示效果的操作。

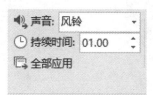

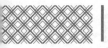

13.8.3 设置换片方式

对于设置了切换效果的幻灯片，可以设置幻灯片的切片方式，具体操作步骤如下。

第1步 选中【切换】选项卡下【计时】组中的【单击鼠标时】复选框和【设置自动换片时间】复选框，在【设置自动换片时间】微调框中设置自动切换时间为"01.10.00"。

第2步 单击【切换】选项卡下【计时】组中的【全部应用】按钮 🗔 全部应用 ，即可将设置的显示效果和切换效果应用到所有幻灯片。

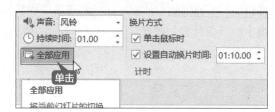

> **提示** ┊┊┊┊┊┊
>
> 选中【单击鼠标时】复选框则在单击鼠标时执行换片操作。
>
> 选中【设置自动换片时间】复选框并设置换片时间，则在经过设置的换片时间后自动换片，同时选中这两个复选框，单击鼠标时将执行换片操作，否则经过设置的换片时间将自动换片。

设计产品宣传展示 PPT

产品宣传展示 PPT 的制作和 ×× 公司宣传 PPT 的制作有很多相似之处，主要是对动画和对切换效果的应用，制作产品宣传展示 PPT 可以按照以下思路进行。

1. 为幻灯片添加封面

为产品宣传展示 PPT 添加封面，在封面输入产品宣传展示的主题和其他信息。

2. 为幻灯片中的图片添加动画效果

为幻灯片中的图片添加动画效果，使产品的展示更加引人注目，起到更好的展示效果。

3. 为幻灯片中的文字添加动画效果

为幻灯片中的文字添加动画效果，文字作为幻灯片中的重要元素，使用合适的动画效果可以使文字很好地和其余元素融合在一起。

4. 为幻灯片添加切换效果

根据需要为幻灯片添加切换效果。

◇ 使用格式刷快速复制动画效果

在幻灯片的制作中，如果需要对不同的部分使用相同的动画效果，可以先对一个部分设置动画效果，再使用格式刷工具将动画效果复制在其余部分。

第1步 打开随书光盘中的"素材\ch13\使用格式刷快速复制动画.pptx"文件。

第2步 选中红色圆形，单击【动画】选项卡下【动画】组中的【其他】按钮 ▼，在弹出的下拉列表中选择【进入】组中的"轮子"样式。

第3步 即可对选中形状添加"轮子"样式动画效果，选中添加完成动画的圆形，双击【动画】选项卡下【高级动画】组中的【动画刷】按钮 ★ 动画刷 。

第4步 鼠标光标变为刷子形状，单击其余圆形即可复制动画，复制完成，按【Esc】键取消格式刷。

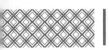
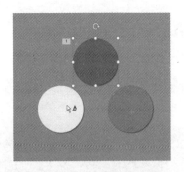

◇ 使用动画制作动态背景 PPT

在幻灯片的制作过程中，可以合理使用动画效果制作出动态的背景，具体操作步骤如下。

第1步 打开随书光盘中的"素材\ch13\动态背景.pptx"文件。

第2步 选择帆船图片，单击【动画】选项卡下【动画】组中的【其他】按钮▾，在弹出的【下拉列表】中选择【动作路径】组中的"自定义路径"选项。

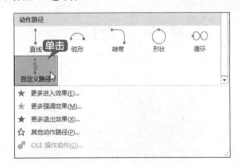

第3步 在幻灯片中绘制出如图所示的路径，按【Enter】键结束路径的绘制。

第4步 在【计时】选项组中设置【开始】为"与上一动画同时"，【持续时间】为"04.00"。

第5步 使用同样的方法分别为两只海鸥设置动作路径，设置大海鸥【开始】为"与上一动画同时"，【持续时间】为"02.00"，设置小海鸥【开始】为"与上一动画同时"，【持续时间】为"02.50"。

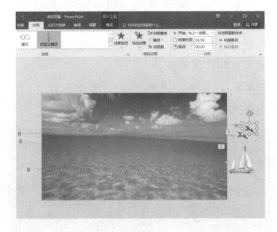

第6步 即可完成动态背景的制作，播放效果如下图所示。

第14章

放映幻灯片

🔘 本章导读

完成商务会议 PPT 设计制作后，需要放映幻灯片。放映前要做好准备工作，选择合适的 PPT 放映方式，并控制放映幻灯片的进度。如商务会议 PPT 的放映、论文答辩 PPT 的放映、产品营销推广方案、企业发展战略 PPT 等，使用 PowerPoint 2016 提供的排练计时、自定义幻灯片放映、放大幻灯片局部信息、使用画笔来做标记等操作，可以方便地放映幻灯片。

📡 思维导图

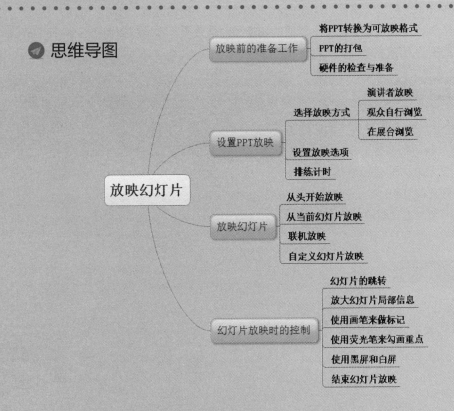

14.1 商务会议 PPT 的放映

放映商务会议 PPT 时要做到简洁清楚、重点明了，便于公众快速地接收 PPT 中的信息。

实例名称：放映商务会议 PPT	
实例目的：便于公众快速地接收 PPT 中的信息	
素材	素材 \ch14\ 商务会议 PPT.pptx
结果	结果 \ch14\ 商务会议 PPT.pptx
录像	视频教学录像 \14 第 14 章

14.1.1 案例概述

放映商务会议 PPT 时，需要注意以下几点。

1. 简洁

① 放映 PPT 时要简洁流畅，并使 PPT 中的文件打包保存，避免资料丢失。

② 选择合适的放映方式，可以预先进行排练计时。

2. 重点明了

① 在放映幻灯片时，对重点信息需要放大幻灯片局部进行播放。

② 重点信息可以使用画笔来进行注释，并可以选择荧光笔来进行区分。

③ 需要观众进行思考时，要使用黑屏或白屏来屏蔽幻灯片中的内容。

商务会议 PPT 放映过程中要避免过于华丽的切换和动画效果。本章就以商务会议 PPT 的放映为例介绍 PPT 放映的方法。

14.1.2 设计思路

放映商务会议 PPT 时可以按以下的思路进行。

① 做好 PPT 放映前的准备工作。

② 选择 PPT 的放映方式，并进行排练计时。

③ 自定义幻灯片的放映。

④ 使用画笔与荧光笔在幻灯片中添加注释。

⑤ 使用黑屏与白屏。

14.1.3 涉及知识点

本案例主要涉及以下知识点。

① 转换 PPT 的格式、打包 PPT。

② 设置 PPT 放映方式。

③ 放映幻灯片。

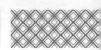

④ 控制幻灯片放映播放过程。

14.2 放映前的准备工作

在放映商务会议 PPT 之前，要做好准备工作，避免放映过程中出现意外。

14.2.1 将 PPT 转换为可放映格式

放映幻灯片之前可以将 PPT 直接生成以预览形式的可放映格式，这样就能直接打开放映文件，适合做演示使用，将 PPT 转换为可放映格式的具体操作步骤如下。

第1步 打开随书光盘中的"素材 \ch14\ 商务会议 PPT.pptx"文件，选择【文件】选项，在弹出的面板中选择【另存为】→【浏览】选项。

第2步 弹出【另存为】对话框，在【文件名】文本框中输入"商务会议 PPT"文本，选择【保存类型】文本框后的下拉按钮，在弹出的下拉列表中选择【PowerPoint 97−2003 放映（*.pps）】选项。

第3步 返回【另存为】对话框，单击【保存】按钮。

第4步 弹出【Microsoft PowerPoint 兼容性检查器】对话框，单击【继续】按钮。

第5步 即可将 PPT 转换为可放映的格式。

14.2.2 PPT 的打包

PPT 的打包是将 PPT 中独立的文件集成到一起，生成一种独立运行的文件，避免文件损坏或无法调用等问题。具体操作步骤如下。

第1步 单击【文件】选项卡，在弹出的面板中选择【导出】→【将演示文稿打包成 CD】→【打包成 CD】按钮。

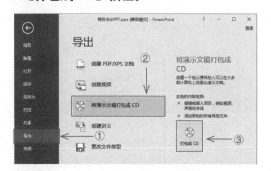

第2步 弹出【打包成 CD】对话框，在【将CD 命名为】文本框中为打包的 PPT 进行命名，并单击【复制到文件夹】按钮。

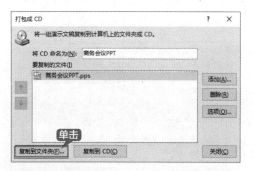

第3步 弹出【复制到文件夹】对话框，单击【浏览】按钮。

第4步 弹出【选择位置】对话框，选择保存的位置，单击【选择】按钮。

第5步 返回【复制到文件夹】对话框，单击【确定】按钮。

第6步 弹出【Microsoft PowerPoint】对话框，用户信任连接来源后可单击【是】按钮。

第7步 弹出【正在将文件复制到文件夹】对话框，开始复制文件。

第8步 复制完成后，即可打开【商务会议PPT】文件夹，完成对 PPT 的打包。

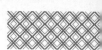

第9步 返回到【打包成 CD】对话框,单击【关闭】按钮,就完成了 PPT 打包的操作。

14.2.3 硬件的检查与准备

在商务会议 PPT 放映前,要检查计算机硬件,并进行播放的准备。

(1)硬件连接

大多数的台式计算机通常只有一个 VGA 信号输出口,所以可能要单独添加一个显卡,并正确配置才能正常使用,而目前的笔记本电脑均内置了多监视器支持。所以,要使用演示者视图,使用笔记本做演示会省事得多。在确定台式机或者笔记本可以多头输出信号的情况下,将外接显示设备的信号线正确连接到视频输出口上,并打开外接设备的电源就可以完成硬件连接了。

(2)软件安装

对于可以支持多显示输出的台式机或者笔记本来说,机器上的显卡驱动安装也是很重要的,如果电脑没有正确安装显卡驱动,则可能无法使用多头输出显示信号功能。所以,这种情况需要重新安装显卡的最新驱动。如果显卡的驱动正常,则不需要该步骤。

(3)输出设置

显卡驱动安装正确后,在任务栏的最右端显示图形控制图标,单击该图标,在弹出的显示设置的快捷菜单中执行【图形选项】→【输出至】→【扩展桌面】→【笔记本电脑 + 监视器】命令,就可以完成以笔记本屏幕作为主显示器,以外接显示设备作为辅助输出的设置。

14.3 设置 PPT 放映

用户可以对商务会议 PPT 的放映进行放映方式、排练计时等设置。具体操作步骤如下。

14.3.1 选择 PPT 的放映方式

在 PowerPoint 2016 中,演示文稿的放映方式包括演讲者放映、观众自行浏览和在展台浏览 3 种。

具体演示方式的设置可以通过单击【幻灯片放映】选项卡【设置】组中的【设置幻灯片放映】按钮,然后在弹出的【设置放映方式】对话框中进行放映类型、放映选项及换片方式等设置。

1. 演讲者放映

演示文稿放映方式中的演讲者放映方式是指由演讲者一边讲解一边放映幻灯片,此演示方式一般用于比较正式的场合,如专题讲座、学术报告等,在本案例中也使用演讲者放映的方式。将演示文稿的放映方式设置为演讲者放映的具体操作方法如下。

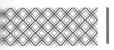

第1步 单击【幻灯片放映】选项卡下【设置】组中的【设置幻灯片放映】按钮。

第2步 弹出【设置放映方式】对话框，默认设置即为演讲者放映状态。

2. 观众自行浏览

观众自行浏览指由观众自己动手使用计算机观看幻灯片。如果希望让观众自己浏览多媒体幻灯片，可以将多媒体演讲的放映方式设置成观众自行浏览。

第1步 单击【幻灯片放映】选项卡下【设置】组中的【设置幻灯片放映】按钮，弹出【设置放映方式】对话框。在【放映类型】区域中单击选中【观众自行浏览（窗口）】单选按钮；在【放映幻灯片】区域中单击选中【从…到…】单选按钮，并在第2个文本框中输入"4"，设置从第1页到第4页的幻灯片放映方式为观众自行浏览。

第2步 单击【确定】按钮完成设置，按【F5】快捷键进行演示文稿的演示。这时可以看到，设置后的前4页幻灯片以窗口的形式出现，并且在最下方显示状态栏。

第3步 单击状态栏中的【普通视图】按钮，可以将演示文稿切换到普通视图状态。

> **提示**
>
> 单击状态栏中的【下一张】按钮和【上一张】按钮也可以切换幻灯片；单击状态栏右方的【幻灯片浏览】按钮，可以将演示文稿由普通状态切换到幻灯片浏览状态；单击状态栏右方的【阅读视图】按钮，可以将演示切换到阅读状态；单击状态栏右方的【幻灯片放映】按钮，可以将演示文稿切换到幻灯片浏览状态。

3. 在展台浏览

在展台浏览这一放映方式可以让多媒体幻灯片自动放映而不需要演讲者操作，例如放在展览会的产品展示等。

打开演示文稿后，在【幻灯片放映】选项卡的【设置】组中单击【设置幻灯片放映】按钮，在弹出的【设置放映方式】对话框的【放映类型】区域中单击选中【在展台浏览（全

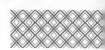

屏幕）】单选按钮，即可将演示方式设置为在展台浏览。

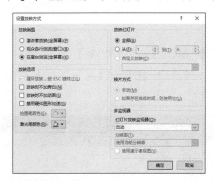

|提示|

可以将展台演示文稿设为当看完整个演示文稿或演示文稿保持闲置状态达到一段时间后，自动返回至演示文稿首页。这样，放映者就不需要一直守着展台了。

14.3.2 设置 PPT 放映选项

选择 PPT 的放映方式后，用户需要设置 PPT 的放映选项。具体操作步骤如下。

第1步 单击【幻灯片放映】选项卡下【设置】组中的【设置幻灯片放映】按钮。

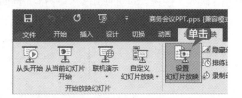

第2步 弹出【设置放映方式】对话框，单击选中【演讲者放映（全屏幕）】单选按钮。

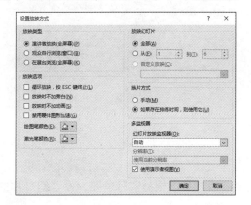

第3步 在【设置放映方式】对话框的【放映选项】区域单击选中【循环放映，按 Esc 键终止】复选框，可以在最后一张幻灯片放映结束后自动返回到第一张幻灯片重复放映，直到按【Esc】键才能结束放映。

第4步 在【换片方式】区域中单击选中【手动】单选按钮，设置演示过程中的换片方式为手动。可以取消使用排练计时。

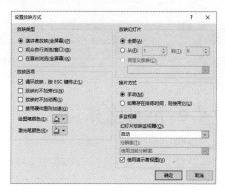

|提示|

单击选中【放映时不加旁白】复选框，表示在放映时不播放在幻灯片中添加的声音。单击选中【放映时不加动画】复选框，表示在放映时设定的动画效果将被屏蔽。

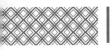
14.3.3 排练计时

用户可以通过排练计时为每张幻灯片确定适当的放映时间，可以更好地实现自动放映幻灯片。具体操作步骤如下。

第1步 单击【幻灯片放映】选项卡下【设置】组中的【排练计时】按钮。

第2步 按【F5】键，放映幻灯片时，左上角会出现【录制】对话框，在【录制】对话框内可以设置暂停、继续等操作。

第3步 幻灯片播放完成后，弹出【Microsoft PowerPoint】对话框，单击【是】按钮，即可保存幻灯片计时。

第4步 单击【幻灯片放映】选项卡下【开始放映幻灯片】组中的【从头开始】按钮，即可播放幻灯片。

第5步 若幻灯片不能自动放映，单击【幻灯片放映】选项卡下【设置】组中的【设置幻灯片放映】按钮，弹出【设置放映方式】对话框，在【换片方式】区域中单击选中【如果存在排练时间，则使用它】单选按钮，并单击【确定】按钮，即可使用幻灯片排练计时。

14.4 放映幻灯片

默认情况下，幻灯片的放映方式为普通手动放映。用户可以根据实际需要，设置幻灯片的放映方法，如从头开始放映、从当前幻灯片开始放映、联机放映等。

14.4.1 从头开始放映

放映幻灯片一般是从头开始放映的，从头开始放映幻灯片的具体操作步骤如下。

第1步 在【幻灯片放映】选项卡的【开始放映幻灯片】组中单击【从头开始】按钮或按【F5】键。

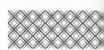
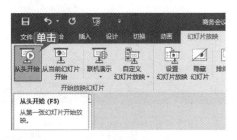

第2步 系统将从头开始播放幻灯片。由于设置了排练计时，所以会按照排练计时时间自动播放幻灯片。

│提示│∷∷∷∷∷

　　若幻灯片中没有设置排练计时，则单击鼠标、按【Enter】键或空格键均可切换到下一张幻灯片。按键盘上的方向键也可以向上或向下切换幻灯片。

14.4.2 从当前幻灯片开始放映

在放映幻灯片时可以从选定的当前幻灯片开始放映，具体操作步骤如下。

第1步 选中第2张幻灯片，在【幻灯片放映】选项卡的【开始放映幻灯片】组中单击【从当前幻灯片开始】按钮或按【Shift+F5】快捷键。

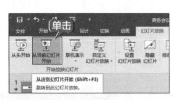

第2步 系统将从当前幻灯片开始播放幻灯片。按【Enter】键或空格键可以切换到下一张幻灯片。

14.4.3 联机放映

PowerPoint 2016新增了联机演示功能，只要在连接有网络的条件下，就可以在没有安装 PowerPoint 的电脑上放映演示文稿，具体操作步骤如下。

第1步 单击【幻灯片放映】选项卡下【开始放映幻灯片】选项组中的【联机演示】按钮的下拉按钮，在弹出的下拉列表中单击【Office 演示文稿服务】选项。

第2步 弹出【联机演示】对话框，单击【连接】按钮。

第3步 弹出【登录】对话框，在文本框内输入电子邮件地址，并单击【下一步】按钮。

第4步 在弹出界面的【密码】文本框中输入密码，单击【登录】按钮。

第5步 弹出【联机演示】对话框，单击【复制链接】选项，复制文本框中的链接地址，将其共享给远程查看者，待查看者打开该链接后，单击【启动演示文稿】按钮。

14.4.4 自定义幻灯片放映

利用 PowerPoint 的【自定义幻灯片放映】功能，可以为幻灯片设置多种自定义放映方式，具体操作步骤如下。

第1步 在【幻灯片放映】选项卡的【开始放映幻灯片】组中单击【自定义幻灯片放映】按钮，在弹出的下拉菜单中选择【自定义放映】菜单命令。

第6步 此时即可开始放映幻灯片，远程查看者可在浏览器中同时查看播放的幻灯片。

第7步 放映结束后，单击【联机演示】选项卡下【联机演示】组中的【结束联机演示】按钮。

第8步 弹出【Microsoft PowerPoint】对话框，单击【结束联机演示文稿】按钮。即可结束联机放映。

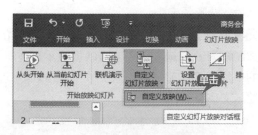

第2步 弹出【自定义放映】对话框，单击【新建】按钮。

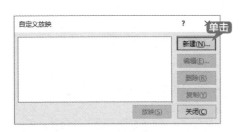

第3步 弹出【定义自定义放映】对话框。在【在演示文稿中的幻灯片】列表框中选择需要放映的幻灯片，然后单击【添加】按钮即可将选中的幻灯片添加到【在自定义放映中的幻灯片】列表框中。

第4步 单击【确定】按钮，返回【自定义放映】对话框，单击【放映】按钮。

第5步 即可从选中的页码开始放映。

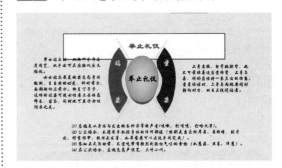

14.5 幻灯片放映时的控制

在商务会议 PPT 的放映过程中，可以控制幻灯片的跳转、放大幻灯片局部信息、为幻灯片添加注释等。

14.5.1 幻灯片的跳转

在播放幻灯片的过程中需要幻灯片的跳转，但又要保持逻辑上的关系。具体操作步骤如下。

第1步 选择目录幻灯片页面，将鼠标光标放置在【3.接待礼仪】文本框内，单击鼠标右键，在弹出的快捷菜单中选择【超链接】菜单命令。

第2步 弹出【插入超链接】对话框，在【链接到】区域可以选择连接的文件位置，这里选择【本文档中的位置】选项，在【请选择文档中的位置】区域选择【5.接待礼仪】幻灯片页面，单击【确定】按钮。

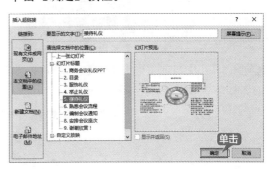

第3步 即可在【目录】幻灯片页面插入超链接。

第4步 单击【幻灯片放映】选项卡下【开始放映幻灯片】组中的【从当前幻灯片开始】按钮,从【目录】页面开始播放幻灯片。

第5步 在幻灯片播放时,单击【安排会议座次】超链接。

第6步 幻灯片即可跳转至超链接的幻灯片并继续播放。

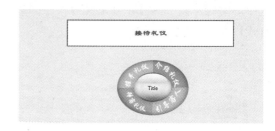

14.5.2 放大幻灯片局部信息

在商务会议 PPT 放映过程中,可以放大幻灯片的局部,强调重点内容。具体操作步骤如下。

第1步 选择【举止礼仪】幻灯片页面,在【幻灯片放映】选项卡的【开始放映幻灯片】组中单击【从当前幻灯片开始】按钮。

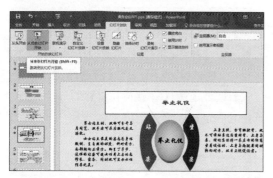

第2步 即可从当前页面开始播放幻灯片,单击屏幕左下角的【放大镜】按钮。

第3步 当鼠标指针变为放大镜图标,周围是一个矩形的白色区域,其余的部分则变成灰色,矩形所覆盖的区域就是即将放大的区域。

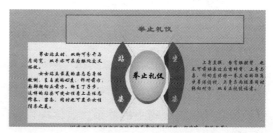

第4步 单击需要放大的区域,即可放大局部幻灯片。

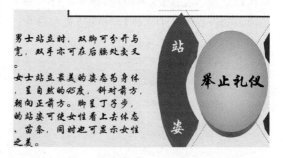

第5步 当不需要进行放大时,按【Esc】键,即可停止放大。

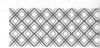

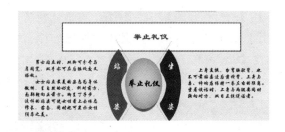

14.5.3 使用画笔来做标记

要想使观看者更加了解幻灯片所表达的意思，有时需要在幻灯片中添加标记。添加标注的具体操作步骤如下。

第1步 选择第4张"举止礼仪"幻灯片，单击【幻灯片放映】选项卡下【开始放映幻灯片】组中的【从当前幻灯片开始】按钮或按【Shift+F5】组合键放映幻灯片。

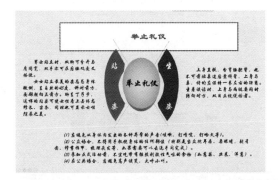

第2步 单击鼠标右键，在弹出的快捷菜单中选择【指针选项】→【笔】菜单命令。

第3步 当鼠标指针变为一个点时，即可在幻灯片中添加标注。

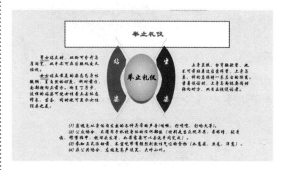

第4步 结束放映幻灯片时，弹出【Microsoft PowerPoint】对话框，单击【保留】按钮。

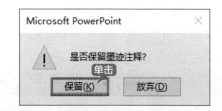

第5步 即可保留画笔注释。

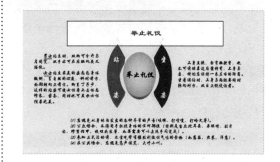

14.5.4 使用荧光笔来勾画重点

使用荧光笔来勾画重点，可以与画笔标记进行区分，以达到演讲者的目的。具体操作步骤如下。

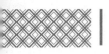

第1步 选中第2张幻灯片，在【幻灯片放映】选项卡的【开始放映幻灯片】组中单击【从当前幻灯片开始】按钮或按【Shift+F5】快捷键。

第2步 即可从当前幻灯片页面开始播放，单击鼠标右键，在弹出的快捷菜单中选择【指针选项】→【荧光笔】菜单命令。

第3步 当指针变为一条短竖线时，可在幻灯片中添加荧光笔标注。

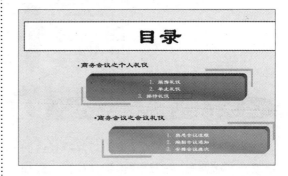

第4步 结束放映幻灯片时，弹出【Microsoft PowerPoint】对话框，单击【保留】按钮。

第5步 即可保留画笔注释。

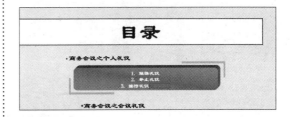

14.5.5 屏蔽幻灯片内容——使用黑屏和白屏

在PPT放映过程中，如果需要观众关注下面要放映的内容，可以使用黑屏和白屏来提醒观众。使用黑屏和白屏的具体操作步骤如下。

第1步 在【幻灯片放映】选项卡的【开始放映幻灯片】组中单击【从头开始】按钮或按【F5】键放映幻灯片。

第2步 在放映幻灯片时，按【W】键，即可使屏幕变为白屏。

第3步 再次按【W】键或【Esc】键，即可返回幻灯片放映页面。

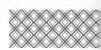

第4步 按【B】键，即可使屏幕变为黑屏。

第5步 再次按【B】键或【Esc】键，即可返回幻灯片放映页面。

14.5.6 结束幻灯片放映

在放映幻灯片的过程中，可以根据需要结束幻灯片放映。具体操作步骤如下。

第1步 在【幻灯片放映】选项卡的【开始放映幻灯片】组中单击【从头开始】按钮或按【F5】键放映幻灯片。

第2步 单击【Esc】键，即可结束幻灯片的放映。

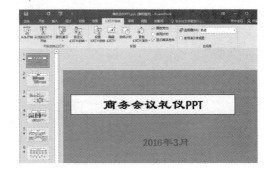

论文答辩 PPT 的放映

与商务会议 PPT 类似的演示文稿还有论文答辩 PPT 的放映、产品营销推广方案、企业发展战略 PPT 等，放映这类演示文稿时，都可以使用 PowerPoint 2016 提供的排练计时、自定义幻灯片放映、放大幻灯片局部信息、使用画笔来做标记等操作，方便幻灯片放映。下面就以论文答辩 PPT 的放映为例进行介绍。具体操作步骤如下。

1. 放映前的准备工作

将 PPT 转换为可放映格式，并对 PPT 进行打包，检查硬件。

2. 设置 PPT 放映

选择 PPT 的放映方式，并设置 PPT 的放映选项，进行排练计时。

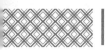

3. 放映幻灯片

选择放映幻灯片的方式，从头开始放映与从当前幻灯片开始放映，自定义幻灯片放映等。

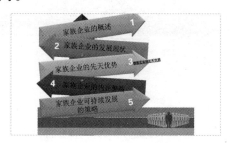

4. 幻灯片放映时的控制

在论文答辩 PPT 的放映过程中，可以使用幻灯片的跳转，放大幻灯片局部信息、为幻灯片添加注释等来控制幻灯片的放映。

◇ 快速定位幻灯片

在播放 PowerPoint 演示文稿时，如果要快进到或退回第 6 张幻灯片，可以先按下数字键【6】，再按【Enter】键。

◇ 放映幻灯片时隐藏光标

在放映幻灯片时可以隐藏鼠标光标，具体操作步骤如下。

第1步 在【幻灯片放映】选项卡的【开始放映幻灯片】组中单击【从头开始】按钮或按【F5】键。

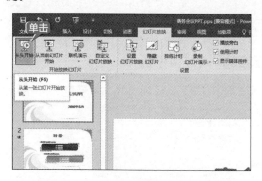

第2步 放映幻灯片时，单击鼠标右键，在弹出的快捷菜单中选择【指针选项】→【箭头选项】→【永远隐藏】菜单命令。即可在放映幻灯片时隐藏鼠标光标。

| 提示 |

按【Ctrl+H】组合键，也可以隐藏鼠标光标。

第**4**篇

行业应用篇

本篇主要介绍 Office 的行业应用。通过本篇的学习，读者可以学习 Office 在人力资源、行政文秘、财务管理及市场营销中的应用等操作。

第15章

在人力资源中的应用

⊜ 本章导读

人力资源管理是一项系统又复杂的组织工作，使用 Office 2016 系列组件可以帮助人力资源管理者轻松、快速地完成各种文档、数据报表及演示文稿的制作。本章主要介绍员工入职登记表、员工加班情况记录表、员工入职培训 PPT 的制作方法。

◀ 思维导图

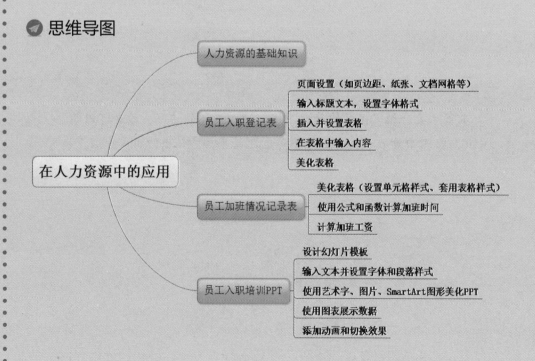

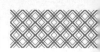

 15.1 人力资源的基础知识

　　人力资源（Human Resources，简称 HR）是指在一个国家或地区中，处于劳动年龄、未到劳动年龄和超过劳动年龄但具有劳动能力的人口之和。

　　企业人力资源管理（Human Resource Management，简称 HRM）是指根据企业发展要求，有计划地对人力资源进行合理配置，通过对企业中员工的招聘、培训、使用、考核、激励、调整等一系列过程，充分调动员工的工作积极性，发挥员工的潜能，为企业创造价值，带来更大的效益，是企业的一系列人力资源政策以及相应的管理活动。通常包含以下内容。

　　① 人力资源规划。
　　② 岗位分析与设计。
　　③ 员工招聘与选拔。
　　④ 绩效考评。
　　⑤ 薪酬管理。
　　⑥ 员工激励。
　　⑦ 培训与开发。
　　⑧ 职业生涯规划。
　　⑨ 人力资源会计。
　　⑩ 劳动关系管理。

　　其中，人力资源规划、招聘与配置、培训与开发、绩效管理、薪酬福利管理及劳动关系管理这 6 个模块是人力资源管理工作的六大主要模块，诠释了人力资源管理核心思想。

 15.2 员工入职登记表

　　人力资源的招聘工作者可以根据公司需要得到的新员工确切基本信息，制作员工入职信息登记表，然后将制作完成的表格打印出来，要求新职员入职时填写，以便保存。

15.2.1 设计思路

　　员工入职信息登记表是企业保存职员入职信息的常用表格，需要入职者如实详细填写，人力资源的招聘工作者可以根据企业想要得到的新员工的个人信息，制作求职信息登记表，通常情况下，员工入职信息登记表中应包含员工的个人基本信息、入职的时间、职位、婚姻状况、通讯方式、特长、个人学习或工作经历以及自我评价等内容。

　　在 Word 2016 中可以使用插入表格的方式制作员工入职信息登记表，然后根据需要对表格进行合并、拆分、增加行或列、调整表格行高及列宽、美化表格等操作，制作出一份符合企业要求的员工入职信息登记表。这是人事管理部门或者秘书职位需要掌握的最基本、最常用的 Word 文档。

　　员工入职信息登记表主要由以下几点构成。

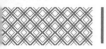
① 求职者的基本个人信息，如姓名、性别、年龄、籍贯、学历、入职时间、部门、岗位、通讯地址、联系电话等基本信息。

② 技能特长，如专业等级，可以根据需要填写会计、建筑等专业等级，以及其他如外语等级、计算机等级、爱好等。

③ 学习及实践经历，对于刚毕业的大学生来说，可以填写在校期间的社会实践、参与的项目等，对于有工作经验的人，可以填写工作时间、职位以及主要成果等。

④ 自我评价。

15.2.2 知识点应用分析

本节主要涉及以下知识点。
① 页面设置。
② 输入文本，设置字体格式。
③ 插入表格，设置表格，美化表格。
④ 打印文档。

15.2.3 案例实战

制作员工入职信息登记表的具体步骤如下。

1. 页面设置

第1步 新建一个 Word 文档，并将其另存为"员工入职信息登记表 .docx"。单击【布局】选项卡【页面设置】选项组中的【页面设置】按钮，弹出【页面设置】对话框，单击【页边距】选项卡，设置页边距的【上】边距值为"2.54 厘米"，【下】边距值为"2.54 厘米"，【左】边距值为"1.5 厘米"，【右】边距值为"1.5 厘米"。

第2步 单击【纸张】选项卡，设置【纸张大小】为"A4"，【宽度】为"21 厘米"，【高度】为"29.7 厘米"。

第3步 单击【文档网格】选项卡，设置【文字排列】的【方向】为"水平"，【栏数】为"1"，单击【确定】按钮，完成页面设置。

■ **2. 绘制整体框架**

第1步 在绘制表格之前，需要先输入员工入职信息登记表的标题，这里输入"员工入职信息登记表"文本，然后在【开始】选项卡中设置【字体】为"楷体"，【字号】为"小二""加粗"并设置居中显示，效果如下图所示。

第2步 按两次【Enter】键，对其进行左对齐，然后单击【插入】选项卡【表格】选项组中的【表格】按钮，在弹出的下拉列表中单击【插入表格】选项。

第3步 弹出【插入表格】对话框，在【表格尺寸】选项区域中设置【列数】为"1"，【行数】为"7"。

第4步 单击【确定】按钮，即可插入一个7行1列的表格。

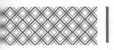
提示

也可以单击【插入】选项卡【表格】选项组中的【表格】按钮，在弹出的【插入表格】下方的表格区域拖曳鼠标选择要插入表格的行数与列数，快速插入表格。

3. 细化表格

第1步 将鼠标光标置于第1行单元格中，单击【布局】选项卡【合并】选项组中的【拆分单元格】按钮，在弹出的【拆分单元格】对话框中，设置【列数】为"8"，【行数】为"5"，单击【确定】按钮。

第2步 完成第1行单元格的拆分。

第3步 选择第1行中第6列至第8列的单元格，单击【布局】选项卡【合并】选项组中的【合并单元格】按钮，将其合并，效果如下图所示。

第4步 使用同样的方法，将前5行其他需要合并的单元格进行合并操作，效果如下图所示。

第5步 将第7行拆分为6列1行的表格，效果如下图所示。

第6步 将第8行至第9行分别拆分成1行2列的表格，效果如下图所示。

第7步 将鼠标光标放在最后一行结尾的位置，按【Enter】键，插入新行。

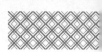

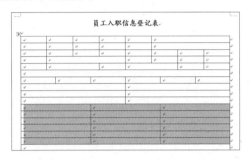

第8步 将倒数第 2 行拆分为 6 行 3 列的表格，效果如下图所示。

第9步 将拆分后的第 1 行合并，效果如下图所示。

将最后一行拆分为 2 行 1 列的表格，至此表格的整体框架设置完毕。效果如下图所示。

[图]

4. 输入文本内容并调整表格行高列宽

第1步 在表格中输入想要得到入职员工基本信息

的名称，可以打开随书光盘中的"素材 \ch15\ 员工入职登记表 .docx"文件，并按照其中的内容输入，效果如下图所示。

[图]

第2步 选择表格内的所有文本，设置其【字体】为"华文楷体"，【字号】为"12"，【对齐方式】为"水平居中"，效果如下图所示。

[图]

第3步 选择"技能、特长或爱好""工作及实践经历""自我评价"文本，调整其【字号】为"14"，并添加"加粗"效果。

[图]

第4步 根据需要调整行号及列宽，使表格占满整个页面，效果如下图所示。

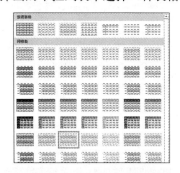

5. 美化表格并打印表格

第1步 选中需要设置边框的表格，单击【设计】选项卡下【表格样式】组中的【其他】按钮，在弹出的下拉列表中选择一种表格样式。

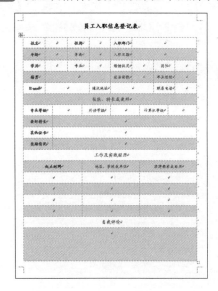

第2步 设置表格样式后的效果如下图所示。

第3步 设置表格样式后，表格中字体样式也会随之改变，还可以根据需要再次修改表格中的字体，效果如下图所示。

第4步 至此，就完成了员工入职信息登记表的制作，单击【文件】选项卡，在左侧列表中选择【打印】选项，选择打印机，输入要打印的份数，在右面的窗体中查看"员工入职信息登记表"的制作效果，单击【打印】按钮即可进行打印。

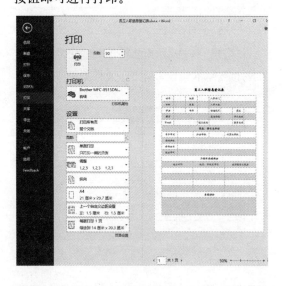

15.3 员工加班情况记录表

在工作过程中记录好员工的加班时间并计算出合理的加班工资，有助于提高员工的工作积极性和工作效率，从而确保公司工作的顺利完成。

15.3.1 设计思路

员工加班情况记录表，是人力资源部门统计公司员工工资绩效的重要标准之一，以方便算出员工加班补助费用，在任何企业都是极为常用的。

本案例中主要是通过记录员工加班的起始时间，计算加班的时长，然后根据时长，计算出员工加班费用。

15.3.2 知识点应用分析

员工加班记录表的最终目的是为了统计员工加班信息，计算出员工的加班费用，因此其重点是时间和费用的换算，本案例将运用如下知识点。

① 美化表格。Excel 提供了多种单元格样式及表格样式，如标题样式、主题样式、数字格式等。

② 日期与时间函数。日期与时间函数是主要用来获取相关的日期和时间信息，本案例中将使用 WEEKDAY 函数计算加班的星期时间，使用 HOUR 和 MINUTE 函数计算加班的时长。

③ 逻辑函数。本案例主要使用 IF 函数，根据特定的加班标准，计算员工应得的加班补助。

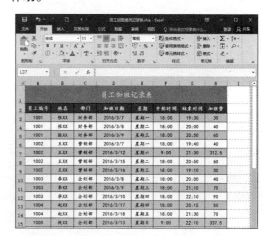

15.3.3 案例实战

员工加班情况记录表具体制作步骤如下。

1. 设置单元格样式

第1步 打开随书光盘中的"素材 \ch15\ 员工加班情况记录表 .xlsx"工作簿，选择单元格区域 A1:H1，单击【开始】选项卡下【样式】选项组中的【单元格样式】按钮 ，在弹出的下拉列表中选择一种样式。

第2步 即可看到添加单元格样式后的效果。

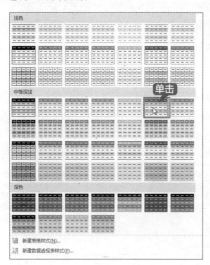

第3步 设置【字体】为"楷体"，【字号】为"18"，效果如下图所示。

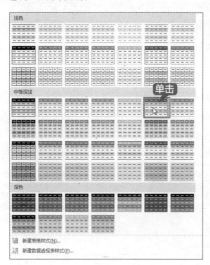

第4步 选择 A2:H17 单元格区域，单击【开始】选项卡下【样式】选项组中的【套用表格格式】按钮 的下拉按钮，在弹出的下拉列表中选择一种样式。

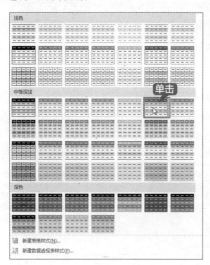

第5步 弹出【套用表格式】对话框，单击选中【表包含标题】复选框，单击【确定】按钮。

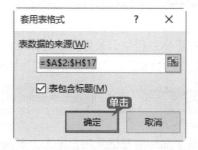

第6步 添加表格样式后的效果如下图所示。

筛选表格及设置表格行、列高的操作步骤如下。

第1步 在标题任意单元格上单击鼠标右键，在弹出的快捷菜单中选择【表格】→【转换为区域】菜单命令。

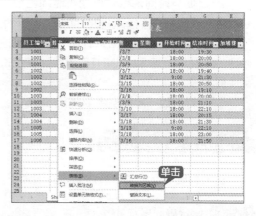

第2步 弹出【Microsoft Excel】提示框，单击【是】按钮。

第3步 即可看到将可筛选表格转化成区域后的效果。

	A	B	C	D	E	F	G	H
				员工加班记录表				
1	员工编号	姓名	部门	加班日期	星期	开始时间	结束时间	加班费
2	1001	张XX	财务部	2016/3/7		18:00	19:30	
3	1001	张XX	财务部	2016/3/8		18:00	20:00	
4	1001	张XX	财务部	2016/3/9		18:00	20:50	
5	1002	王XX	营销部	2016/3/7		18:00	19:40	
6	1002	王XX	营销部	2016/3/12		9:00	21:30	
7	1002	王XX	营销部	2016/3/15		18:00	20:50	
8	1002	王XX	营销部	2016/3/16		18:00	19:10	
9	1003	李XX	企划部	2016/3/8		18:00	20:00	
10	1003	李XX	企划部	2016/3/9		18:00	21:10	
11	1003	李XX	企划部	2016/3/17		18:00	20:15	
12	1004	赵XX	企划部	2016/3/18		18:00	21:30	

第4步 选择 A2:H17 单元格区域，单击【开始】选项卡下【字体】选项组中的【边框】按钮的下拉按钮，在弹出的下拉列表中选择【所有框线】选项，为表格添加边框。

	A	B	C	D	E	F	G	H
				员工加班记录表				
1	员工编号	姓名	部门	加班日期	星期	开始时间	结束时间	加班费
2	1001	张XX	财务部	2016/3/7		18:00	19:30	
3	1001	张XX	财务部	2016/3/8		18:00	20:00	
4	1001	张XX	财务部	2016/3/9		18:00	20:50	
5	1002	王XX	营销部	2016/3/7		18:00	19:40	
6	1002	王XX	营销部	2016/3/12		9:00	21:30	
7	1002	王XX	营销部	2016/3/15		18:00	20:50	
8	1002	王XX	营销部	2016/3/16		18:00	19:10	
9	1003	李XX	企划部	2016/3/8		18:00	20:00	

第5步 根据需要调整表格中文本的字体样式以及表格的行高和列宽，效果如下图所示。

	A	B	C	D	E	F	G	
				员工加班记录表				
1	员工编号	姓名	部门	加班日期	星期	开始时间	结束时间	加
2	1001	张XX	财务部	2016/3/7		18:00	19:30	
3	1001	张XX	财务部	2016/3/8		18:00	20:00	
4	1001	张XX	财务部	2016/3/9		18:00	20:50	
5	1002	王XX	营销部	2016/3/7		18:00	19:40	
6	1002	王XX	营销部	2016/3/12		9:00	21:30	
7	1002	王XX	营销部	2016/3/15		18:00	20:50	
8	1002	王XX	营销部	2016/3/16		18:00	19:10	
9	1003	李XX	企划部	2016/3/8		18:00	20:00	

2. 计算加班时间

第1步 选择单元格 E3，在编辑栏中输入公式"=WEEKDAY(D3,1)"，按【Enter】键计算出结果。

E3		×	✓	fx	=WEEKDAY(D3,1)			
	A	B	C	D	E	F	G	
				员工加班记录表				
1	员工编号	姓名	部门	加班日期	星期	开始时间	结束时间	加班费
2	1001	张XX	财务部	2016/3/7	2	18:00	19:30	
3	1001	张XX	财务部	2016/3/8		18:00	20:00	
4	1001	张XX	财务部	2016/3/9		18:00	20:50	
5	1002	王XX	营销部	2016/3/7		18:00	19:40	
6	1002	王XX	营销部	2016/3/12		9:00	21:30	
7	1002	王XX	营销部	2016/3/15		18:00	20:50	
8	1002	王XX	营销部	2016/3/16		18:00	19:10	
9	1003	李XX	企划部	2016/3/8		18:00	20:00	

| 提示 |

公式"=WEEKDAY(D3,1)"的含义为返回 D3 单元格日期默认的星期数，此时单元格格式为常规，显示为"2"，通常情况下星期是从星期日开始计数，数值为"1"，如果数值为"2"，则表示当前星期为"星期一"。

第2步 更改"星期"列单元格格式的【分类】为"日期"，设置【类型】为"星期三"，单击【确定】按钮。

第3步 单元格 E3 显示为"星期一"，利用快速填充功能填充其他单元格。

E3		×	✓	fx	=WEEKDAY(D3,1)			
	A	B	C	D	E	F	G	H
				员工加班记录表				
1	员工编号	姓名	部门	加班日期	星期	开始时间	结束时间	加班费
2	1001	张XX	财务部	2016/3/7	星期一	18:00	19:30	
3	1001	张XX	财务部	2016/3/8	星期二	18:00	20:00	
4	1001	张XX	财务部	2016/3/9	星期三	18:00	20:50	
5	1002	王XX	营销部	2016/3/7	星期一	18:00	19:40	
6	1002	王XX	营销部	2016/3/12	星期六	9:00	21:30	
7	1002	王XX	营销部	2016/3/15	星期二	18:00	20:50	
8	1002	王XX	营销部	2016/3/16	星期三	18:00	19:10	
9	1003	李XX	企划部	2016/3/8	星期二	18:00	20:00	
10	1003	李XX	企划部	2016/3/9	星期三	18:00	21:10	

3. 计算加班费

第1步 选择单元格 I3，在编辑栏中输入公式"=(HOUR(G3−F3)+IF(MINUTE(G3−F3)=0,0,IF(MINUTE(G3−F3)>30,1,0.5)))*IF(OR(E3=7,E3=1),"25","20")"，按【Enter】键即可显示出该员工的加班费。

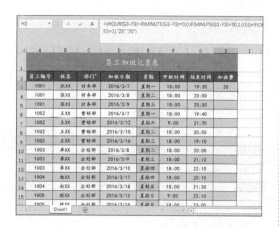

加班工资。

提示

公 式 " = (H O U R (G 3 -
F 3) + I F (M I N U T E (G 3 -
F3)=0,0,IF(MINUTE(G3-F3)>30,1,0.5)))*IF
(OR(E3=7,E3=1),"25","20")" 用 来 计 算
员 工 的 基 本 工 资 , "HOUR(G3-F3)"
表 示 计 算 员 工 加 班 的 小 时 数 。
"IF(MINUTE(G3-F3)>30,1,0.5)" 表 示 如 果
加班的分钟大于 30 则返回 1 小时,否则返
回 0.5 小 时 。 "IF(MINUTE(G3-F3)=0,0,IF(
MINUTE(G3-F3)>30,1,0.5))" 表示如果加班
分钟数为 0 则返回 0 小时,否则返回 0.5 小
时 或 1 小 时 。 "IF(OR(E3=7,E3=1),"25","20"
表示如果加班的星期为星期六或星期天则每
小时 25,其他时间加班每小时 20。

第 3 步 最后根据需要再次调整表格的样式,
最终效果如下图所示。

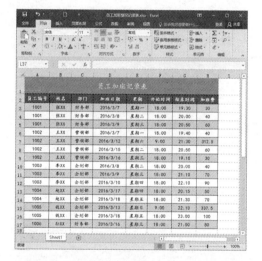

至此,员工加班情况记录表就制作完成
了。

第 2 步 利用快速填充功能计算出其他员工的

15.4 员工入职培训 PPT

员工入职培训是企业或公司为了培养新入职员工的需要,采用各种方式对新入职员工进行
有目的、有计划的培养和训练的管理活动,使新员工能了解员工的职责,熟悉公司业务从而能
更快地融入公司环境,更好地胜任之后的工作或晋升更高的职务。

15.4.1 设计思路

制作员工入职培训 PPT 首先需要介绍公司的发展规模,以及公司的工作模式等,使新员工
能够快速地了解公司,之后需要介绍公司的管理、团队及新员工如何工作、学习等内容。
员工入职培训 PPT 主要由以下几点构成。

① 幻灯片首页，介绍制作幻灯片的名称、目的。

② 公司简介部分幻灯片页面，向新员工介绍公司的基本情况。

③ 新员工学习、工作等幻灯片页面，帮助新员工熟悉工作环境，以便更快融入公司。

④ 结束页面。

15.4.2 知识点应用分析

制作员工入职培训 PPT 涉及以下知识点。

① 设计幻灯片模板。

② 输入文本并设置字体和段落样式。

③ 插入并美化图片、SmartArt 图形。

④ 插入并美化图表。

⑤ 使用艺术字。

⑥ 设置动画和切换效果。

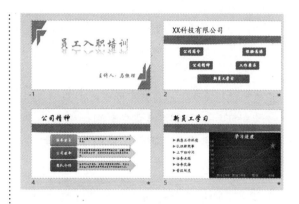

15.4.2 案例实战

制作员工入职培训 PPT 的具体操作步骤如下。

1. 设计幻灯片模板

第1步 启动 PowerPoint 2016，新建一个空白演示文稿，将其保存为"员工入职培训 PPT.pptx"，单击【视图】选项卡下【母版视图】组中的【幻灯片母版】按钮 幻灯片母版 。

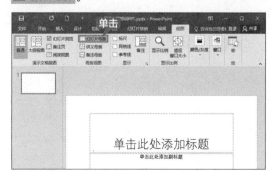

第2步 进入幻灯片母版试图，选择第1张幻灯片，单击【插入】选项卡下【图像】组中的【图片】按钮 。

第3步 在弹出的【插入图片】对话框中选择要插入的图片，单击【插入】按钮。

第4步 调整插入的图片位置，将其置于底层，如下图所示，调整文本框的大小及位置。

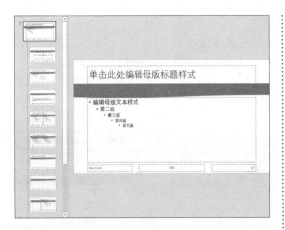

第5步 选择第2张幻灯片页面，单击选中【幻灯片母版】选项卡下【背景】组中的【隐藏背景图形】复选框，取消显示第2张幻灯片页面中的背景。

第6步 单击【插入】选项卡下【图像】组中的【图片】按钮，弹出【插入图片】对话框，选中"图片1.png"和"图片2.png"，单击【插入】按钮。

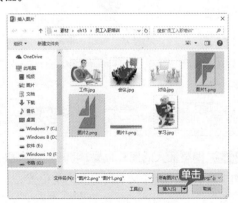

第7步 调整插入的图片位置，如图所示。

第8步 单击【幻灯片母版】选项卡下【关闭】组中的【关闭母版视图】按钮，返回至普通视图并删除首页幻灯片页面中的文本占位符。

2. 设计员工培训首页幻灯片

第1步 单击【插入】选项卡下【文本】组中的【艺术字】按钮，在弹出的下拉列表中选择一种艺术字样式。

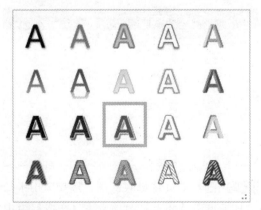

第2步 在插入的艺术字文本框中输入"员工

入职培训"文本内容,并设置【字号】为"100",【字体】为"华文行楷",并适当调整艺术字文本框的位置。

第3步 选择插入的艺术字文本,单击【开始】选项卡下【字体】组中的【字体颜色】按钮 A· 的下拉按钮,在弹出的下拉列表中选择【取色器】选项。

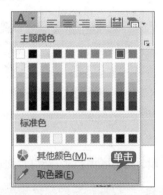

第4步 将鼠标光标放置在插入的图片上并且单击,选择颜色,即可看到设置颜色后的效果。

第5步 选中艺术字,单击【格式】选项卡【形状样式】组下的【形状效果】按钮,在弹出的下拉列表中选择一种映像样式。

第6步 绘制横排文本框,并在该文本框中输入"主讲人:马经理"文本内容,设置【字体】为"华文行楷",设置【字号】为"44",拖曳该页面文本框至合适的位置。

3. 设计目录幻灯片页面

第1步 新建 "仅标题与内容"幻灯片页面,输入标题文本"××科技有限公司",设置标题文本【字号】为"60",【字体】为"楷体"。

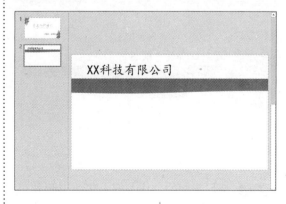

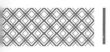

第2步 单击【插入】选项卡下【插图】组中的【形状】按钮，在弹出的下拉列表中选择【对角圆角矩形】形状。

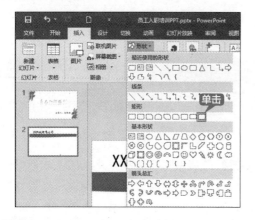

第3步 在幻灯片中绘制矩形图形，在绘制的矩形图形上单击鼠标右键，在弹出的快捷菜单中选择【编辑文字】选项。

第4步 在形状中输入文字，设置其【字体】为"华文行楷"，【字号】为"36"，并设置"加粗"效果。

第5步 使用同样的方法，插入其他形状并输入文字，如图所示。

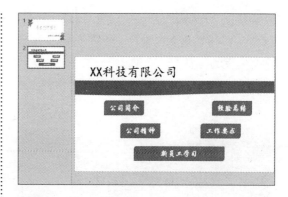

第6步 选择所有形状，在【格式】选项卡下【形状样式】选项组中根据需要设置插入形状的填充颜色，并设置形状轮廓颜色为"无轮廓"，效果如下图所示。

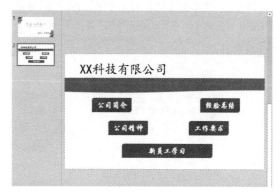

4. 设计公司介绍部分幻灯片页面

第1步 新建 "仅标题"幻灯片，在标题处输入"公司简介"文本内容，并设置标题文本【字体】为"华文行楷"，【字号】为"60"。

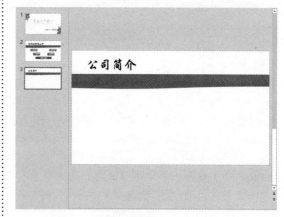

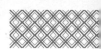

第2步 打开随书光盘中的"素材 \ch15\ 公司信息 .txt"文件,将公司简介部分内容复制到内容文本框中,并设置其字体和段落格式,效果如下图所示。

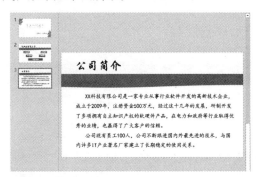

第3步 使用同样的方法,新建"仅标题"幻灯片,在标题处输入"公司精神",并设置字体样式。

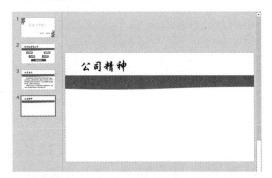

第4步 单击【插入】选项卡下【插图】组中的【SmartArt】按钮,在弹出的【插入 SmartArt 图形】对话框中选择【列表】下的【垂直箭头列表】图形样式,单击【确定】按钮。

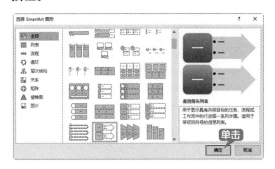

第5步 完成 SmartArt 图形的插入,根据打开的"公司信息 .txt"文件,在图形中输入相关内容,并调整 SmartArt 图形的大小、位置及样式,效果如下图所示。

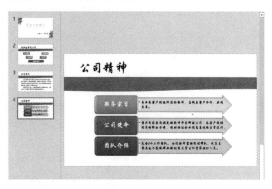

5. 设计员工学习部分幻灯片页面

第1步 新建"仅标题"幻灯片页面,输入标题"新员工学习",并设置标题样式。

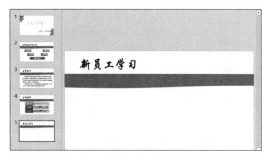

第2步 在新添加的幻灯片中绘制横排文本框并输入相关内容,如下图所示。

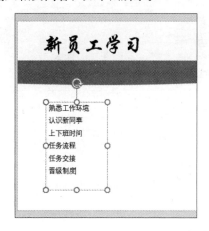

第3步 选择输入的内容,单击【开始】选项卡下【段落】组中【项目符号】按钮的下拉按钮,在弹出的下拉列表中选择【项目符号和编号】选项。

第4步 弹出【项目符号和编号】对话框，单击【自定义】按钮。

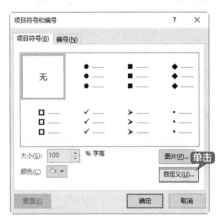

第5步 弹出【符号】对话框，选择要使用的符号，单击【确定】按钮。

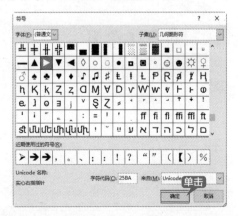

第6步 返回至【项目符号和编号】对话框，单击【颜色】按钮后的下拉按钮，在下拉列表中选择一种项目符号颜色，单击【确定】按钮。

第7步 效果如下图所示。

第8步 再次选中输入的内容，设置其【字体】为"楷体"，【字号】为"30"，效果如下图所示。

插入图表操作如下。

第1步 单击【插入】选项卡【插图】组中的【图表】按钮。

第2步 弹出【插入图表】对话框，选择【堆积折线图】选项，单击【确定】按钮。

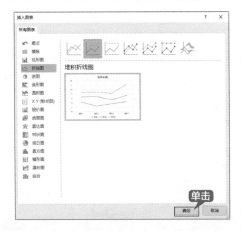

第3步 在弹出的【Microsoft PowerPoint 中的图表】窗口中输入如下内容，然后关闭【Microsoft PowerPoint 中的图表】窗口。

	A	B	C	D	E
1		进度			
2	第1年上半年	20			
3	第1年下半年	30			
4	第2年	70			
5	弟3年	120			
6					
7					

第4步 即可看到插入图表后的效果。

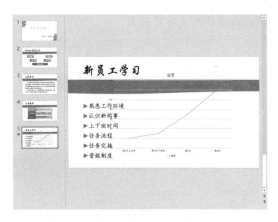

调整并设置图表如下。

第1步 根据需要设置插入的图表，更改图表标题为"学习进度"，之后插入一个五角星形状图标，并调整五角星图标至合适位置。

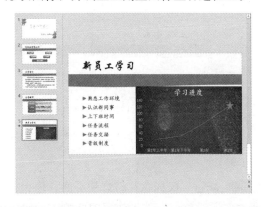

第2步 新建"仅标题"幻灯片页面，输入标题"工作要求"，并设置标题样式。

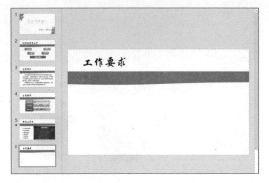

第3步 插入文本框并输入相关内容，设置【字体】为"楷体"且加粗，设置【字号】为"30"，

根据需要调整文本框位置。

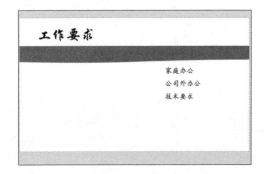

第4步 插入随书光盘中的"素材 \ch15\ 讨论 .jpg"文件，并调整图片位置及样式，最终效果如下图所示。

第5步 新建"仅标题"幻灯片页面，输入标题"经验总结"，然后使用同样的方法输入幻灯片正文内容并插入图片，最终效果如下图所示。

7. 制作结束幻灯片页面

第1步 单击【开始】选项卡【幻灯片】组中的【新

建幻灯片】按钮，在弹出的快捷菜单中选择【标题幻灯片】选项，新建标题幻灯片页面。

第2步 删除文本占位符，单击【插入】选项卡【文本】组中的【艺术字】按钮，在弹出的下拉列表中选择一种艺术字样式。在插入的艺术字文本框中输入"培训结束"文本，按【Enter】键再次输入"再次欢迎新员工加入！"文本内容，并设置【字号】为"96"，设置【字体】为"华文行楷"，并根据需要设置字体颜色。

8. 添加动画和切换效果

第1步 选择第1张幻灯片页面，单击【切换】选项卡下【切换到此幻灯片】组中的【其他】按钮，在弹出的下拉列表中选择一种切换样式，例如选择【细微型】组中的【推进】切换效果样式。

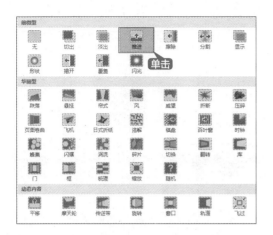

第2步 单击【转换】选项卡【切换到此幻灯片】组中的【效果选项】按钮，在弹出的下拉列表中选择【自右侧】选项，设置切换效果的效果选项。

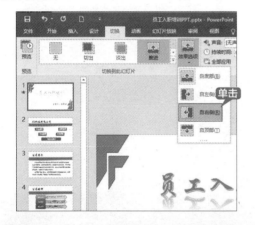

第3步 在【计时】选项组中设置【持续时间】为"02.50"，单击【全部应用】按钮，将设置的切换效果应用至所有幻灯片页面。

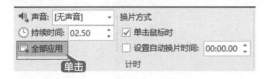

第4步 选择第1张幻灯片页面中的标题文本，单击【动画】选项卡下【动画】组中的【其他】按钮，在弹出的下拉列表中选择一种动画样式，例如选择【进入】组中的【飞入】动画效果。

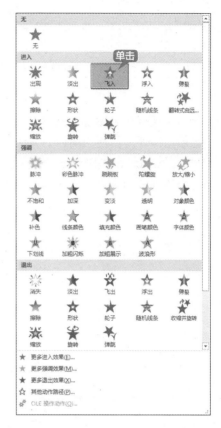

第5步 单击【动画】选项卡下【动画】组中的【效果选项】按钮，在弹出的下拉列表中选择【自左上部】选项，设置动画转换的效果。

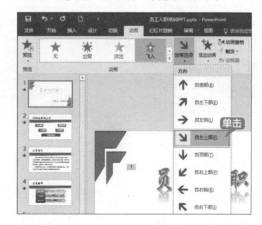

第6步 在【计时】组中设置【开始】为"上一动画之后"、【持续时间】值为"01.50"，【延迟】值为"00.50"。

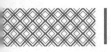

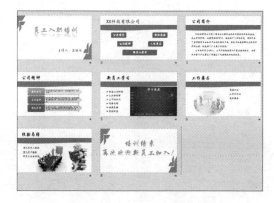

第7步 即可为所选内容添加动画效果，在其前方将显示动画序号。使用同样的方法为其他文本内容、SmartArt 图形、自选图形、图表及图片等添加动画效果。最终效果如下图所示。

至此，就完成了员工入职培训 PPT 的制作。

第16章

在行政文秘中的应用

📇 本章导读

　　行政文秘涉及相关制度的制定和执行推动、日常办公事务管理、办公物品管理、文书资料管理、会议管理等，经常需要使用 Office 办公软件。本章主要介绍 Office 2016 在行政办公中的应用，包括排版公司奖惩制度文件、制作会议记录表、制作年会方案 PPT 等。

📡 思维导图

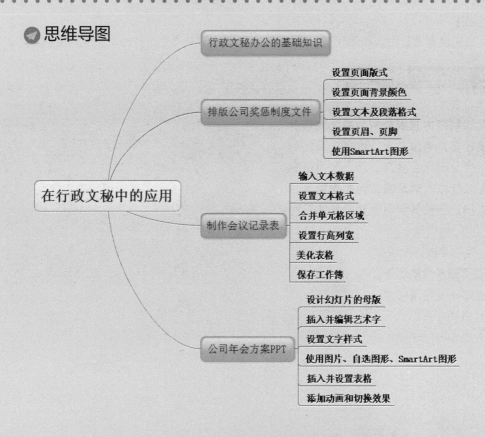

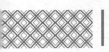

16.1 行政文秘办公的基础知识

行政文秘岗位需要掌握公关与文秘专业的基本理论与基本知识，具有较强的写作能力，能熟练地从事文书、秘书事务工作，能进行文章写作、文学编辑和新闻写作，有较强的公关能力，并从事信息宣传、文秘服务、日常办公管理及公共关系等工作。

行政文秘办公通常需要掌握文档编辑软件 Word、数据处理软件 Excel、 文稿演示软件 PowerPoint、WPS、图像处理软件、网页制作软件及压缩工具软件等。

16.2 排版公司奖惩制度文件

公司奖惩制度可以有效地调动员工的积极性，做到赏罚分明。

16.2.1 设计思路

公司奖惩制度是公司为了维护正常的工作秩序，保证工作能够高效有序进行而制定的一系列奖惩措施。基本上每个公司都有自己的奖惩制度，其内容根据公司情况的不同而各不相同。

制作公司奖惩制度时可以分为奖励和惩罚两部分内容，并对各部分进行详细的划分，并用通俗易懂的语言进行说明。设计公司奖惩制度版式时，样式不可过多，要格式统一、样式简单，能够给阅读者严谨、正式的感觉，奖励和惩罚部分的内容可以根据需要设置不同的颜色，起到鼓励和警示的作用。

公司奖励制度通常是由人事部门制作，而行政文秘岗位则主要是设计公司奖惩制度的版式。

16.2.2 知识点应用分析

公司奖惩制度内容因公司而异，大型企业规范制度较多，岗位、人员也多，因此制作的奖惩制度文档就会复杂，而小公司根据实际情况可以制作出满足需求但相对简单的奖惩制度文档，但都需要包含奖励和惩罚两部分。

本节主要涉及以下知识点。

① 设置页面及背景颜色。

② 设置文本及段落格式。

③ 设置页眉、页脚。

④ 插入 SmartArt 图形。

16.2.3 案例实战

排版公司奖惩制度文件的具体操作步骤如下。

1. 设计页面版式

第1步 新建一个空白 Word 文档，命名为"公司奖惩制度 .docx"文件。

第2步 单击【布局】选项卡【页面设置】选项组中的【页面设置】按钮，弹出【页面设置】对话框。单击【页边距】选项卡，设置页边距的【上】边距值为"2.16 厘米"，【下】边距值为"2.16 厘米"，【左】边距值为"2.84 厘米"，【右】边距值为"2.84 厘米"。

第3步 单击【纸张】选项卡，设置【纸张大小】为"A4"。

第4步 单击【文档网格】选项卡，设置【文字排列】的【方向】为"水平"，【栏数】为"1"，单击【确定】按钮。

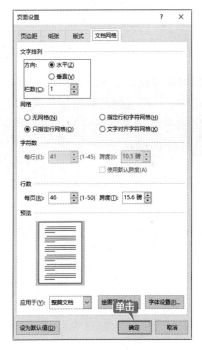

第5步 即可完成页面大小的设置。

2. 设置页面背景颜色

第1步 单击【设计】选项卡下【页面背景】选项组中的【页面颜色】按钮 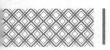，在弹出的下拉列表中选择【填充效果】选项。

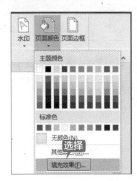

第2步 弹出【填充效果】对话框，选择【渐变】选项卡，在【颜色】组中单击选中【单色】单选按钮，单击【颜色1】后的下拉按钮，在下拉列表中选择一种颜色。

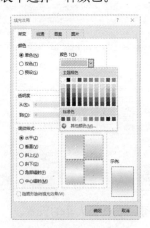

第3步 在下方向右侧拖曳【深浅】滑块，调

整颜色深浅，单击选中【底纹样式】组中的【垂直】单选按钮，在【变形】区域选择右下角的样式，单击【确定】按钮，即可看到设置页面背景后的效果。

第4步 即可完成页面背景颜色的设置，效果如下图所示。

3. 输入文本并设计字体样式

第1步 打开随书光盘中的"素材 \ch16\ 奖罚制度 .txt"文档，复制其内容，然后将其粘贴到 Word 文档中。

第2步 选择"第一条 总则"文字,设置其【字体】为"楷体",【字号】为"三号",添加【加粗】效果。

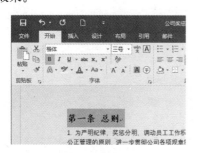

第3步 设置"第一条 总则"的段落间距样式,设置【段前】为"1 行",【段后】为"0.5 行",【行距】为"1.5 倍行距"。

第4步 双击【开始】选项卡下【剪贴板】组中的【格式刷】按钮,复制其样式,并将其应用至其他类似段落中。

第5步 选择"1. 奖励范围"文本,设置其【字体】为"楷体",【字号】为"14",【段前】为"0 行",【段后】为"0.5 行",并设置其【行距】为"1.2 倍行距"。

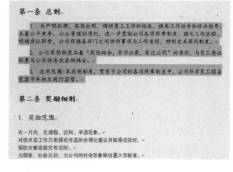

第6步 使用格式刷将样式应用至其他相同的段落中。

第7步 选择正文文本,设置其【字体】为"楷体",【字号】为"12",【首行缩进】为"2字符",【段前】为"0.5 行",并设置其【行距】为"单倍行距",效果如下图所示。

设置其他段落样式操作如下。

第1步 使用格式刷将样式应用于其他正文中。

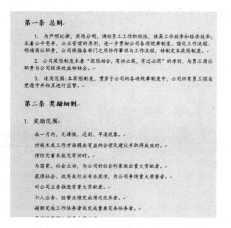

第2步 选择"1．奖励范围"下的正文文本，单击【开始】选项卡下【段落】组中的【项目编号】按钮的下拉按钮，在弹出的下拉列表中选择一种编号样式。

第3步 为所选内容添加编号后的效果如下图所示。

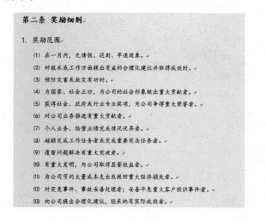

第4步 使用同样的方法，为其他正文内容设置编号。

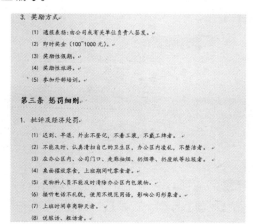

3. 添加封面

第1步 将鼠标光标放置在文档最开始的位置，单击【插入】选项卡下【页面】组中的【分页】按钮。

第2步 插入空白页面，依次输入"××公司""奖""惩""制""度"文本，输入文本后按【Enter】键换行，效果如下图所示。

第3步 设置其【字体】为"楷体"，【字号】

为"48"，并将其居中显示，调整行间距使文本内容占满这个页面。

4. 设置页眉及页脚

第1步 单击【插入】选项卡下【页眉和页脚】选项组中的【页眉】按钮 📄 页眉 ▾，在弹出的下拉列表中选择【空白】选项。

第2步 在页眉中输入内容，这里输入"××公司奖惩制度"。设置【字体】为"楷体"，【字号】为"五号"，并设置其"左对齐"。

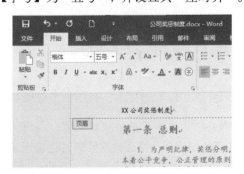

第3步 使用同样的方法为文档插入页脚内容"××公司"，设置页脚【字体】为"楷体"，

【字号】为"五号"，并设置其"右对齐"。设置的效果如图所示。

第4步 单击选中【设计】选项卡下【选项】组中的【首页不同】复选框，取消首页的页眉和页脚。单击【关闭页眉和页脚】按钮关闭页眉和页脚。

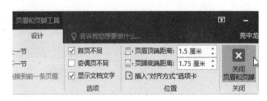

5. 插入 SmartArt 图形

第1步 将鼠标光标定位至"第二条 奖励细则"的内容最后并按【Enter】键另起一行，然后按【Backspace】键，在空白行输入文字"奖励流程："，设置【字体】为"楷体"，【字号】为"14"，【字体颜色】为"红色"，并设置"加粗"效果。

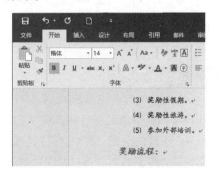

第2步 在"奖励流程："内容后按【Enter】键，

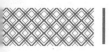
单击【插入】选项卡下【插图】选项组中的
【SmartArt】按钮 SmartArt 。

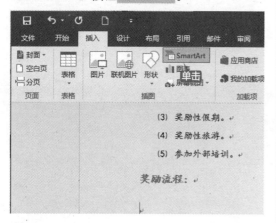

| (3) 奖励性假期。
| (4) 奖励性旅游。
| (5) 参加外部培训。

奖励流程：

第3步 弹出【选择 SmartArt 图形】对话框，选择【流程】选项卡，然后选择【重复蛇形流程】选项，单击【确定】按钮。

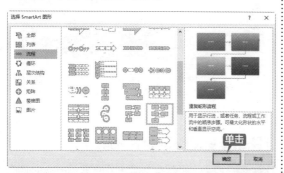

第4步 即可在文档中插入 SmartArt 图形，在 SmartArt 图形的【文本】处单击，输入相应的文字并调整 SmartArt 图形大小。

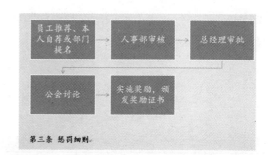

第三条 惩罚细则。

第5步 按照同样的方法，为文档添加"惩罚流程"SmartArt 图形，在 SmartArt 图形上输入相应的文本并调整大小后如图所示。

第6步 至此，公司奖罚制度制作完成。最终效果如图所示。

16.3 制作会议记录表

会议议程记录表主要是利用 Excel 表格将会议议程完整、清晰地展现出来的过程。

16.3.1 设计思路

在日常的行政管理工作中，经常会举行有关不同内容的大大小小的会议。比如，通过会议来进行某个工作的分配、某个文件精神的传达或某个议题的讨论等，那么就需要通过会议记录，来记录会议的主要内容和通过的决议等。

会议记录表主要是将会议的内容，例如会议名称、会议时间、记录人、参与人、缺席者、发言人记录下来后，稍做修饰，让整个表格更美观。

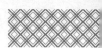

16.3.2 知识点应用分析

会议议程记录表主要包括以下几点。

① 表格标题。

② 会议的相关信息，如召开时间、召开地点、记录人、主持人、会议主题等。

③ 会议内容，可以根据实际需要设计表格的结构，如发言人、内容摘要、备注，或者也可以设计为时间、讨论主题、发言人、意见、解决方案、注意事项等。

可以使用 Excel 2016 制作会议记录表，主要涉及的知识点包括以下几点。

① 输入文本。

② 设置字体格式。

③ 设置单元格格式。

④ 添加边框。

16.3.3 案例实战

制作会议记录表的具体操作步骤如下。

1. 新建并保存文档

第1步 打开 Excel 2016 应用软件，新建一个空白工作簿，将其保存为"会议记录表 .xlsx"工作簿文件。

第2步 在工作表标签"Sheet1"上单击鼠标右键，在弹出的快捷菜单中选择【重命名】菜单项。

第3步 输入新的工作表名称"会议记录表"。

2. 输入内容并设置单元格

第1步 选择 A1:A7 单元格区域，分别输入表头"会议记录表、会议主题、召开时间、记录人、参加者、缺席者和会议内容"。

	A	B	C
1	会议记录表		
2	会议主题		
3	召开时间		
4	记录人		
5	参加者		
6	缺席者		
7	会议内容		
8			

第2步 分别选择 D3、D4 单元格，依次输入文字"召开地点、主持人"。

	A	B	C	D	E
1	会议记录表				
2	会议主题				
3	召开时间			召开地点	
4	记录者			主持人	
5	参加者				
6	缺席者				
7	会议内容				
8					

第3步 在 A12、B12、F12 单元格中输入"发言人、内容提要、备注"，效果如下图所示。

	A	B	C	D	E	F
1	会议记录表					
2	会议主题					
3	召开时间			召开地点		
4	记录人			主持人		
5	参加者					
6	缺席者					
7	会议内容					
8						
9						
10						
11						
12	发言人	内容提要				备注
13						

3. 设置文字格式

第1步 选择 A1:F1 单元格区域，单击鼠标右键，在弹出的快捷菜单中选择【设置单元格格式】菜单项。

第2步 弹出【设置单元格格式】对话框，选择【对齐】选项卡，在【水平对齐】和【垂直对齐】下拉列表中选择【居中】选项，在【文本控制】区选中【合并单元格】复选框。

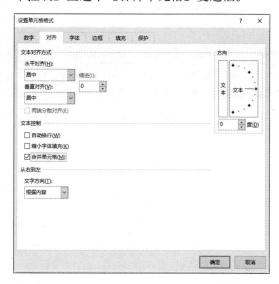

第3步 切换到【字体】选项卡，在【字体】列表框中选择"楷体"，在【字形】列表框中选择"加粗"，在【字号】列表框中选择"18"，单击【确定】按钮。

第4步 依次合并 B2:F2、B3:C3、B4:C4、

E3:F3、E4:F4、B5:F5 和 B6:F6、A7:F7、B12:E12 等单元格区域。

第5步 选择第2行至第6行，设置【字体】为"楷体"，在【字号】文本框中输入"14"。

第6步 选择第7行和第12行，设置【字体】为"楷体"，【字号】为"16"。

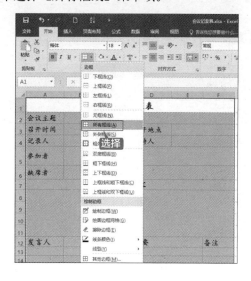

第7步 选择其他空白单元格区域,设置【字体】为"楷体"，【字号】为"12"。

第8步 根据需要调整表格的行高和列宽，效果如下图所示。

4. 美化表格

第1步 选择 A1:F20 单元格区域，在【开始】选项卡中，单击【字体】选项组中【边框】按钮右侧的倒三角箭头，在弹出的下拉菜单中选择【所有框线】菜单项。

第2步 为表格内容添加全部框线，效果如下图所示。

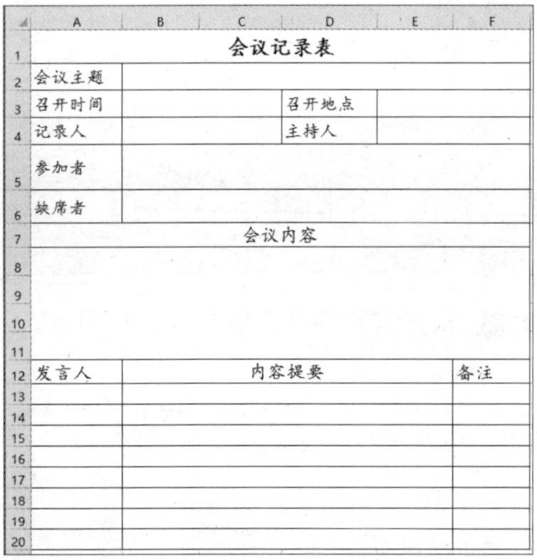

第3步 选择 A1:F1 单元格区域，单击【开始】选项卡下【样式】组中【单元格样式】按钮的下拉按钮，在弹出的下拉列表中选择一种单元格样式。

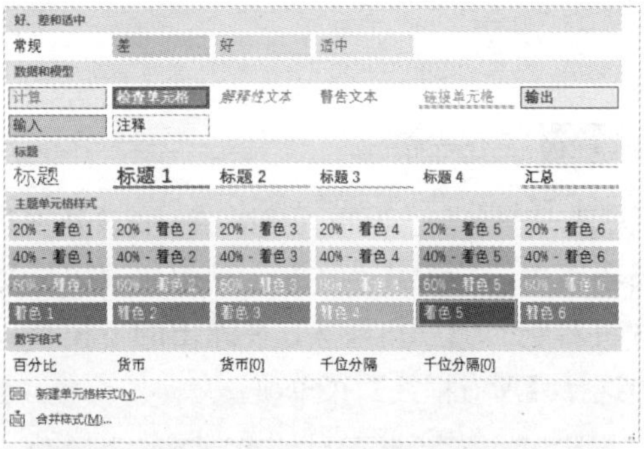

第4步 即可看到设置单元格样式后的效果。

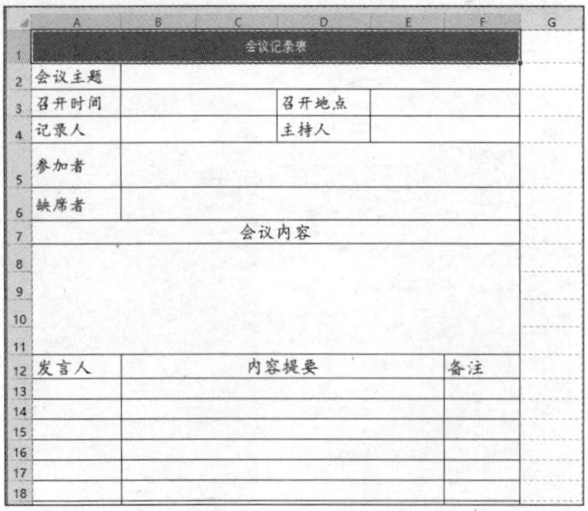

第5步 使用同样的方法，为其他需要设置单元格样式的单元格添加单元格样式。

第6步 设置单元格样式后，字体样式会改变，可以再次修改单元格中文字的样式，最终效果如下图所示。

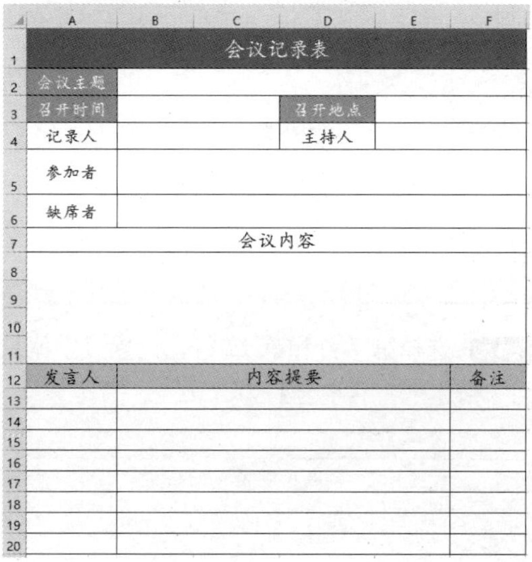

至此，就完成了会议记录表的制作，最后只要按【Ctrl+S】组合键保存制作完成的表格即可。

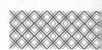

16.4 公司年会方案 PPT

通过年会可以总结一年的运营情况、鼓励团队士气、增加同事之间的感情，因此制作一份优秀的公司年会方案 PPT 就显得尤为重要。

16.4.1 设计思路

年会，就是公司和组织一年一度的"家庭盛会"，主要目的是激扬士气、营造组织气氛、深化内部沟通、促进战略分享、增进目标认同，并展望美好未来而策划实施的一种集会形式。年会是公司的春节，也标志着一个公司和组织一年工作的结束。公司年会会伴随着企业员工表彰、企业历史回顾、企业未来展望等重要内容。一些优秀企业和组织还会邀请有分量的上下游合作伙伴共同参与这一全公司同庆的节日，增加企业之间的沟通，促进企业之间的共同进步。

制作年会方案 PPT 就需要充分考虑年会的形式，不仅需要选择年会活动的地点、时间、现场的控制、布置、年会的预算、物品的管理，还需要充分考虑年会举办的致辞、节目、游戏、邀请的人员等，达到鼓舞士气、现场活跃、热闹的效果。

16.4.2 知识点应用分析

制作公司年会方案 PPT 主要涉及以下知识点。

① 设计幻灯片的母版。
② 插入并编辑艺术字。
③ 设置文字样式。
④ 插入图片、自选图形、SmartArt 图形。
⑤ 设计表格。
⑥ 设置演示文稿的切换及动画效果。

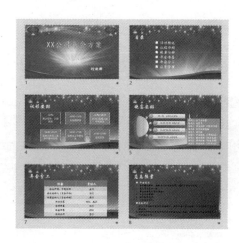

16.4.3 案例实战

制作公司年会方案 PPT 的具体操作步骤如下。

1. 设计幻灯片母版

第1步 新建一个演示文稿，并保存为"公司年会方案 PPT.pptx"。

第2步
单击【视图】选项卡下【母版视图】组中的【幻灯片母版】按钮 幻灯片母版 ，切换至幻灯片母版视图。

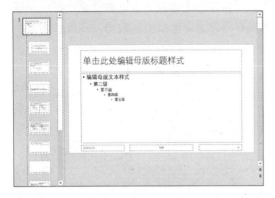

第3步 在左侧的窗格中选择第一张页面，单击【插入】选项卡下【图像】组中的【图片】按钮 ，弹出【插入图片】对话框。选择"素材\ch16\背景1.jpg"文件，单击【插入】按钮。

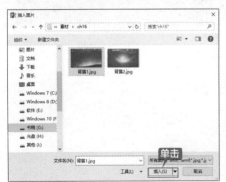

第4步 选择插入的图片并调整图片的大小和位置，效果如下图所示。

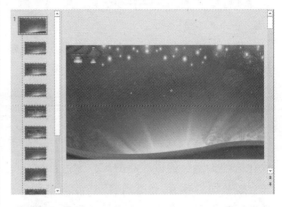

第5步 选择插入的图片，单击【格式】选项卡下【排列】组中【下移一层】按钮的下拉按钮，在弹出的下拉列表中选择【置于底层】选项。

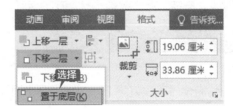

第6步 即可将图片置于幻灯片页面的底层，效果如下图所示。

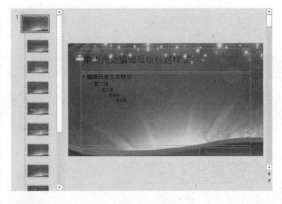

第7步 选择标题文本框中的内容，设置其【字体】为"华文行楷"，【字号】为"54"，【字体颜色】为"白色"，并调整标题文本框的位置，效果如下图所示。

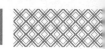

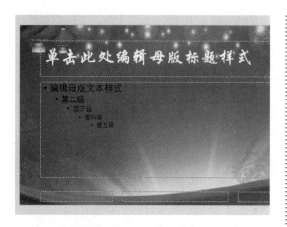

设置幻灯片的背景操作步骤如下。

第1步 在左侧窗格中选择第2张幻灯片页面，单击选中【幻灯片母版】选项卡下【背景】组中的【隐藏背景图形】复选框，隐藏插入的背景图形。

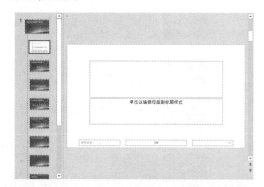

第2步 单击【幻灯片母版】选项卡下【背景】组中的【背景样式】按钮的下拉按钮 背景样式▼，在弹出的下拉列表中选择【设置背景格式】选项。

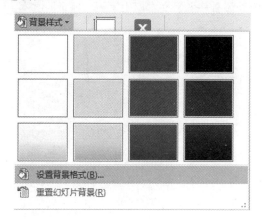

第3步 打开【设置背景格式】窗格，在【填充】

组下单击选中【图片或纹理填充】单选按钮，单击【图片】按钮。

第4步 打开【插入图片】对话框，选择"素材\ch16\背景2.jpg"文件，单击【插入】按钮，插入图片后的效果如下图所示。

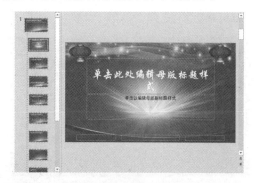

第5步 单击【幻灯片母版】选项卡下【关闭】组中的【关闭母版视图】按钮，返回普通视图。

2. 设计首页效果

第1步 删除幻灯片首页的占位符，单击【插入】

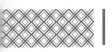
选项卡下【文本】选项组中的【艺术字】按钮，在弹出的下拉列表中选择一种艺术字样式。

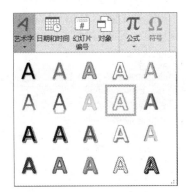

第2步 即可在幻灯片中插入艺术字文本框，在"请在此放置你的文字"文本框中输入"××公司年会方案"文本，然后设置其【字体】为"楷体"、【字号】为"80"，并拖曳文本框至合适位置。

第3步 单击【插入】选项卡下【文本】选项组中的【文本框】按钮下方的下拉按钮，在弹出的列表中选择【横排文本框】选项。

第4步 在幻灯片中拖曳出文本框，输入"行政部"文本，并设置其【字体】为"楷体"、【字号】为"40"、【颜色】为"白色"，并添加"加粗"效果。

至此，幻灯片的首页已经设置完成。

3. 设置目录幻灯片

第1步 单击【开始】选项卡下【幻灯片】组中的【新建幻灯片】按钮的下拉按钮，在弹出的列表中选择【仅标题】选项。

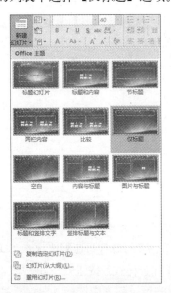

第2步 插入了仅标题幻灯片页面。在【单击此处添加标题】文本框中输入"目录"文本。

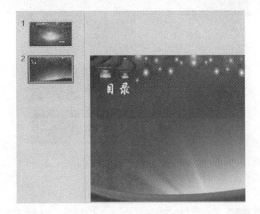

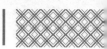

第3步 插入横排文本框，并输入相关内容，设置【字体】为"楷体"，【字号】为"40"，【字体颜色】为"白色"，效果如下图所示。

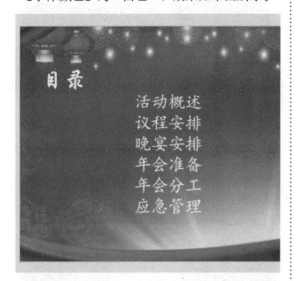

第4步 选择输入的目录文本，单击【开始】选项卡下【段落】组中的【项目符号】按钮 后的下拉按钮，在弹出的下拉列表中选择【项目符号和编号】选项。

第5步 弹出【项目符号和编号】对话框，在【项目符号】列表框中选择一种项目符号类型，单击下方【颜色】后的下拉按钮，设置颜色为"白色"，单击【确定】按钮。

第6步 即可看到添加项目符号后的效果。

4. 制作活动概述幻灯片页面

第1步 插入"仅标题"幻灯片，输入标题为"活动概述"。

第2步 打开随书光盘中的"素材\ch16\活动概述.txt"文档，复制其内容，然后将其粘贴到幻灯片页面中，并根据需要设置字体样式，效果如下图所示。

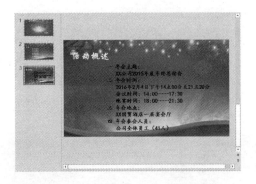

5. 制作议程安排幻灯片页面

第1步 插入"仅标题"幻灯片，输入标题为"议程安排"。

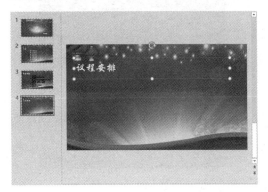

第2步 单击【插入】选项卡下【插图】组中的【SmartArt】按钮 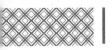，弹出【选择SmartArt 图形】对话框，在左侧列表中选择【流程】选项，在中间的样式表中选择【重复蛇形流程】选项，然后单击【确定】按钮。

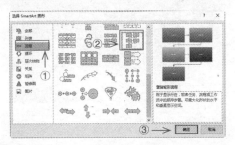

第3步 完成 SmartArt 图形的插入，根据需要输入相关内容并设置字体样式。

第4步 选择最后一个形状，单击鼠标右键，在弹出的快捷菜单中选择【添加形状】→【在后面添加形状】选项。

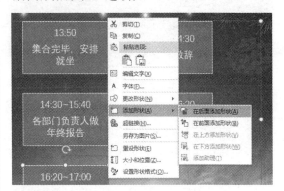

第5步 即可插入新形状，输入相关内容。至此，所有流程输入完毕。

第6步 选中重复蛇形流程图，单击【SmartArt工具】→【设计】选项卡下【SmartArt 样式】选项组中的【更改颜色】按钮，在弹出的下拉列表中选择一种颜色样式。

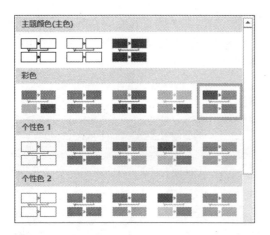

第7步 再次选中 SmartArt 图形，单击【SmartArt 样式】选项组右下角的【其他】按钮 ▾，在弹出的下拉列表中选择一种样式，应用于重复蛇形流程图。

第2步 绘制图形，打开随书光盘中的"素材 \ch16\ 晚宴安排 .txt"文档，根据文档内容在图形中输入内容。

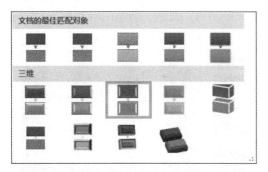

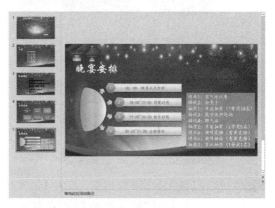

第8步 根据需要调整 SmartArt 图形的大小，并调整箭头的样式及粗细，效果如下图所示。

6. 制作其他幻灯片页面

第1步 插入"仅标题"幻灯片，输入标题为"年会准备"，打开随书光盘中的"素材 \ch16\ 年会准备 .txt"文档，将其内容复制到"年会准备"幻灯片页面，并根据需要设置字体样式。

5. 制作议程安排幻灯片页面

第1步 插入"仅标题"幻灯片，输入标题为"晚宴安排"。

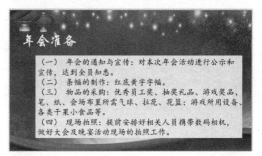

第2步 插入"仅标题"幻灯片，输入标题为"年会分工"。

第3步 单击【插入】选项卡下【表格】组中的【表格】按钮，在弹出的下拉列表中选择【插入表格】选项。

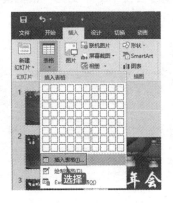

第4步 弹出【插入表格】对话框，设置【列数】为"2"，【行数】为"8"，单击【确定】按钮。

第5步 即可插入一个8行2列的表格，输入相关内容。

第6步 根据需要调整表格的行高，设置表格文本的大小，并设置表格内容"垂直居中"对齐。

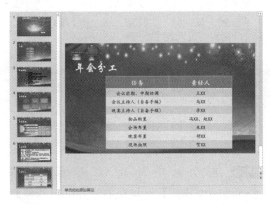

第7步 插入"仅标题"幻灯片，输入标题为"年会准备"，打开随书光盘中的"素材\ch16\年会准备.txt"文档，将其内容复制到"年会准备"幻灯片页面，并根据需要设置字体样式。

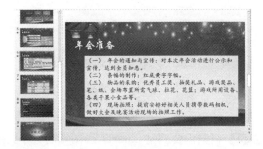

7. 制作结束幻灯片页面

第1步 单击【开始】选项卡【幻灯片】组中的【新建幻灯片】按钮，在弹出的快捷菜单中选择【标题幻灯片】选项，新建"标题幻灯片"页面。

第2步 单击【插入】选项卡【文本】组中的【艺术字】按钮，在弹出的下拉列表中选择一种艺术字样式。在插入的艺术字文本框中输入

"谢谢大家！"文本，并设置【字号】为"96"，设置【字体】为"楷体"。

8. 添加动画和切换效果

第1步 选择第1张幻灯片页面，单击【切换】选项卡下【切换到此幻灯片】组中的【其他】按钮，在弹出的下拉列表中选择一种切换样式，例如选择【细微组】中的【覆盖】切换效果样式。

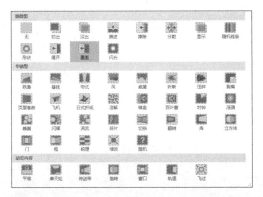

第2步 单击【转换】选项卡【切换到此幻灯片】组中的【效果选项】按钮，在弹出的下拉列表中选择【自底部】选项，设置切换效果的效果选项。

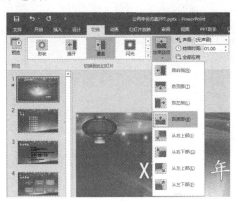

第3步 在【计时】选项组中设置【持续时间】为"02.50"，单击【全部应用】按钮，将设置的切换效果应用至所有幻灯片页面。

第4步 选择第一张幻灯片页面中的标题文本，单击【动画】选项卡下【动画】组中的【其他】按钮，在弹出的下拉列表中选择一种动画样式，例如选择【进入】组中的【飞入】动画效果。

第5步 单击【动画】选项卡下【动画】组中的【效果选项】按钮，在弹出的下拉列表中选择【自顶部】选项，设置动画转换的效果。

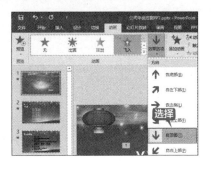

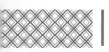

第6步 在【计时】组中设置【开始】为"上一动画之后",【持续时间】为"01.50",【延迟】为"00.50"。

第7步 即可为所选内容添加动画效果,在其前方将显示动画序号。使用同样的方法为其他文本内容、SmartArt 图形、自选图形、表格等添加动画效果。最终效果如下图所示。

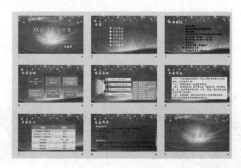

至此,就完成了公司年会方案 PPT 的制作。

第 17 章

在财务管理中的应用

本章导读

本章主要介绍 Office 2016 在财务管理中的应用，主要包括使用 Word 制作报价单、使用 Excel 制作还款表、使用 PowerPoint 制作财务支出分析报告 PPT 等。通过本章学习，读者可以掌握 Word/Excel/PPT 在财务管理中的应用。

思维导图

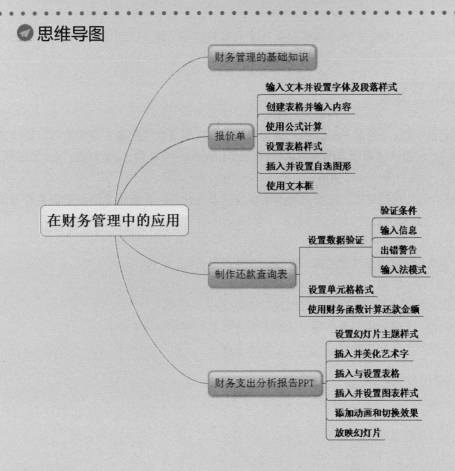

 财务管理的基础知识

　　财务管理是企业管理的一个重要组成部分，是基于企业再生产过程中客观存在的资金运动和财务关系产生的，利用价值形式对再生产过程进行的管理，是组织资金运动、处理财务关系的一项综合性经济管理工作。目的就是以最少的资金占用和消耗，获得最大的经济利益。

　　财务管理职能是指财务管理应发挥的作用和应具有的功能。包括财务预测、财务决策、财务预算、财务控制、财务分析5个部分。

　　在财务管理应用中通常会遇到余额调节表、企业财务收支分析、会计科目表、记账凭证、日记账、员工工资管理、损益表、资产负债表、现金流量表等内容的编制与操作。使用 Office 办公软件可以在财务管理领域制作财务报告文档、各类分析报表及数据展示演示文稿。如 Word 在编排文本、数据的优越性，不仅表现在效率上，更重要的是表现在美观上，可以使财务报告做到图文并貌。使用 Excel 则可以根据需要操纵数据，得到所需数据的核心部分。它的计算功能，省去了测试数据时的大量计算工作。使用 PowerPoint 可以制作出精美的数据分析展示 PPT，不仅美观，还能直观地反应出公司最近一段时间的财务状况。

17.2 报价单

　　报价单的作用就是向询价企业汇报需购买商品的准确价格信息，以便让客户及时了解所购买商品的价格，并做好购买货款准备，完成销售任务。

17.2.1 设计思路

　　报价单主要用于供应商给客户的报价，类似价格清单。是货物供应商根据询价单位的请求给出反馈的文档格式,需要清晰地表明询价单位询价的商品的单价、总价、发货方式、可发货日期、发票等详细信息，供询价单位参考使用。

　　此外，在报价单上方需要填写报价方和询价单位的基本信息，在询价单的底部需要有报价商家（单位或个人）的公章及签名等。

　　可按照以下几部分设计报价单。

　　① 报价单位基本信息，如单位名称、联系人、联系电话等。

　　② 询价单位的基本信息。

　　③ 询价商品的单价、总价、发货方式以及日期等信息。

　　④ 提示等内容，主要介绍报价事项、结算方式等需要反馈给询价单位的信息。

　　⑤ 报价单位信息，最好加盖单位公章，增加可信度。

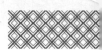

17.2.2 知识点应用分析

可以使用 Word 2016 制作询价单，主要涉及以下知识点。

① 设置字体、字号。

② 设置段落样式。

③ 绘制表格。

④ 设置表格样式。

⑤ 绘制文本框。

17.2.3 案例实战

案例制作的具体操作步骤如下。

1. 输入基本信息

第1步 新建 Word 文档，并将其另存为"报价单.docx"文件。

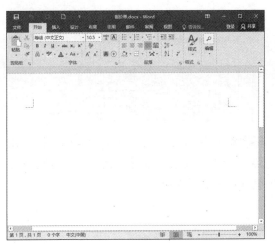

第2步 在文档中输入"报价单"文本，并设置其【字体】为"方正楷体简体"，【字号】为"小初"，并将其设置为【居中】显示。

第3步 选择输入的文本，并单击鼠标右键，在弹出的快捷菜单中选择【段落】菜单命令。

第4步 弹出【段落】对话框，在【间距】组中设置其【段前】为"1行"，【段后】为"0.5行"，单击【确定】按钮。

第5步 即可看到设置段落样式后的效果，根据需要输入询价单位的基本信息。可以打开随书光盘中的"素材 \ch17\ 报价单资料 .docx"文件将第一部分内容复制到"报价单 .docx"文档中。

第6步 根据需要设置字体和字号及段落样式，效果如下图所示。

2. 制作表格

第1步 单击【插入】选项卡下【表格】选项组中的【表格】按钮的下拉按钮，在弹出的下拉列表中选择【插入表格】选项。

第2步 弹出【插入表格】对话框，设置【列数】为"6"，【行数】为"6"，单击【确定】按钮。

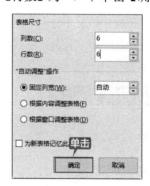

第3步 即可完成表格的插入，根据需要输入相关信息，如下图所示。

第4步 选择最后一行，并单击鼠标右键，在弹出的快捷菜单中选择【插入】→【在下方插入行】菜单命令。

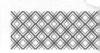
第 5 步 即可在表格下方插入新的行，并输入相关信息。

报价单

报价方：XX 电脑销售公司				询价方：XX 科技公司		
联系人：王主任				联系人：李经理		
联系电话：138****1111				联系电话：138****2222		
电子邮箱：wangzhuren@163.com				电子邮箱：lijingli@163.com		
设备名称	型号	数量	单位	单价	总价	
打印机	A 型	3	台	1100	3300	
台式电脑	B 型	20	台	4000	80000	
扫描仪	C 型	3	台	1400	4200	
投影仪	E 型	2	台	5000	10000	
总计						
总计（大写）						

第 6 步 选择最后一列，在表格最后插入新列，并输入相关内容。

报价方：XX 电脑销售公司				询价方：XX 科技公司		
联系人：王主任				联系人：李经理		
联系电话：138****1111				联系电话：138****2222		
电子邮箱：wangzhuren@163.com				电子邮箱：lijingli@163.com		
设备名称	型号	数量	单位	单价	总价	交货日期
打印机	A 型	3	台	1100	3300	可于 2016 年 3 月 25 日送货到贵公司
台式电脑	B 型	20	台	4000	80000	
扫描仪	C 型	3	台	1400	4200	
投影仪	E 型	2	台	5000	10000	
总计						
总计（大写）						

第 7 步 选择最后一列第 2 行至第 7 行的表格，单击鼠标右键，在弹出的快捷菜单中选择【合并单元格】菜单命令。

报价方：XX 电脑销售公司				询价方：XX 科技公司		
联系人：王主任				联系人：李经理		
联系电话：138****1111				联系电话：138****2222		
电子邮箱：wangzhuren@163.com				电子邮箱：lijingli@1		
设备名称	型号	数量	单位	单价	总价	
打印机	A 型	3	台	1100	3300	
台式电脑	B 型	20	台	4000	80000	
扫描仪	C 型	3	台	1400	4200	
投影仪	E 型	2	台	5000	10000	
总计						
总计（大写）						

选择

第 8 步 即可将选择的单元格合并。

报价方：XX 电脑销售公司				询价方：XX 科技公司		
联系人：王主任				联系人：李经理		
联系电话：138****1111				联系电话：138****2222		
电子邮箱：wangzhuren@163.com				电子邮箱：lijingli@163.com		
设备名称	型号	数量	单位	单价	总价	交货日期
打印机	A 型	3	台	1100	3300	可于 2016 年 3 月 25 日送货到贵公司
台式电脑	B 型	20	台	4000	80000	
扫描仪	C 型	3	台	1400	4200	
投影仪	E 型	2	台	5000	10000	
总计						
总计（大写）						

设置其他单元格

第 1 步 使用同样的方法合并其他单元格。

报价方：XX 电脑销售公司				询价方：XX 科技公司		
联系人：王主任				联系人：李经理		
联系电话：138****1111				联系电话：138****2222		
电子邮箱：wangzhuren@163.com				电子邮箱：lijingli@163.com		
设备名称	型号	数量	单位	单价	总价	交货日期
打印机	A 型	3	台	1100	3300	可于 2016 年 3 月 25 日送货到贵公司
台式电脑	B 型	20	台	4000	80000	
扫描仪	C 型	3	台	1400	4200	
投影仪	E 型	2	台	5000	10000	
总计						
总计（大写）						

第 2 步 将鼠标光标定位至第 6 行第 2 列的单元格中，单击【布局】选项卡的【数据】组中的【公式】按钮。

第 3 步 弹出【公式】对话框，在【公式】文本框中输入"=SUM(ABOVE)"，SUM 函数可在【粘贴函数】下拉列表框中选择。在【编号格式】下拉列表框中选择【0】选项。

提示

【公式】文本框：显示输入的公式，公式"=SUM(ABOVE)"，表示对表格中所选单元格上面的数据求和。【编号格式】下拉列表框用于设置计算结果的数字格式。

第 4 步 各选项设置完毕后单击【确定】按钮，便可计算出结果。

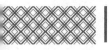

报价单

报价方：XX 电脑销售公司				询价方：XX 科技公司		
联系人：王主任				联系人：李经理		
联系电话：138****1111				联系电话：138****2222		
电子邮箱：wangzhuren@163.com				电子邮箱：lijingli@163.com		

设备名称	型号	数量	单位	单价	总价	交货日期
打印机	A 型	3	台	1100	3300	可于 2016 年 3 月 25 日送货到贵公司
台式电脑	B 型	20	台	4000	80000	
扫描仪	C 型	3	台	1400	4200	
投影仪	E 型	2	台	5000	10000	
总计	97500					
总计（大写）						

第5步 在第 7 行第 2 列的单元格中输入"97500"的大写"玖万柒仟伍佰元整"，效果如下图所示。

报价单

报价方：XX 电脑销售公司				询价方：XX 科技公司		
联系人：王主任				联系人：李经理		
联系电话：138****1111				联系电话：138****2222		
电子邮箱：wangzhuren@163.com				电子邮箱：lijingli@163.com		

设备名称	型号	数量	单位	单价	总价	交货日期
打印机	A 型	3	台	1100	3300	可于 2016 年 3 月 25 日送货到贵公司
台式电脑	B 型	20	台	4000	80000	
扫描仪	C 型	3	台	1400	4200	
投影仪	E 型	2	台	5000	10000	
总计	97500					
总计（大写）	玖万柒仟伍佰元整					

第6步 根据需要调整表格的列宽和行高并设置表格内字体的大小，将表格中的内容居中显示。

报价单

报价方：XX 电脑销售公司				询价方：XX 科技公司		
联系人：王主任				联系人：李经理		
联系电话：138****1111				联系电话：138****2222		
电子邮箱：wangzhuren@163.com				电子邮箱：lijingli@163.com		

设备名称	型号	数量	单位	单价	总价	交货日期
打印机	A 型	3	台	1100	3300	可于 2016 年 3 月 25 日送货到贵公司
台式电脑	B 型	20	台	4000	80000	
扫描仪	C 型	3	台	1400	4200	
投影仪	E 型	2	台	5000	10000	
总计				97500		
总计（大写）				玖万柒仟伍佰元整		

3. 输入其他内容

第1步 将鼠标光标放在表上上方文本的最后，按【Enter】键换行。

第2步 单击【插入】选项卡下【插图】组中【形状】按钮的下拉按钮，在弹出的下拉列表中选择【直线】形状。

第3步 在鼠标光标所在位置绘制一条横线。

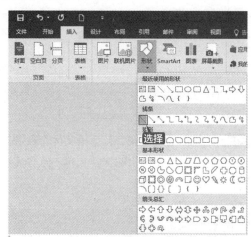

第4步 选择绘制的横线，在【格式】选项卡下【形状样式】组中根据需要设置线条的形状轮廓颜色以及粗细，效果如下图所示。

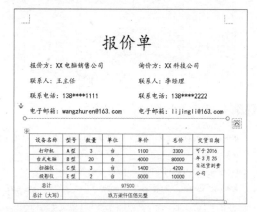

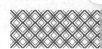

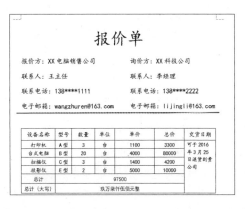

第5步 在横线下方输入"以下为贵公司询价产品明细,请详阅。如有疑问,请及时与我司联系,谢谢!"文本,并根据需要设置字体样式。

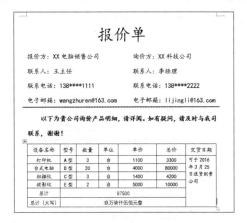

第6步 单击【插入】选项卡下【文本】选项组中【文本框】按钮的下拉按钮,在弹出的下拉列表中选择【绘制文本框】选项。

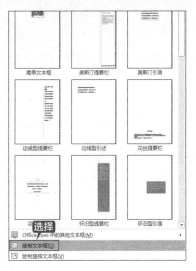

第7步 在表格下方绘制文本框,并将随书光盘中的"素材\ch17\报价单资料.docx"文件中表格下的"备注"内容复制到绘制的文本框内。

第8步 选择插入的文本框,单击【格式】选项卡下【形状样式】选项组中的【形状轮廓】按钮,在弹出的下拉列表中选择【无轮廓】选项。

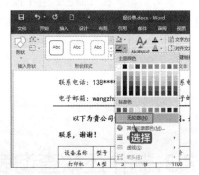

第9步 即可看到将文本框设置为"无轮廓"后的效果,根据需要设置文本框中字体的样式。

制作询价单的基本操作如下。

第1步 将随书光盘中的"素材 \ch17\ 报价单资料 .docx"文件中的其他内容复制到"询价单 .docx"文档最后的位置，并根据需要设置字体格式。

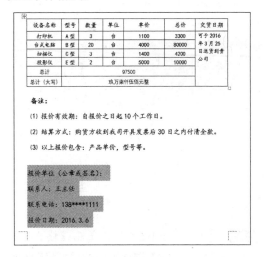

第2步 选择新输入的内容，并单击鼠标右键，在弹出的快捷菜单中选择【段落】选项，打开【段落】对话框，在【缩进】组中设置【缩进值】为"15字符"，单击【确定】按钮。

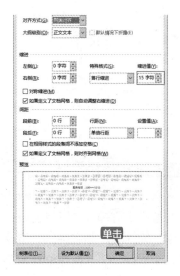

第3步 至此，就完成了报价单的制作，只需要将制作完成的文档反馈给询价单位即可。

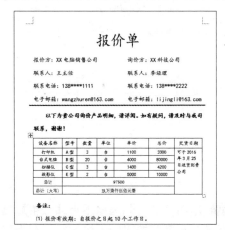

17.3 制作还款查询表

越来越多的人通过申请住房贷款来购买房产。制作一份详细的住房还款表能够帮助用户了解自己的还款状态，提前为自己的消费做好规划。

17.3.1 设计思路

个人住房贷款是指商业银行向借款人开放的，用于借款人购买首次交易的住房贷款。

期限在一年(含)以内的个人住房贷款，实行到期一次还本付息，利随本清；也可实行按月(或按季)计息，到期结清贷款本息。

期限在一年以上的个人住房贷款，本息偿还可采用等额本息还款法、等额本金还款法及其他银行认可的方式。

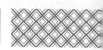

还款查询表主要适用于房地产、二手房交易等行业，是财务部、销售部等岗位职工为购房者提供的简易还款查询表格，也适合于个人对房屋贷款进行还款计算。

还款查询表主要包括以下几点。

① 表头，介绍该表的名称。

② 供用户输入的部分，如贷款金额、年利率、贷款期限等，需要注意的是，如果需要限定选项的内容，如贷款期限，可以使用数据验证的方法限定选项。

③ 查询部分，主要使用公式进行计算，可以计算出期限、归还利息、归还本金、归还本利、累计利息、累计本金以及未还贷款等信息，使数据一目了然，便于用户查阅。

17.3.2 知识点应用分析

使用 Excel 2016 可以设计还款查询表，主要涉及以下知识点。

① 设置单元格格式。

② 设置数据验证。

③ 使用财务函数。

17.3.3 案例实战

设计还款查询表的具体操作步骤如下。

1. 设置数据验证

第1步 打开随书光盘中的"素材 \ch17\ 还款查询表 .xlsx"文件。选择 B2 单元格，单击【数据】选项卡【数据工具】选项组中的【数据验证】按钮的下拉按钮，在弹出的下拉列表中选择【数据验证】选项。

第2步 弹出【数据验证】对话框，在【设置】选项卡的【允许】下拉列表中选择【整数】选项。

第3步 在【数据】下拉列表中选择【介于】选项，并设置【最小值】为"10000"，【最大值】为"3000000"。

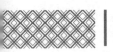

第4步 选择【输入信息】选项卡。在【标题】和【输入信息】文本框中，输入如图所示的内容。

第5步 选择【出错警告】选项卡，在【样式】下拉列表中选择【警告】选项，在【标题】和【错误信息】文本框中输入如图所示的内容。单击【确定】按钮。

选择贷款年限数据的操作如下。

第1步 返回至工作表之后，选择 B2 单元格，将会看到提示信息。

第2步 如果输入了 10000~3000000 之外的数据，将会弹出【数据错误】提示框，需要单击【重试】按钮并输入正确数据。

第3步 选择 F2:G2 单元格区域，单击【开始】选项卡下【对齐方式】组中的【合并后居中】按钮，将单元格合并。

第4步 单击【数据】选项卡【数据工具】选项组中的【数据验证】按钮的下拉按钮，在弹出的下拉列表中选择【数据验证】选项。弹出【数据验证】对话框，在【设置】选项卡的【允许】下拉列表中选择【序列】数据格式，在【来源】文本框中输入"10,20,30"，单击【确定】按钮。

第5步 返回工作表，单击 F2 单元格后的下拉按钮，可以在弹出的下拉列表中选择贷款年限数据。

2. 设置单元格格式

第1步 选择 D2 单元格，并单击鼠标右键，在弹出的快捷菜单中选择【设置单元格格式】菜单命令。

第2步 弹出【设置单元格格式】对话框，在【数字】选项卡下的【分类】列表框中选择【百分比】选项。设置【小数位数】为"2"，单击【确定】按钮。

第3步 根据需要在 A2、C2、E2 单元格中分别输入"贷款金额""年利率"和"贷款期限"等数据。

3. 输入函数

第1步 选择单元格 B5，在编辑栏中输入公式"=IPMT（$D$2,A5,$F$2,$B$2）"，按【Enter】键即可计算出第一年的归还利息。

> **｜提示｜**
>
> 　　公式"=PPMT（$D$2, A5,$F$2, $B$2）"表示返回固定期数内的归还本金。其中，"$D$2"为各期的利息；"A5"为计算其利息的期次，这里计算的是第一年的归还利息；"$F$2"为"贷款的期限"；"$B$2"表示了贷款的总额。

第2步 使用快速填充功能将公式填充至 B34

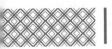
单元格，计算每年的归还利息。

第3步 选择单元格 C5，输入公式"=PPMT（$D$2,A5,$F$2,$B$2）"，按【Enter】键即可算出第一年的归还本金。

> **│提示│**
>
> 公式"=PPMT（$D$2, A5,$F$2, $B$2）"表示返回定期数内的归还本金。其中，"$D$2"为各期的利息；"A5"为计算其利息的期次，这里计算的是第一年的归还利息；"$F$2"为"贷款的期限"；"$B$2"表示了贷款的总额。

第4步 选择单元格 D5，输入公式"=PMT（$D$2,$F$2,$B$2）"，按【Enter】键即可算出第一年的归还本利。

> **│提示│**
>
> 公式"=PMT（$D$2, $F$2, $B$2）"表示返回贷款每期的归还总额。其中"$D$2"为各期的利息，"$F$2"为"贷款的期限"，"$B$2"表示了贷款的总额。

第5步 使用快速填充功能，计算出每年的归还本金和归还本利。

第6步 选择单元格 E5，输入公式"=CUMIPMT（$D$2,$F$2,$B$2,1,A5,0）"，按【Enter】键即可算出第一年的累计利息。

> **| 提示 |**
>
> 公式"=CUMIPMT（$D$2, $F$2,$B$2, 1,A5,0）"表示返回两个周期之间的累计利息。其中，"$D$2"为各期的利息；"$F$2"为"贷款的期限"；"$B$2"表示了贷款的总额；"1"表示计算中的首期，付款期数从1开始计数；"A5"表示期次；"0"表示付款方式是在期末。

计算累计本金、未还利息、未还贷款及还款情况操作如下。

第1步 选择单元格F5，输入公式"=CUMPRINC ($D$2,$F$2,$B$2,1,A5,0)"，按【Enter】键即可算出第一年的累计本金。

> **| 提示 |**
>
> 公式"=CUMPRINC（$D$2, $F$2,$B$2, 1,A5,0）"表示返回两个周期之间的支付本金总额。其中"$D$2"为各期的利息；"$F$2"为"贷款的期限"；"$B$2"表示了贷款的总额；"1"表示计算中的首期，付款期数从1开始计数；"A5"表示期次；"0"表示付款方式是在期末。

第2步 选择单元格G5，输入公式"=$B$2+F5"，按【Enter】键即可算出第一年的未还利息。

第3步 使用快速填充功能，计算出每年的累计利息、累计本金和未还贷款。

第4步 如果需要查询其他数据，只需要更改"贷款金额""年利率"和"贷款年限"等数据即可。如将"贷款年限"更改为"20"，即可看到计算出的还款情况。

至此，就完成了还款查询表的制作，只需要将制作完成的表格进行保存即可。

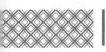
17.4 财务支出分析报告 PPT

本节使用 PowrPoint 2016 制作财务支出分析报告 PPT，达到完善企业财务制度、改进各部门财务管理的目的。

17.4.1 设计思路

财务分析报告 PPT 可以让企业领导看到企业近期的财务支出情况，能够促进公司制度的改革，制作出合理的财务管理制度，在制作财务分析报告 PPT 时，还需要对各部门的财务情况进行简单的分析，不仅要使各部门能够清楚地了解各部门的财务情况，还要了解其他部门的财务情况。

财务支出分析报告 PPT 主要包括以下几点。

① 首页，介绍幻灯片的名称、制作者信息。

② 各部门财务情况页面，列出需要对比时期内各部门的财务支出情况，最好以表格的形式列举，便于查看。

③ 对比幻灯片页面，可以根据需求从多角度进行对比，如可以按照各部门各季度的财务支出情况对比、每季度个各部门的财务支出情况对比。

④ 分析页面，可以介绍通过各部门财务支出情况的对比，可以发现什么样的问题，以及如何避免这些问题，从而健全企业的财务管理制度。

17.4.2 知识点应用分析

制作财务支出分析报告 PPT 主要涉及以下知识点。

① 插入艺术字。

② 插入与设置表格。

③ 插入并设置图标。

④ 设置动画、切换效果。

⑤ 放映幻灯片。

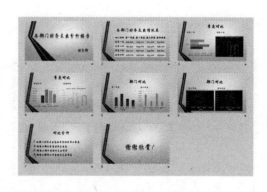

17.4.3 案例实战

使用 PowerPoint 2016 制作财务支出分析报告 PPT 的具体操作步骤如下。

1. 设置幻灯片首页

第1步 新建 PowerPoint 2016 文档，并将其另存为"财务支出分析报告 PPT.pptx"，并删除页面中的所有占位符。

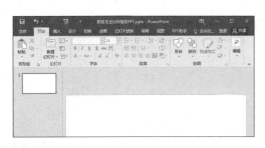

第2步 单击【设计】选项卡下【主题】选项组中的【其他】按钮▼，在弹出的下拉列表中选择一种主题样式。

第3步 单击【设计】选项卡下【变体】选项组中的【其他】按钮▼，在弹出的下拉列表中选择一种主题的变体样式，效果如下图所示。

第4步 单击【插入】选项卡下【文本】选项组中的【艺术字】按钮，在弹出的下拉列表中选择一种艺术字样式。

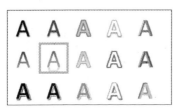

第5步 即可在幻灯片页面中插入【请在此放置您的文字】艺术字文本框，删除文本框中的文字，输入"各部门财务支出分析报告"文本。

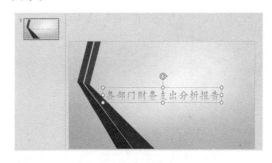

第6步 根据需要在【开始】选项卡下【字体】选项组中设置字体的大小，并移动艺术字的位置。

第7步 重复步骤4~6，输入新的艺术字。

第8步 在【格式】选项卡下的【形状样式】选项组和【艺术字样式】选项组中设置艺术字的样式。

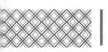
2. 设计财务支出情况页面

第1步 单击【开始】选项卡下【幻灯片】选项组中的【新建幻灯片】按钮，在弹出的下拉列表中选择【标题和内容】选项。

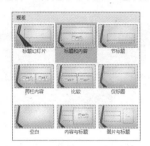

第2步 新建"标题和内容"幻灯片页面。在标题文本框中输入"各部门财务支出情况表"文本，单击【开始】选项卡下【字体】选项组中的【字体】按钮，在弹出的下拉列表中选择"华文行楷"选项。设置其【字号】为"60"，设置【字体颜色】为"深蓝"。

第3步 删除"内容"文本占位符。单击【插入】选项卡下【表格】选项组中的【表格】按钮，在弹出的下拉列表中选择【插入表格】选项。

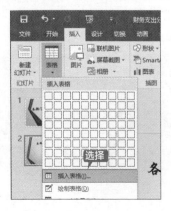

第4步 弹出【插入表格】对话框，设置【列数】为"5"，【行数】为"5"，单击【确定】按钮。

第5步 完成表格的插入，输入相关内容（可以打开随书光盘中的"素材\ch17\部门财务支出表.xlsx"文件，按照表格内容输入），并适当地调整表格内容的大小。

第6步 选择绘制的表格，单击【设计】选项卡下【表格样式】选项组中的【其他】按钮，在下拉列表中选择样式，即更改表格的样式。

3. 设置季度对比页面

第1步 新建"比较"幻灯片页面，在标题占位符中输入"季度对比"，在下方的文本框中分别输入"销售一部"和"销售二部"，并分别设置文字字体样式。

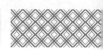

第2步 单击下方左侧文本占位符中的【插入图表】按钮，弹出【插入图表】对话框，选择要插入的图表类型，单击【确定】按钮。

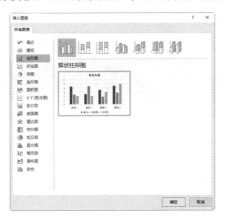

第3步 弹出【Microsoft PowerPoint 中的图表】工作表，在其中根据第2张幻灯片页面中的内容输入相关数据。

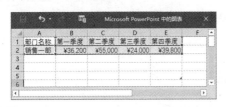

第4步 关闭工作表，即可看到插入图表后的效果。

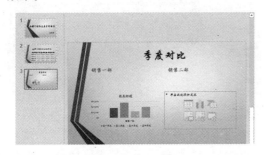

第5步 使用同样的方法，插入"销售二部"各季度的工资情况，并调整图表的大小。

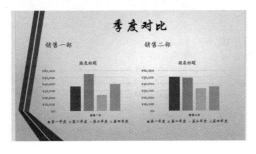

第6步 重复步骤1~5的操作，设置第4张幻灯片。

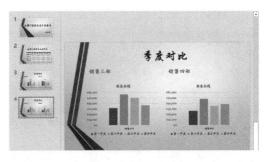

第7步 如果不需要显示图表的标题，可以将其删除，选择第3张幻灯片中的第一个图表，单击【设计】选项卡下【图标布局】选项组中【添加图标元素】按钮，在弹出的下拉列表中选择【图标标题】→【无】选项。

第8步 即可不显示图表标题，使用同样的方法，取消其他图表标题的显示。

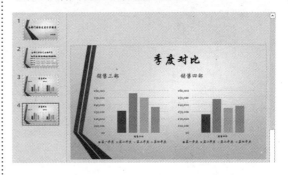

4. 设置其他页面

第1步 新建"比较"幻灯片页面，在标题占位符中输入"部门对比"，在下方的文本框中分别输入"第一季度"和"第二季度"，并分别插入图表。

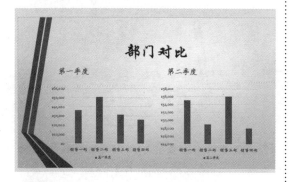

第2步 使用同样的方法创建其他图表。

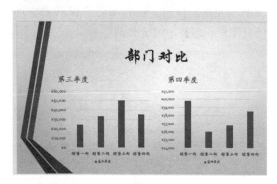

第3步 如果要更改图表的样式，选择需要更改样式的图表，单击【设计】选项卡下【类型】选项组中的【更改图片类型】按钮，弹出【更改图表类型】对话框，选择新的图表类型，单击【确定】按钮。

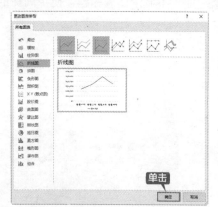

第4步 即可完成图表类型的更改，使用同样的方法，完成其他图表类型的更改。在【设计】

选项卡下的【图表样式】选项组中还可以根据需要更改图表的样式。

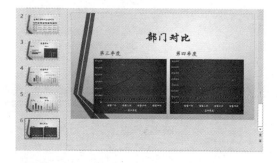

第5步 新建"标题和内容"幻灯片页面。输入标题"对比分析"，并设置字体样式。

第6步 在内容文本框中输入对比结果。

第7步 单击【开始】选项卡下【段落】选项组中【编号】按钮的下拉按钮，并输入文本设置编号，并根据需要设置字体样式。

第8步 新建【空白】幻灯片页面。插入艺术字文本框，输入"谢谢欣赏！"文本，并根据需要设置字体样式。完成结束幻灯片的制作。

5. 添加切换效果

第1步 选择要设置切换效果的幻灯片，这里选择第1张幻灯片。

第2步 单击【切换】选项卡下【切换到此幻灯片】选项组中的【其他】按钮 ，在弹出的下拉列表中选择【细微型】下的【推进】切换效果，即可自动预览该效果。

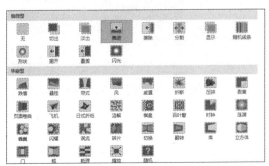

第3步 在【切换】选项卡下【计时】选项组的【持续时间】微调框中设置【持续时间】为"03.00"。

第4步 使用同样的方法，为其他幻灯片页面设置不同的切换效果，也可以单击【计时】选项组中【全部应用】按钮将设置的切换效果应用至所有幻灯片页面。

6. 添加动画效果

第1步 选择第1张幻灯片中要创建进入动画效果的文字。

第2步 单击【动画】选项卡【动画】组中的【其他】按钮 ，弹出如下图所示的下拉列表。

第3步 在下拉列表的【进入】区域中选择【飞入】选项，创建进入动画效果。

第4步 添加动画效果后，单击【动画】选项组中的【效果选项】按钮，在弹出的下拉列表中选择【自顶部】选项。

第5步 在【动画】选项卡的【计时】选项组中设置【开始】为"单击时"，设置【持续时间】值为"02.00"。

第6步 参照步骤 1~5 为其他幻灯片页面中的内容设置不同的动画效果。

第7步 完成幻灯片制作之后，按【F5】键，即可开始放映幻灯片。

第8步 放映结束后可根据预览效果对制作的幻灯片进行调整，最终效果如下图所示。

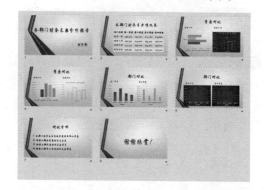

至此，就完成了财务支出分析报告 PPT 的制作。将制作完成的幻灯片进行保存即可。

第18章

在市场营销中的应用

📖 本章导读

本章主要介绍 Office 2016 在市场营销中的应用，主要包括使用 Word 制作产品使用说明书、使用 Excel 分析员工销售业绩、使用 PowerPoint 制作市场调查 PPT 等。通过本章学习，读者可以掌握 Word/Excel/PPT 在市场营销中的应用。

📩 思维导图

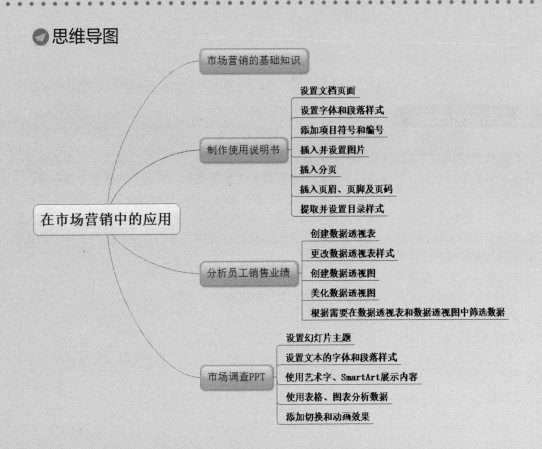

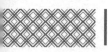

18.1 市场营销的基础知识

市场营销，又称为市场学、市场行销或行销学，市场营销是在创造、沟通、传播和交换产品中，为顾客、客户、合作伙伴以及整个社会带来价值的活动、过程和体系。以顾客需要为出发点，根据经验获得顾客需求量以及购买力的信息、商业界的期望值，有计划地组织各项经营活动，通过相互协调一致的产品策略、价格策略、渠道策略和促销策略，为顾客提供满意的商品和服务而实现企业目标的过程。

(1) 价格策略主要是指产品的定价，主要考虑成本、市场、竞争等，企业根据这些情况来给产品进行定价。

(2) 产品策略主要是指产品的包装、设计、颜色、款式、商标等，制作特色产品，让其在消费者心目中留下深刻的印象。

(3) 渠道策略是指企业选用何种渠道使产品流通到顾客手中。企业可以根据不同的情况选用不同的渠道。

(4) 促销策略主要是指企业采用一定的促销手段来达到销售产品，增加销售额的目的。

在市场营销领域可以使用 Word 制作市场调查报告、市场分析及策划方案等。使用 Excel 可以对统计的数据进行分析、计算，以图表的形式直观显示。使用 PowerPoint 可以制作营销分析、推广方案 PPT 等。

18.2 制作使用说明书

产品使用说明书主要是介绍公司产品的说明，便于用户正确使用公司产品，可以起到宣传产品、扩大消息和传播知识的作用，本节就使用 Word 2016 制作一份产品使用说明书。

18.2.1 设计思路

产品使用说明书主要指关于那些日常生产、生活产品的说明书。产品使用说明书的产品可以是生产消费品行业的，如电视机、耳机；也可以是生活消费品行业的，如食品、药品等。主要是对某一产品的所有情况的介绍或者某产品的使用方法的介绍，诸如介绍其组成材料、性能、存储方式、注意事项、主要用途等。产品说明书是一种常见的说明文，是生产厂家向消费者全面、明确地介绍产品名称、用途、性质、性能、原理、构造、规格、使用方法、保养维护、注意事项等内容而写的准确、简明的文字材料。

产品使用说明书主要包括以下几点。

① 首页，可以是 XX 产品使用说明书或简单地使用说明书。

② 目录部分，显示说明书的大纲。

③ 简单介绍或说明部分，可以简单地介绍产品的相关信息。

④ 正文部分，详细说明产品的使用说明，根据需要分类介绍。内容不需要太多，只需要抓住重点部分介绍即可，最好能够图文结合。

⑤ 联系方式部分，包含公司名称、地址、电话、电子邮件等信息。

18.2.2 知识点应用分析

制作产品使用说明书主要使用以下知识点。

① 设置文档页面。
② 设置字体和段落样式
③ 插入项目符号和编号。
④ 插入并设置图片。
⑤ 插入分页。
⑥ 插入页眉、页脚及页码。
⑦ 提取目录。

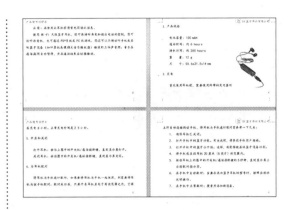

18.2.3 案例实战

使用 Word 2016 制作产品使用说明书的具体操作步骤如下。

1. 设置页面大小

第1步 打开随书光盘中的"素材 \ch18\ 使用说明书 .docx"文档，并将其另存为"产品使用说明书 .docx"。

第2步 单击【布局】选项卡的【页面设置】组中的【页面设置】按钮，弹出【页面设置】对话框，在【页边距】选项卡下设置【上】和【下】的边距为"1.3厘米"，【左】和【右】设置为"1.4厘米"，设置【纸张方向】为"横

向"。

第3步 在【纸张】选项卡下【纸张大小】下拉列表中选择【自定义大小】选项，并设置宽度为"14.8厘米"、高度为"10.5厘米"。

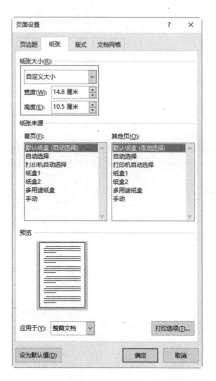

第4步 在【版式】选项卡下的【页眉和页脚】区域中单击选中【首页不同】复选框，并设置页眉和页脚的"距边界"距离均为"1厘米"。

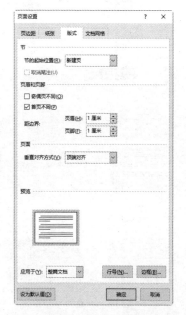

第5步 单击【确定】按钮，完成页面的设置，设置后的效果如图所示。

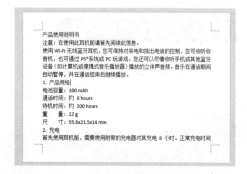

2. 设置标题样式

第1步 选择第1行的标题行，单击【开始】选项卡【样式】组中的【其他】标题按钮，在弹出的【样式】下拉列表中选择【标题】样式。

第2步 设置其【字体】为"华文行楷"，【字号】为"二号"，效果如下图所示。

第3步 将鼠标光标定位在"1.产品规格"段落内，单击【开始】选项卡【样式】组中的【其他】

按钮，在弹出的【样式】下拉列表中选择【创建样式】选项。

第4步 弹出【根据格式设置创建样式】对话框，在【名称】文本框中输入样式名称"一级标题"，单击【修改】按钮。

第5步 弹出【根据格式设置创建新样式】对话框，在【样式基准】下拉列表中选择【无样式】选项，设置【字体】为"楷体"，【字号】为"五号"，单击左下角的【格式】按钮，在弹出的下拉列表中选择【段落】选项。

第6步 弹出【段落】对话框，在【常规】组中设置【大纲级别】为"1级"，在【间距】区域中设置【段前】为"1行"、【段后】为"1行"、【行距】为"单倍行距"，单击【确定】按钮，返回至【根据格式设置创建新样式】对话框中，单击【确定】按钮。

第7步 设置样式后的效果如下图所示。

第8步 双击【开始】选项卡下【剪贴板】组中的【格式刷】按钮，使用格式刷为其他标题设置格式。设置完成，按【Esc】键结束格式刷命令。

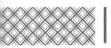

3. 设置正文字体及段落样式

第1步 选中第2段和第3段内容，在【开始】选项卡下的【字体】组中根据需要设置正文的【字体】为"楷体"，【字号】为"五号"。

第2步 单击【开始】选项卡的【段落】组中的【段落】按钮 □，在弹出的【段落】对话框的【缩进和间距】选项卡中设置【特殊格式】为"首行缩进"，【缩进值】为"2字符"，在【间距】组中设置【行距】为"固定值"，【设置值】为"20磅"，设置完成后单击【确定】按钮。

第3步 设置段落样式后的效果如下图所示。

第4步 使用格式刷设置其他正文段落的样式。

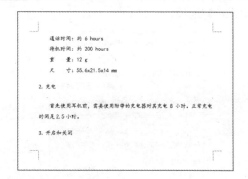

第5步 在设置说明书的过程中，如果有需要用户特别注意的地方，可以将其用特殊的字体或者颜色显示出来，选择第1页的"注意："文本，将其【字体颜色】设置为"红色"，并将其【加粗】显示。

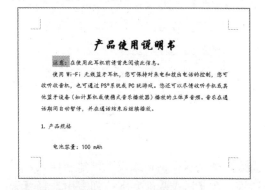

第6步 使用同样的方法设置其他"注意："文本。

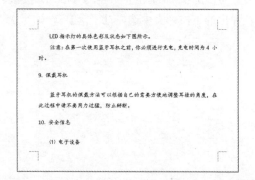

第7步 选择最后的7段文本，将其【字体】设置为"楷体"，【字号】设置为"5号"，并设置【行距】为"固定值 20磅"。

4. 添加项目符号和编号

第1步 选中"4. 为耳机配对"标题下的部分内容，单击【开始】选项卡下【段落】组中【编号】按钮右侧的下拉按钮，在弹出的下拉列表中选择一种编号样式。

第2步 添加编号后的效果如下图所示。

第3步 选中"6. 通话"标题下的部分内容，单击【开始】选项卡下【段落】组中【项目符号】按钮右侧的下拉按钮，在弹出的下拉列表中选择一种项目符号样式。

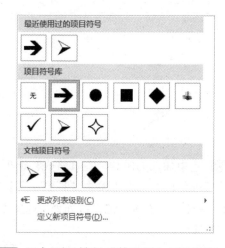

第4步 添加项目符号后的效果如下图所示。

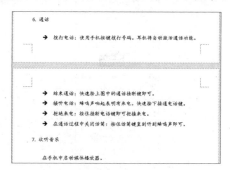

5. 插入并设置图片

第1步 将鼠标光标定位至"2. 充电"文本后，单击【插入】选项卡下【插图】选项组中的【图片】按钮，弹出【插入图片】对话框，选择随书光盘中的"素材\ch18\图片01.png"文件，单击【插入】按钮。

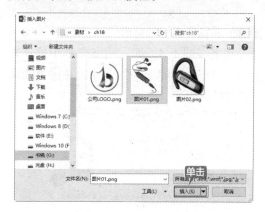

第2步 即可将图片插入到文档中。

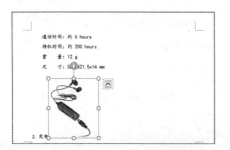

第3步 选中插入的图片,在【格式】选项卡下的【排列】选项组中单击【环绕文字】按钮的下拉按钮,在弹出的下拉列表中选择【四周型】选项。

第4步 根据需要调整图片的位置。

第5步 将鼠标光标定位至"8. 指示灯"文本后,重复步骤1~4,插入随书光盘中的"素材\ch18\图片02.png"文件,并适当地调整图片的大小。

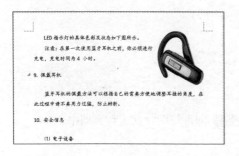

6. 插入分页、页眉和页脚

第1步 制作使用说明书时,需要将某些特定的内容单独一页显示,这时就需要插入分页符。将鼠标光标定位在"产品使用说明书"后方,单击【插入】选项卡下【页面】组中的【分页】按钮。

第2步 即可看到将标题单独在一页显示的效果,选择"产品使用说明书"文本,设置其【大纲级别】为"正文"。

第3步 调整"产品使用说明书"文本的位置,使每个字单独字一行显示,并居中对齐文本。

第4步 插入"公司LOGO.png"图片,设置【环绕文字】为"浮于文字上方",并调整至合适的位置和大小。

第5步 在图片下方绘制文本框，输入文本"××蓝牙耳机有限公司"，设置【字体】为"楷体"，【字号】为"五号"，并将文本框的【形状轮廓】设置为"无颜色"。

第6步 使用同样的方法，在其他需要单独一页显示的内容前插入分页符。

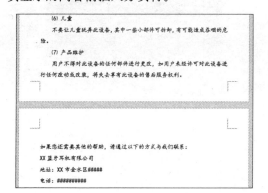

第7步 将鼠标光标定位在第2页中，单击【插入】选项卡【页眉和页脚】组中的【页眉】按钮，在弹出的下拉列表中选择【空白】选项。

第8步 在页眉的【标题】文本域中输入"产品使用说明书"，设置【字体】为"楷体"，【字号】为"小五"，将其设置为"左对齐"。

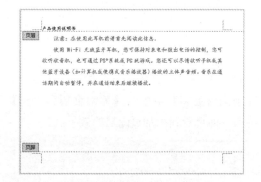

第9步 单击选中【设置】选项卡下【选项】组中的【奇偶页不同】复选框，设置奇偶页不同的页眉和页脚。

第10步 将鼠标光标放在偶数页页眉位置，插入空白页眉，并输入相关内容，效果如下图所示。

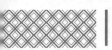

添加页码及效果操作如下。

第1步 分别选择奇数页和偶数页页脚，单击
【插入】选项卡下【页眉和页脚】组中的【页码】
按钮，在弹出的下拉列表中选择【页面底端】
→【普通数字3】选项。

第2步 单击【页眉和页脚工具】下【设计】
选项卡【关闭】组中的【关闭页眉和页脚】
按钮，即可看到添加页码后的效果。

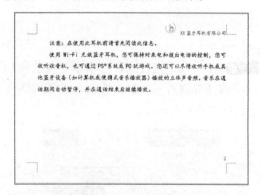

7. 提取目录

第1步 将鼠标光标定位在第2页最后，单击
【插入】选项卡下【页面】组中的【空白页】

按钮，插入一页空白页。

第2步 在插入的空白页中输入"目录"文本，
并根据需要设置字体的样式。

第3步 按【Enter】键换行，并清除新行的样式。
单击【引用】选项卡下【目录】组中的【目录】
按钮，在弹出的下拉列表中选择【自定义目录】
选项。

第4步 弹出【目录】对话框，设置【显示级别】
为"2"，单击选中【显示页码】、【页码右

对齐】复选框。单击【确定】按钮。

第5步 提取说明书目录后的效果如下图所示。

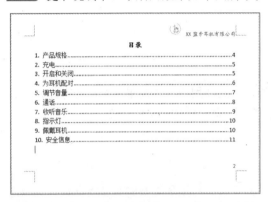

第6步 选择目录内容，设置其【字体】为"楷体"，【字号】为"五号"，并设置【行距】为"1.2"倍行距，效果如下图所示。

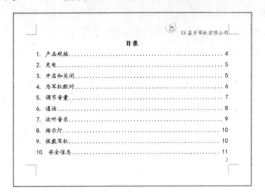

更新目录的操作步骤如下。

第1步 检查说明书文档，根据需要对文档进行调整，尽量避免将标题显示在页面最底端。

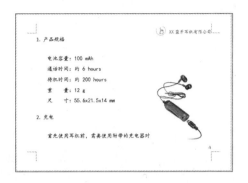

第2步 选择目录，并单击鼠标右键，在弹出的快捷菜单中选择【更新域】选项。

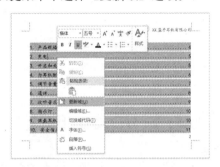

第3步 弹出【更新目录】对话框，单击选中【只更新页码】单选按钮，单击【确定】按钮。

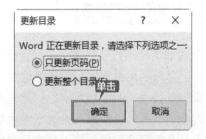

第4步 即可看到更新目录后的效果。

第5步 按【Ctrl+S】组合键保存制作完成的产品说明书文档。最后效果如下图所示。

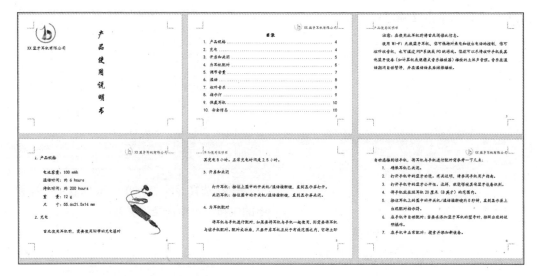

至此，就完成了产品使用说明书的制作。

18.3 分析员工销售业绩

数据透视表是一种快捷、强大的数据分析方法，它允许用户使用简单、直接的操作分析数据库和表格中的数据。本节就来介绍使用数据透视表分析员工销售业绩的操作。

18.3.1 设计思路

销售业绩是指开展销售业务后实现销售净收入的结果。将销售人员的销售情况使用表格进行统计，然后利用数据透视表动态地改变它们的版面布置，以便按照不同方式分析数据，也可以重新安排行号、列标和页字段。每一次改变版面布置时，数据透视表会立即按照新的布置重新计算数据。另外，如果原始数据发生更改，则可以更新数据透视表。例如，可以按季度来分析每个雇员的销售业绩，可以将雇员名称作为列标放在数据透视表的顶端，将季度名称作为行号放在表的左侧，然后对每一个雇员以季度计算销售数量，放在每个行和列的交汇处。

员工销售业绩表中需要详细记录每位员工每段时间的销售情况，为了便于使用数据透视表对销售数据进行分析，最好将数据按照季度或者姓名、员工编号等以一维数据表的形式排列。

18.3.2 知识点应用分析

本节主要涉及以下知识点。
① 创建数据透视表。
② 更改数据透视表样式。
③ 创建数据透视图。
④ 美化数据透视图。

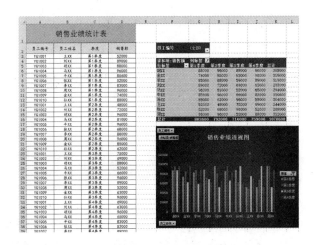

18.3.3 案例实战

使用 Excel 2016 的数据透视表分析员工销售业绩的具体操作步骤如下。

1. 创建数据透视表

第1步 打开随书光盘中的"素材 \ch18\ 销售业绩统计表 .xlsx"工作表，选择数据区域的任意一个单元格，单击【插入】选项卡下【表格】组中的【数据透视表】按钮。

第2步 弹出【创建数据透视表】对话框，在【请选择要分析的数据】组下单击选中【选择一个表或区域】单选按钮，单击【表／区域】文本框后的 按钮。

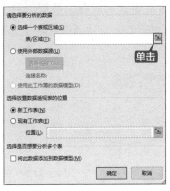

第3步 选择 A2:D42 单元格区域。单击 按钮。

第4步 返回【创建数据透视表】对话框，在【选择放置数据透视表的位置】组下单击选中【现有工作表】单选按钮，并选择要放置数据透视表的位置 F4 单元格，单击【确定】按钮。

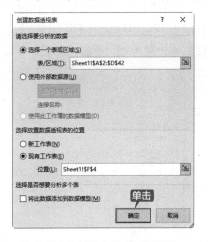

第5步 弹出数据透视表的编辑界面，工作表中会出现数据透视表，在其右侧是【数据透视表字段】任务窗格。

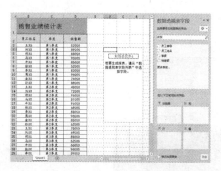

第6步 在【数据透视表】窗格中将【员工编号】拖曳至【筛选器】字段列表中，将【季度】拖曳至【列】字段列表中，将【员工姓名】拖曳至【行】字段列表，将【销售额】拖曳至【Σ值】字段列表中，即可看到创建的数据透视表。

第7步 单击【列标签】后的下拉按钮▼，在弹出的下拉列表中仅选中【第一季度】和【第2季度】两个复选框。单击【确定】按钮。

第8步 即可看到仅显示上半年每位员工的销售情况。

员工编号	(全部)▼		
求和项:销售额	列标签▼		
行标签▼	第1季度	第2季度	总计
胡XX	88000	96000	184000
金XX	74000	85000	159000
李XX	83000	88000	171000
刘XX	89000	72000	161000
马XX	96000	81000	177000
牛XX	85600	96000	181600
孙XX	88000	62000	150000
王XX	52000	48000	100000
张XX	52000	68000	120000
周XX	96000	96000	192000
总计	803600	792000	1595600

筛选单一员工销售额的操作步骤如下。

第1步 单击筛选项【员工编号】后的下拉按钮▼，在弹出的下拉列表中单击选中【选择多项】复选框，然后选中要搜索的员工编号前的复选框，单击【确定】按钮。

第2步 即可看到筛选出编号为YG1006至YG1010员工上半年的销售情况。

员工编号	(多项)▼		
求和项:销售额	列标签▼		
行标签▼	第1季度	第2季度	总计
金XX	74000	85000	159000
李XX	83000	88000	171000
孙XX	88000	62000	150000
张XX	52000	68000	120000
周XX	96000	96000	192000
总计	393000	399000	792000

第3步 如果要显示所有的数据，只需要再次执行同样的操作，选中【全选】复选框即可。

员工编号	(全部)▼				
求和项:销售额	列标签▼				
行标签▼	第1季度	第2季度	第3季度	第4季度	总计
胡XX	88000	96000	88000	96000	368000
金XX	74000	85000	63000	96000	318000
李XX	83000	88000	59000	89000	319000
刘XX	89000	72000	69000	63000	293000
马XX	96000	81000	52000	65000	294000
牛XX	85600	96000	66000	83000	330600
孙XX	88000	62000	96000	58000	304000
王XX	52000	48000	75000	69000	244000
张XX	52000	68000	96000	52000	268000
周XX	96000	96000	52000	88000	332000
总计	803600	792000	716000	759000	3070600

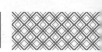

2. 更改数据透视表样式

第1步 选择数据透视表内任意一个单元格，单击【设计】选项卡下【数据透视表样式】选项组中的【其他】按钮，在弹出的下拉列表中选择一种样式。

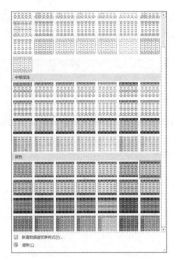

第2步 即可将选择的数据透视表样式应用到数据透视表中。

第3步 单击【分析】选项卡下【活动字段】选项组中的【字段设置】按钮，弹出【值字段设置】对话框，在【计算类型】选择框中选择【最大值】类型，单击【确定】按钮。

第4步 即可在【总计】行和列中分别显示第1季度或员工销售业绩的最大值。

3. 创建数据透视图

第1步 选择数据透视表中的任意一个单元格，单击【插入】选项卡下【图表】选项组中的【数据透视图】按钮的下拉按钮，在弹出的下拉列表中选择【数据透视图】选项。

第2步 弹出【插入图表】对话框，选择【柱形图】下的【簇状柱形图】选项，单击【确定】按钮。

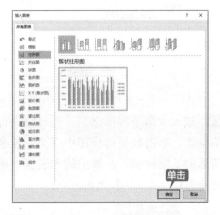

第3步 即可根据数据透视表创建数据透视图。

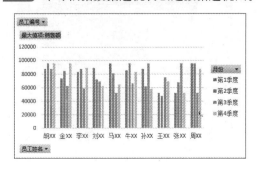

第4步 在【数据透视图】字段单击【求和项】后的下拉按钮，在弹出的下拉列表中选择【值字段设置】选项。

第5步 弹出【值字段设置】对话框，更改【值汇总方式】的【计算类型】为"求和"，单击【确定】按钮。

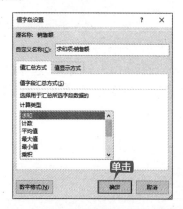

第6步 插入数据透视图之后，还可以进行数据的筛选。单击数据透视图中【员工姓名】按钮后的下拉按钮，在弹出的列表框中选择【值筛选】→【大于】菜单命令。

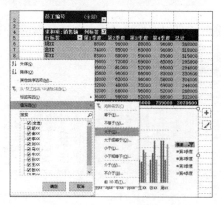

第7步 弹出【值筛选】对话框，设置值为"300000"，单击【确定】按钮。

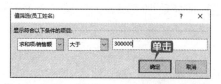

第8步 即可仅显示出年销售额大于300000的员工及各季度销售额。

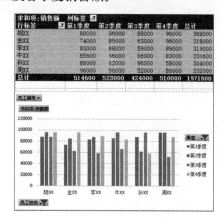

第9步 单击数据透视图中【员工姓名】按钮后的下拉按钮，在弹出的列表框中选择【值筛选】→【清除筛选】菜单命令，即可显示所有数据。

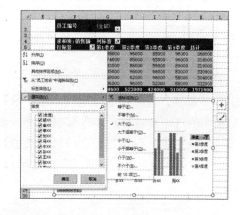

4. 美化数据透视图

第1步 选择插入的数据透视图，单击【设计】选项卡下【图表样式】选项组中的【更改颜色】按钮，在弹出的下拉列表中选择一种颜色样式。

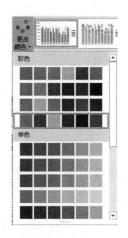

第2步 即可将选择的颜色应用到数据透视表中。

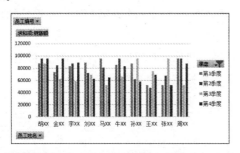

第3步 单击【设计】选项卡下【图表样式】选项组中的【其他】按钮 ，在弹出的下拉列表中选择一种样式，即可更改数据透视图的样式。

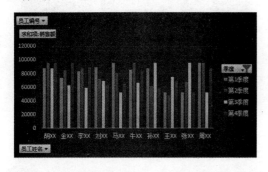

第4步 选择数据透视图，单击【设计】选项卡下【图表布局】组中【添加图表元素】按钮的下拉按钮，在弹出的下拉列表中选择【图表标题】→【图表上方】菜单命令。

第5步 即可在数据透视图上方显示【图表标题】文本框，输入"销售业绩透视图"文本，即可完成添加图表标题的操作。

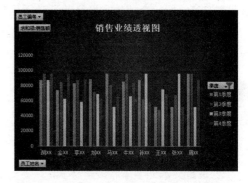

第6步 至此，就完成了使用数据透视表分析员工销售业绩的操作，最后只需要将制作完成的工作表进行保存即可。

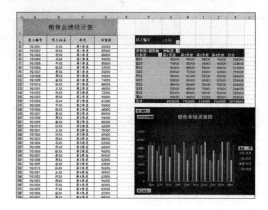

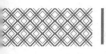

18.4 市场调查 PPT

制作市场调查 PPT 能给企业的市场经营活动提供有效的导向作用，是市场营销部门经常制作的 PPT 类型。

18.4.1 设计思路

市场调查 PPT，就是根据市场调查、收集、记录、整理和分析市场对商品的需求状况以及与此有关的资料的演示文稿。换句话说就是用市场经济规律去分析，进行深入细致的调查研究，透过市场现状，揭示市场运行的规律、本质。市场调查 PPT 是市场调查人员以演示文稿形式，反映市场调查内容及工作过程，并提供调查结论和建议的报告。市场调查 PPT 是市场调查研究成果的集中体现，其撰写的好坏将直接影响到整个市场调查研究工作的成果质量。一份好的市场调查 PPT，能给企业的市场经营活动提供有效的导向作用，能为企业的决策提供客观依据。

要制作一份好的市场调查 PPT 主要包括调查目的、调查对象及其情况、调查方式(如问卷式、访谈法、观察法、资料法等)、调查时间、调查内容、调查结果、调查体会 7 部分内容。

18.4.2 知识点应用分析

制作市场调查 PPT 主要包括以下知识点。

① 设置幻灯片主题。

② 设置文本的字体和段落样式。

③ 插入并设置艺术字。

④ 插入表格。

⑤ 插入图表。

⑥ 插入 SmartArt 图形。

⑦ 设置切换及动画效果。

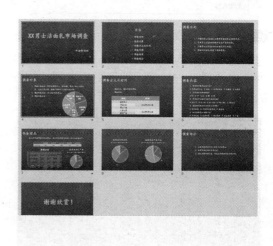

18.4.3 案例实战

制作市场调查 PPT 的具体操作步骤如下。

1. 设置幻灯片主题

第 1 步 新建 PowerPoint 2016 文档，并将其另存为"市场调查 PPT.pptx"，并删除页面中的所有占位符。

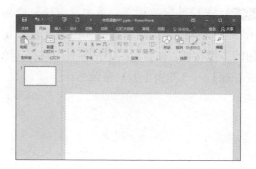

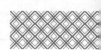

第2步 单击【设计】选项卡下【主题】选项组中的【其他】按钮 ，在弹出的下拉列表中选择一种主题样式。

第3步 单击【设计】选项卡下【变体】选项组中的【其他】按钮 ，在弹出的下拉列表中选择【背景样式】→【主题7】命令，设置背景的样式。

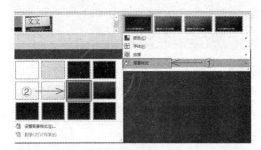

第4步 效果如下图所示。

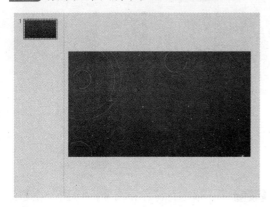

第5步 单击【插入】选项卡下【文本】选项组中的【艺术字】按钮 ，在弹出的下拉列表中选择一种艺术字样式。

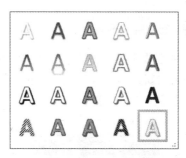

第6步 即可在幻灯片页面中插入【请在此放置您的文字】艺术字文本框，删除文本框中的文字，输入"××男士洁面乳市场调查"文本。

第7步 根据需要在【开始】选项卡下【字体】选项组中设置字体的大小。并移动艺术字的位置。

第8步 绘制横排文本框，输入"市场营销部"文本，并根据需要设置文字的样式及文本框的位置，效果如下图所示。

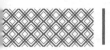
2. 制作目录页面

第1步 单击【开始】选项卡下【幻灯片】选项组中的【新建幻灯片】按钮，在弹出的下拉列表中选择【仅标题】选项。

第2步 新建"仅标题"幻灯片页面。在标题文本框中输入"目录"文本，设置【字体】为"楷体"，【字号】为"44"，设置对齐方式为"居中"对齐，并根据需要调整标题文本框的位置。

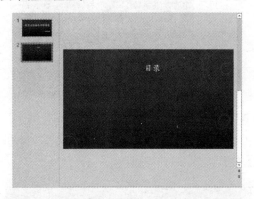

第3步 绘制横排文本框，并输入目录内容，可以打开随书光盘中的"素材 \ch18\ 市场调查 .txt"文件，将"目录"下的内容复制到目录幻灯片页面。

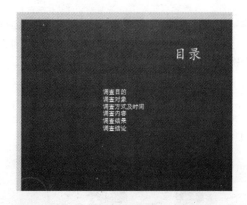

第4步 调整目录文本【字体】为"楷体"，【字号】为"32"，【行距】为"1.5"倍行距，并根据需要调整文本框的位置。

第5步 选择目录文本，单击【开始】选项卡下【段落】组中【项目符号】按钮的下拉按钮，在弹出的下拉列表中选择【项目符号和编号】选项。

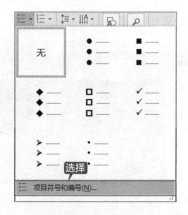

第6步 打开【项目符号和编号】对话框，在【项目符号】列表框中选择一种项目符号类型，单击【颜色】按钮的下拉按钮，在弹出的下拉列表中选择"紫色"颜色，单击【确定】按钮。

第7步 即可看到设置目录页后的效果。

3. 制作调查目的和调查对象页面

第1步 新建"仅标题"幻灯片页面,输入"调查目的"标题。设置标题文本的【字体】为"华文楷体",【字号】为"48",并调整标题文本框至合适的位置。

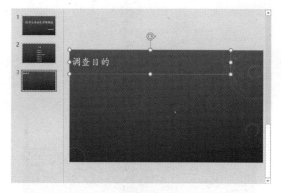

第2步 在打开的"市场调查.txt"文件中将"调查目的"下的内容复制到幻灯片页面,并设置【字体】为"楷体",【字号】为"28",【行距】为"1.5"倍行距,并根据需要调整文本框的位置。

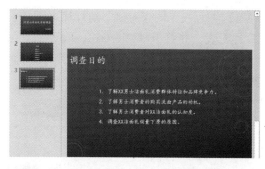

第3步 新建"仅标题"幻灯片页面,输入"调查对象"标题。根据需要设置标题样式,然后输入"市场调查.txt"文件中的相关内容。

第4步 单击【插入】选项卡下【插图】组中的【图表】按钮。

第5步 弹出【插入图表】对话框,在左侧列表中选择【饼图】选项,在右侧选择一种饼图样式,单击【确定】按钮。

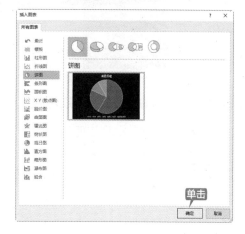

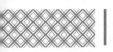
第6步 即可在"调查对象"幻灯片页面插入饼图图表，并打开【Microsoft PowerPoint 中的图表】工作表，在其中输入下图所示内容，然后单击【关闭】按钮将其关闭。

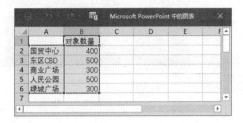

第7步 即可完成饼图的插入，单击【设计】选项卡下【图标布局】组中的【快速布局】按钮的下拉按钮，在弹出的下拉列表中选择【布局1】样式。

第8步 选择图表中的文本，设置其【字体】为"楷体"，【字号】为"24"，并添加"加粗"效果，制作完成的图表图如下图所示。

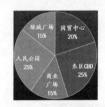

4. 制作调查方式及时间幻灯片页面

第1步 新建"仅标题"幻灯片页面，输入"调查方式及时间"标题。根据需要设置标题样式，然后输入"市场调查.txt"文件中"调查方式及时间"的相关内容。

第2步 单击【插入】选项卡下【表格】选项组中的【表格】按钮，在弹出的下拉列表中选择【插入表格】选项。

第3步 弹出【插入表格】对话框，设置【列数】为"2"，【行数】为"6"，单击【确定】按钮。

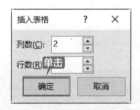

第4步 完成表格的插入，输入相关内容，并适当地调整表格内容的大小。

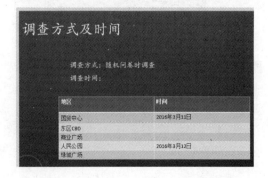

第5步 选择表格内的所有内容，单击【布局】选项卡下【对齐方式】组中的【居中】按钮和【垂直居中】按钮，将表格内容居中对齐。

第6步 选择第2列中第2行至第4行的单元格，单击【布局】选项卡下【合并】组中的【合并单元格】按钮，将选择的单元格区域合并，使用同样的方法将第2列中第5行至第6行单元格区域合并，效果如下图所示。

地区	时间
国贸中心	
东区CBD	2016年3月11日
商业广场	
人民公园	2016年3月12日
绿城广场	

第7步 选择插入的表格，在【设计】选项卡下【表格样式】组中更改表格的样式，并根据需要调整表格中文本的字体大小，效果如下图所示。

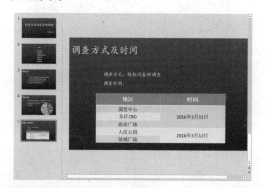

5. 制作其他幻灯页面

第1步 新建"仅标题"幻灯片页面，输入"调查内容"标题，并输入"市场调查.txt"文件中的相关内容，设置字体样式，最终效果如下图所示。

第2步 使用同样方法制作"调查结果"幻灯片页面，效果如下图所示。

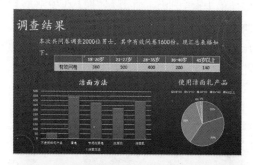

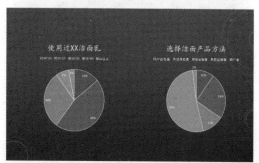

第3步 制作"调查结论"幻灯片页面。效果如下图所示。

第4步 新建"标题幻灯片"幻灯片页面，插入艺术字"谢谢欣赏！"，并根据需要调整字体及字号，效果如下图所示。

6. 添加切换和动画效果

第1步 选择要设置切换效果的幻灯片，这里选择第1张幻灯片，单击【切换】选项卡下【切换到此幻灯片】选项组中的【其他】按钮▼，在弹出的下拉列表中选择【华丽型】下的【百叶窗】效果，即可自动预览该效果。

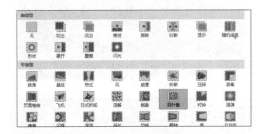

第2步 单击【切换】选项卡下【切换到此幻灯片】选项组中的【效果选项】按钮▼，在弹出的下拉列表中选择【水平】选项，设置"水平百叶窗"切换效果。

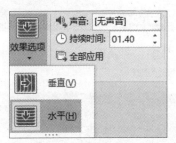

第3步 在【切换】选项卡下【计时】选项组的【持续时间】微调框中设置【持续时间】为"02.25"。单击【计时】选项组中【全部应用】按钮将设置的切换效果应用至所有幻灯片页面。

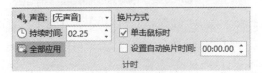

第4步 选择第1张幻灯片中要创建进入动画效果的文字。

第5步 单击【动画】选项卡【动画】组中的【其他】按钮▼，在弹出的下拉列表中选择【进入】区域中的【飞入】选项，创建进入动画效果。

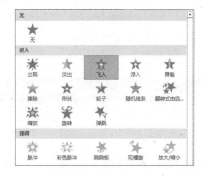

第6步 使用同样的方法为其他内容设置动画效果。

第7步 至此，就完成了市场调查PPT幻灯片的制作，效果如下图所示。

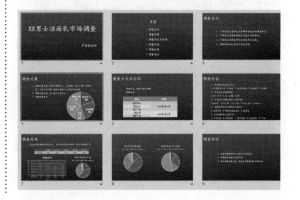

办公秘籍篇

本篇主要介绍 Office 的办公秘籍。通过本篇的学习，读者可以学习到办公中不得不了解的技能以及 Office 组件间的协作等操作。

第 19 章
办公中不得不了解的技能

本章导读

打印机是自动化办公中不可缺少的组成部分，是重要的输出设备之一，具备办公管理所需的知识与经验，能够熟练操作常用的办公器材，是十分必要的。本章主要介绍连接并设置打印机、打印 Word 文档、打印 Excel 表格、打印 PowerPoint 演示文稿的方法。

思维导图

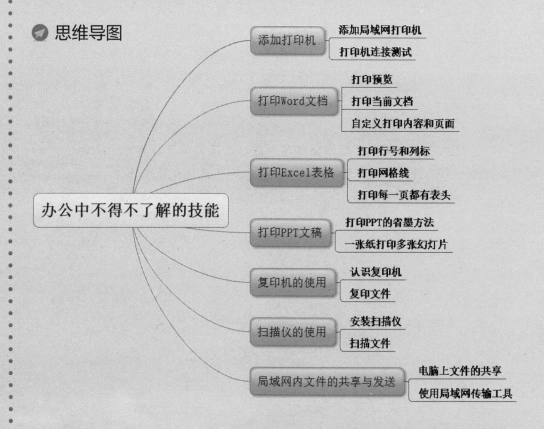

办公中不得不了解的技能

- 添加打印机
  - 添加局域网打印机
  - 打印机连接测试
- 打印Word文档
  - 打印预览
  - 打印当前文档
  - 自定义打印内容和页面
- 打印Excel表格
  - 打印行号和列标
  - 打印网格线
  - 打印每一页都有表头
- 打印PPT文稿
  - 打印PPT的省墨方法
  - 一张纸打印多张幻灯片
- 复印机的使用
  - 认识复印机
  - 复印文件
- 扫描仪的使用
  - 安装扫描仪
  - 扫描文件
- 局域网内文件的共享与发送
  - 电脑上文件的共享
  - 使用局域网传输工具

添加打印机

　　打印机是自动化办公中不可缺少的一个组成部分，是重要的输出设备之一。通过打印机，用户可以将在计算机中编辑好的文档、图片等资料打印输出到纸上，从而方便将资料进行存档、报送及做其他用途。

19.1.1 添加局域网打印机

　　连接打印机后，计算机如果没有检测到新硬件，可以通过安装打印机的驱动程序的方法添加局域网打印机，具体操作步骤如下。

第1步 在【开始】按钮上单击鼠标右键，在弹出的快捷菜单中选择【控制面板】选项，打开【控制面板】窗口，单击【硬件和声音】列表中的【查看设备和打印机】选项。

第2步 弹出【设备和打印机】窗口，单击【添加打印机】按钮。

第3步 即可打开【添加设备】对话框，系统会自动搜索网络内的可用打印机，选择搜索到的打印机名称，单击【下一步】按钮。

> **提示**
>
> 　　如果需要安装的打印机不在列表内，可单击下方的【我所需的打印机为列出】链接，在打开的【按其他选项查找打印机】对话框中选择其他的打印机。
>
>

第4步 将会弹出【添加设备】对话框，进行打印机连接。

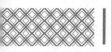
第5步 即可提示安装打印机完成。如需要打印测试页看打印机是否安装完成，单击【打印测试页】按钮，即可打印测试页。单击【完成】按钮，就完成了打印机的安装。

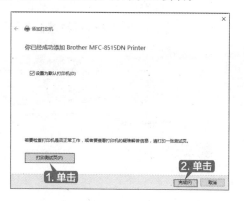

第6步 在【设备和打印机】窗口中，用户可以看到新添加的打印机。

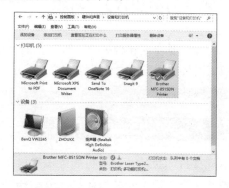

提示

如果有驱动光盘，直接运行光盘，双击 Setup.exe 文件即可。

19.1.2 打印机连接测试

安装打印机之后，需要测试打印机的连接是否有误，最直接的方式就是打印测试页。

方法 1：安装驱动过程中测试

安装启动的过程中。在提示安装打印机成功安装界面单击【打印测试页】按钮，如果能正常打印，就表示打印机连接正常，单击【完成】按钮完成打印机的安装。

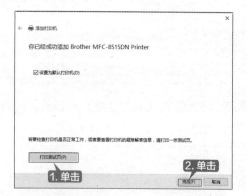

提示

如果不能打印测试页，表明打印机安装不正确，可以通过检查打印机是否已开启、打印机是否在网络中以及重装驱动来排除故障。

方法 2：在【属性】对话框中测试

第1步 在【开始】按钮上单击鼠标右键，在弹出的快捷菜单中选择【控制面板】选项，打开【控制面板】窗口，单击【硬件和声音】选项下的【查看设备和打印机】链接。

第2步 弹出【设备和打印机】窗口，在要测试的打印机上单击鼠标右键，在弹出的快捷菜单中选择【打印机属性】菜单命令。

项卡下单击【打印测试页】按钮，如果能够正常打印，就表示打印机连接正常。

第3步 弹出【属性】对话框，在【常规】选

19.2 打印 Word 文档

文档打印出来，可以方便用户进行备档或传阅。本节讲述 Word 文档打印的相关知识。

19.2.1 打印预览

在进行文档打印之前，最好先使用打印预览功能查看即将打印文档的效果，以免出现错误，浪费纸张。

打开随书光盘中的"素材 \ch19\ 培训资料 .docx"文档。单击【文件】选项卡，在弹出的界面左侧选择【打印】选项，在右侧即可显示打印预览效果。

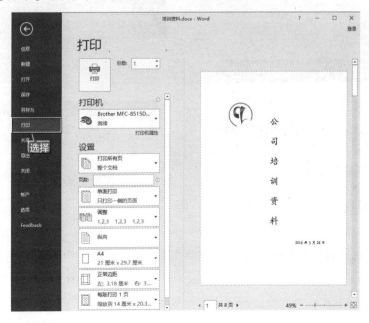

19.2.2 打印当前文档

当用户在打印预览中对所打印文档的效果感到满意时，就可以对文档进行打印。其方法很简单，具体的操作步骤如下。

第1步 在打开的"培训资料 .docx"文档中，单击【文件】选项卡，在弹出的界面左侧选择【打印】选项，在右侧【打印机】下拉列表中选择打印机。

第2步 在【设置】组中单击【打印所有页】后的下拉按钮，在弹出的下拉列表中选择【打印所有页】选项。

第3步 在【份数】微调框中设置需要打印的份数，如这里输入"3"，单击【打印】按钮即可打印当前文档。

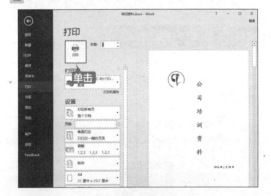

19.2.3 自定义打印内容和页面

打印文本内容时，并没有要求一次至少要打印一张。有的时候对于精彩的文字内容，可以只打印所需要的，而不打印那些无用的内容。具体的操作步骤如下。

1. 自定义打印内容

第1步 在打开的"培训资料 .docx"文档中，单击【返回】按钮返回文档编辑界面，选择要打印的文档内容。

第2步 选择【文件】选项卡，在弹出的列表中选择【打印】选项，在右侧【设置】区域选择【打印所有页】选项，在弹出的快捷菜单中选择【打印所选内容】菜单项。

第3步 设置要打印的份数，单击【打印】按钮🖨即可进行打印。

提示

打印后，就可以看到仅打印出了所选择的文本内容。

2. 打印当前页面

第1步 在打开的文档中，选择【开始】选项卡，将鼠标光标定位至要打印的 Word 页面。

第2步 选择【文件】选项卡，在弹出的列表中选择【打印】选项，在右侧【设置】区域选择【打印所有页】选项，在弹出的快捷菜单中选择【打印当前页面】菜单项。

第3步 设置要打印的份数，单击【打印】按钮🖨即可进行打印。

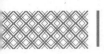

3. 打印连续或不连续页面

第1步 在打开的文档中，选择【文件】选项卡，在弹出的列表中选择【打印】选项，在右侧【设置】区域选择【打印所有页】选项，在弹出的快捷菜单中选择【自定义打印范围】菜单项。

第2步 在下方的【页数】文本框中输入要打印的页码。并设置要打印的份数，单击【打印】按钮 即可进行打印。

> **| 提示 |** ::::::::::
>
> 连续页码可以使用英文半角连接符，不连续的页码可以使用英文半角逗号分隔。

19.3 打印 Excel 表格

打印 Excel 表格时，用户也可以根据需要设置 Excel 表格的打印方法，如在同一页面打印不连续的区域、打印行号、列表或者每页都打印标题行等。

19.3.1 打印行号和列标

在打印 Excel 表格时可以根据需要将行号和列标打印出来，具体操作步骤如下。

第1步 打开随书光盘中的"素材\ch19\客户信息管理表.xlsx"文件，单击【文件】选项卡，在弹出的界面左侧选择【打印】选项，进入打印预览界面，在右侧即可显示打印预览效果。默认情况下不打印行号和列标。

第2步 在打印预览界面，单击【返回】按钮返回编辑界面，单击【页面布局】选项卡下【页面设置】组中的【打印标题】按钮 ，弹出【页面设置】对话框，在【工作表】选项卡下【打印】组中单击选中【行号列标】复选框，单击【打印预览】按钮。

第3步 此时即可查看显示行号列标后的打印预览效果。

19.3.2 打印网格线

在打印 Excel 表格时默认情况下不打印网格线，如果表格中没有设置边框，可以在打印时将网格线显示出来，具体操作步骤如下。

第1步 在打开的"客户信息管理表 .xlsx"文件中，取消设置的边框，单击【文件】选项卡，在弹出的界面左侧选择【打印】选项，进入打印预览界面，在右侧的打印预览效果区域可以看到没有显示网格线。

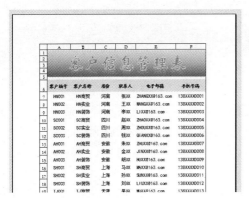

第2步 返回编辑界面，单击【页面布局】选项卡下【页面设置】组中的【打印标题】按钮，弹出【页面设置】对话框，在【工作表】选项卡下【打印】组中单击选中【网格线】单选项，单击【打印预览】按钮。

第3步 此时即可查看显示网格线后的打印预览效果。

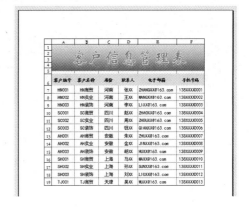

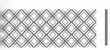

> **提示**
>
> 单击选中【单色打印】复选框可以以灰度的形式打印工作表。单击选中【草稿品质】复选框可以节约耗材、提高打印速度，但打印质量会降低。

19.3.3 打印每一页都有表头

如果工作表中内容较多，那么除了第 1 页外，其他页面都不显示标题行。设置每页都打印标题行的具体操作步骤如下。

第 1 步 在打开的"客户信息管理表 .xlsx"文件中，单击【文件】选项卡下拉列表中的【打印】选项，可以看到第 1 页显示标题行。单击预览界面下方的【下一页】按钮 ▶，看到第 2 页不显示标题行。

第 2 步 返回工作表操作界面，单击【页面布局】选项卡下【页面设置】选项组中的【打印标题】按钮。

第 3 步 弹出【页面设置】对话框，在【工作表】选项卡下【打印标题】组中单击【顶端标题行】右侧的按钮。

第 4 步 弹出【页面设置 - 顶端标题行 :】对话框，选择第 1 行至第 6 行，单击按钮。

第 5 步 返回至【页面设置】对话框，单击【打印预览】按钮。

第 6 步 在打印预览界面选择"第 2 页"，即可看到第 2 页上方显示的标题行。

19.4 打印 PPT 文稿

常用的 PPT 演示文稿打印主要包括打印当前幻灯片、灰度打印以及在一张纸上打印多张幻灯片等。

19.4.1 打印 PPT 的省墨方法

幻灯片通常是彩色的，并且内容较少。在打印幻灯片时，以灰度的形式打印可以省墨。设置灰度打印 PPT 演示文稿的具体操作步骤如下。

第1步 打开随书光盘中的"素材\ch19\推广方案 .pptx"文件。

第2步 单击【文件】选项卡，在其列表中选择【打印】选项。在【设置】组下单击【颜色】右侧的下拉按钮，在弹出的下拉列表中选择【灰度】选项。

第3步 此时可以看到右侧的预览区域幻灯片以灰度的形式显示。

19.4.2 一张纸打印多张幻灯片

在一张纸上可以打印多张幻灯片，节省纸张。

第1步 在打开的"推广方案 .pptx"演示文稿中，单击【文件】选项卡，选择【打印】选项。在【设置】组下单击【整页幻灯片】右侧的下拉按钮，在弹出的下拉列表中选择【6张水平放置的幻灯片】选项，设置每张纸打印 6 张幻灯片。

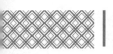
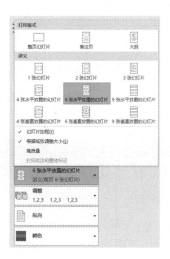

第2步 此时可以看到右侧的预览区域一张纸上显示了6张幻灯片。

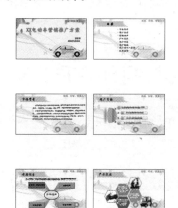

19.5 复印机的使用

　　复印机是从书写、绘制或印刷的原稿得到等倍、放大或缩小的复印品的设备。复印机复印的速度快，操作简便，与传统的铅字印刷、蜡纸油印、胶印等的主要区别是无需经过其他制版等中间手段，而能直接从原稿获得复印品。复印份数不多时较为经济。复印机发展的总体趋势从低速到高速、从黑白过渡到彩色（数码复印机与模拟复印机的对比）。至今，复印机、打印机、传真机已集于一体。

19.6 扫描仪的使用

　　扫描仪的作用是将稿件上的图像或文字输入到计算机中。如果是图像，则可以直接使用图像处理软件进行加工；如果是文字，则可以通过 OCR 软件，把图像文本转化为计算机能识别的文本文件，这样可以节省把字符输入计算机中的时间，大大提高输入速度。

　　目前，许多类型的办公和家用扫描仪均配有 OCR 软件，如紫光的扫描仪配备了紫光 OCR，中晶的扫描仪配备了尚书 OCR，Mustek 的扫描仪配备了丹青 OCR 等。扫描仪与 OCR 软件共同承担着从文稿的输入到文字识别的全过程。

通过扫描仪和OCR软件，就可以对报纸、杂志等媒体上刊载的有关文稿进行扫描，随后进行 OCR 识别（或存储成图像文件，留待以后进行 OCR 识别），将图像文件转换成文本文件或 Word 文件进行存储。

1. 安装扫描仪

扫描仪的安装与打印机安装类似，但不同接口的扫描仪安装方法不同。如果扫描仪的接口是 USB 类型的，用户需要在【设备管理器】中查看 USB 装置是否工作正常，然后再安装扫描仪的驱动程序，之后重新启动计算机，并用 USB 连线把扫描仪接好，随后计算机就会自动检测到新硬件。

查看 USB 装置是否正常的具体操作如下。

第1步 在桌面上选择【此电脑】图标并单击鼠标右键，在弹出的快捷菜单中选择【属性】菜单命令。

第2步 弹出【系统】窗口，选择【设备管理器】链接。

第3步 弹出【设备管理器】窗口，单击【通用串行总线控制器】列表，查看 USB 设备是否正常工作，如果有问号或叹号都是不能正常工作的提示。

提示

如果扫描仪是并口类型的，在安装扫描仪之前，用户需要进入 BIOS，在【I/O Device Configuration】选项里把并口的模式设为【EPP】，然后连接好扫描仪，并安装驱动程序即可。安装扫描仪驱动的方法和安装打印机的驱动方法类似，这里就不再讲述。

2. 扫描文件

扫描文件先要启动扫描程序，再将要扫描的文件放入扫描仪中，运行扫描仪程序。

单击【开始】按钮，在弹出的开始菜单中选择【所有应用】→【Windows 附件】→【Windows 传真和扫描】菜单命令，打开【Windows 传真和扫描】对话框，单击【新扫描】按钮即可。

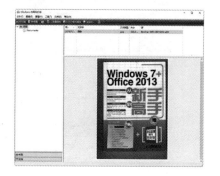

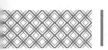
 局域网内文件的共享与发送

组建局域网，无论是什么规模什么性质的，最重要的就是实现资源的共享与传送，这样可以避免使用移动硬盘进行资源传递带来的麻烦。本节主要讲述如何共享文件夹资源以及在局域网内使用传输工具传输文件。

19.7.1 计算机上文件的共享

可以将该文件夹设置为共享文件，同一局域网的其他用户，可直接访问该文件。共享文件夹的具体操作步骤如下。

第1步 选择需要共享的文件夹，单击鼠标右键并在弹出的快捷菜单中选择【属性】菜单命令。

第2步 弹出【属性】对话框，选择【共享】选项卡，单击【共享】按钮。

第3步 弹出【文件共享】对话框，单击【添加】左侧的向下按钮，选择要与其共享的用户。本实例选择每一个用户"Everyone"选项，然后单击【添加】按钮，再单击【共享】按钮。

| 提示 |

文件夹共享之后，局域网内的其他用户可以访问该文件夹，并能够打开共享文件夹内部的文件，此时，其他用户只能读取文件，不能对文件进行修改，如果希望同一局域网内的用户可以修改共享文件夹中文件的内容，可以在添加用户后，选择改组用户并且单击鼠标右键，在弹出的快捷菜单中选择【读取／写入】选项。

第4步 打开【你的文件夹已共享】窗口，单击【完成】按钮，成功将文件夹设为共享文件夹。

第5步 同一局域网内的其他用户就可以在【此电脑】的地址栏中输入"\\ZHOUKK-PC"（共享文件的存储路径），系统自动跳转到共享文件夹的位置。

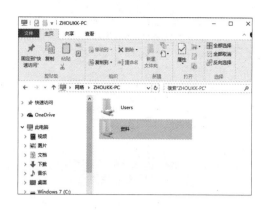

> **| 提示 |**
>
> 在 \\ZHOUKK-PC 中，"\\"是指路径引用的意思，"ZHOUKK-PC"是指计算机名，而"\"是指根目录，如"L:\ 软件"就是指本地磁盘（L：）下的【软件】文件夹。地址栏中输入的" \\ZHOUKK-PC"会根据计算机名称的不同而不同。用户还可以直接输入计算机的 IP 地址，如果共享文件夹的计算机 IP 地址为 192.168.1.105，则可以直接在地址栏中输入 \\192.16.81.105。

19.7.2 使用局域网传输工具

共享文件夹提供同局域网的其他用户访问，虽然可以达到文件共享的方便，但是存在着诸多不便因素，如其他用户不小心改写了文件、修改文件不方便等，而在办公室环境中，传输文件工具也较为常见，如飞鸽传书工具，在局域网内可以快速传输文件，且使用简单，得到广泛使用。使用飞鸽传书工具在局域网传输文件的具体操作步骤如下。

1. 发送文件

使用飞鸽传书工具发送文件的具体操作步骤如下。

第1步 在桌面上双击飞鸽传输图标，打开飞鸽传书页面。

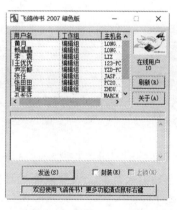

第2步 选择需要传书的文件，将其拖曳到飞鸽传书页面窗口中，选择需要传输到的同事姓名，单击【发送】按钮，即可将文件传输到该同事。同事收到文件后，会弹出"信封已经被打开"的提示，单击【确定】按钮，即可完成文件的传输。

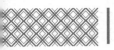

2. 接收文件

使用飞鸽传书工具接收文件的具体操作步骤如下。

第1步 接收文件时，首先会弹出飞鸽传书的【收到消息】对话框，显示发送者信息。单击【打开信封】按钮，会显示同事发送的文件名称，单击文件名称按钮。

◇ **节省办公耗材——双面打印文档**

打印文档时，可以将文档在纸张上双面打印，节省办公耗材。设置双面打印文档的具体操作步骤如下。

第1步 打开"培训资料.docx"文档，单击【文件】选项卡，在弹出的界面左侧选择【打印】选项，进入打印预览界面。

第2步 打开【保存文件】对话框，选择将要保存的文件路径，单击【保存】按钮。

第3步 文件传输完成后，弹出【文件传送成功！】对话框，单击【关闭】按钮，关闭对话框。

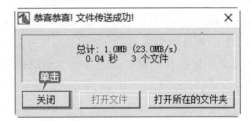

┃**提示**┃

单击【打开文件】按钮，可以直接打开同事传送的文件。

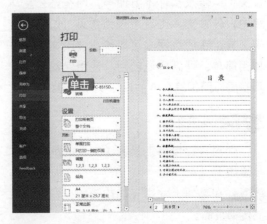

第2步 在【设置】区域单击【单面打印】按钮后的下拉按钮，在弹出的下拉列表中选择

【双面打印】选项。然后选择打印机并设置打印份数，单击【打印】按钮 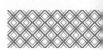 即可双面打印当前文档。

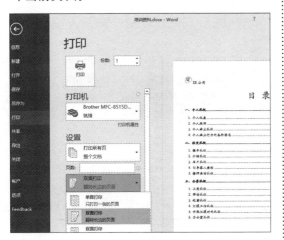

> **提示**
>
> 双面打印包含"翻转长边的页面"和"翻转短边的页面"两个选项，选择"翻转长边的页面"选项，打印后的文档便于按长边翻阅，选择"翻转短边的页面"选项，打印后的文档便于按短边翻阅。

◇ 将打印内容缩放到一页上

打印 Word 文档时，可以将多个页面上的内容缩放到一页上打印，具体操作步骤如下。

第1步 打开"培训资料 .docx"文档，单击【文件】选项卡，在弹出的界面左侧选择【打印】选项，进入打印预览界面。

第2步 在【设置】区域单击【每版打印 1 页】按钮后的下拉按钮，在弹出的下拉列表中选择【每版打印 8 页】选项。然后设置打印份数，单击【打印】按钮 即可将 8 页的内容缩放到一页上打印。

◇ 在某个单元格处开始分页打印

打印 Excel 报表时，系统自动的分页可能将需要在一页显示的内容分在两页，用户可以根据需要设置在某个单元格处开始分页打印，具体操作步骤如下。

第1步 打开随书光盘中的"素材 \ch19\ 客户信息管理表 .xlsx"文件，如果需要从前 15 行以及前 3 列处分页打印，选择 D16 单元格。

	A	B	C	D	E	F
10	SC001	SC商贸	四川	赵XX	ZHAOXX@163.com	138XXXX0004
11	SC002	SC实业	四川	周XX	ZHOUXX@163.com	138XXXX0005
12	SC003	SC装饰	四川	钱XX	QIANXX@163.com	138XXXX0006
13	AH001	AH商贸	安徽	朱XX	ZHUXX@163.com	138XXXX0007
14	AH002	AH实业	安徽	金XX	JINXX@163.com	138XXXX0008
15	AH003	AH装饰	安徽	胡XX	HUXX@163.com	138XXXX0009
16	SH001	SH商贸	上海	马XX	MAXX@163.com	138XXXX0010
17	SH002	SH实业	上海	孙XX	SUNXX@163.com	138XXXX0011
18	SH003	SH装饰	上海	刘XX	LIUXX@163.com	138XXXX0012
19	TJ001	TJ商贸	天津	吴XX	WUXX@163.com	138XXXX0013
20	TJ002	TJ实业	天津	郑XX	ZHENGXX@163.com	138XXXX0014
21	TJ003	TJ装饰	天津	陈XX	CHENXX@163.com	138XXXX0015
22	SD001	SD商贸	山东	吕XX	LVXX@163.com	138XXXX0016
23	SD002	SD实业	山东	韩XX	HANXX@163.com	138XXXX0017
24	SD003	SD装饰	山东	卫XX	WEIXX@163.com	138XXXX0018
25	JL001	JL商贸	吉林	沈XX	SHENXX@163.com	138XXXX0019
26	JL002	JL实业	吉林	孔XX	KONGXX@163.com	138XXXX0020
27	JL003	JL装饰	吉林	毛XX	MAOXX@163.com	138XXXX0021

第2步 单击【页面布局】选项卡下【页面设置】

组中【分隔符】按钮的下拉按钮，在弹出的下拉列表中选择【插入分页符】选项。

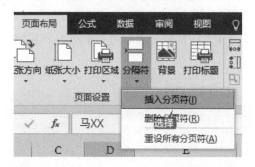

第3步 单击【视图】选项卡下【工作簿视图】组中的【分页预览】按钮，进入分页预览界面，即可看到分页效果。

| 提示 |

拖曳中间的蓝色分隔线，可以调整分页的位置，拖曳底部和右侧的蓝色分隔线，可以调整打印区域。

第4步 单击【文件】选项卡，在弹出的界面左侧选择【打印】选项，进入打印预览界面，即可看到将从 D15 单元格分页打印。

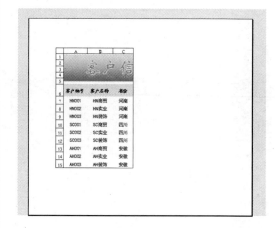

| 提示 |

如果需要将工作表中所有行或者列，甚至是工作表中的所有内容在同一个页面打印，可以在打印预览界面，单击【设置】组中【自定义缩放】后的下拉按钮，在弹出的下拉列表中根据需要选择相应的选项即可。

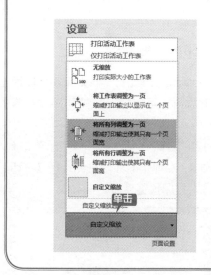

第20章

Office 组件间的协作

本章导读

在办公过程中，会经常遇到如在 Word 文档中使用表格的情况，而 Office 组件之间可以很方便地进行相互调用，提高工作效率。使用 Office 组件间的协作进行办公，会发挥 Office 办公软件的强大能力。

思维导图

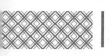

20.1 Word 与 Excel 之间的协作

在 Word 2016 中可以创建 Excel 工作表，这样不仅可以使文档的内容更加清晰、表达的意思更加完整，还可以节约时间。插入 Excel 表格的具体操作步骤如下。

第1步 打开随书光盘中的"素材 \ch20\ 公司年度报告 .docx"文档。

第2步 将鼠标光标定位于"二、举办多次促销活动"文本上方，单击【插入】选项卡下【文本】选项组中的【对象】按钮 □对象。

第3步 弹出【对象】对话框，单击【由文件创建】选项卡下的【浏览】按钮。

第4步 弹出【浏览】对话框，选择随书光盘中的"素材 \ch20\ 公司业绩表 .xlsx"文档，单击【插入】按钮。

第5步 返回【对象】对话框，可以看到插入文档的路径，单击【确定】按钮。

第6步 插入工作表的效果如图所示。

第7步 双击工作表，进入编辑状态，可以对工作表进行修改。

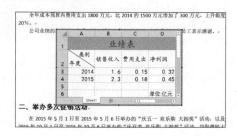

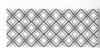

20.2 Word 与 PowerPoint 之间的协作

　　Word 和 PowerPoint 各自具有鲜明的特点，两者结合使用，会使办公效率大大增加。

20.2.1 在 Word 中创建演示文稿

　　在 Word 2016 中插入演示文稿，可以使 Word 文档内容更加生动活泼。插入演示文稿的具体操作步骤如下。

第1步 打开随书光盘中的"素材 \ch20\ 旅游计划 .docx"文档。

第2步 将光标定位于"行程规划："文本下方，单击【插入】选项卡下【文本】选项组中【对象】按钮□对象。

第3步 弹出【对象】对话框，单击【新建】选项卡下【对象类型】组中的"Microsoft PowerPoint Presentation"选项，单击【确定】按钮。

第4步 即可在文档中新建一个空白的演示文稿，效果如图所示。

第5步 对插入的演示文稿进行编辑，效果如下图所示。

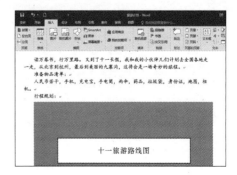

第6步 双击新建的演示文稿即可进入放映状态，效果如图所示。

20.2.2 将 PowerPoint 转换为 Word 文档

用户可以将 PowerPoint 演示文稿中的内容转化到 Word 文档中，以方便阅读、打印和检查，具体操作步骤如下。

第1步 打开随书光盘中的"素材 \ch20\ 产品宣传展示 PPT.docx"文档，选择【文件】选项卡，单击左侧的【导出】选项，在右侧【导出】区域单击【创建讲义】选项下的【创建讲义】按钮。

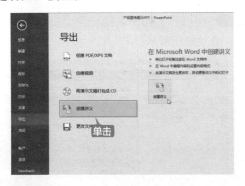

第2步 弹出【发送到 Microsoft Word】对话框，选中【Microsoft Word 使用的版式】组中【空行在幻灯片下】单选按钮，然后选中【将幻灯片添加到 Microsoft Word 文档】组中的【粘贴】单选按钮，单击【确定】按钮，即可将演示文稿中的内容转换为 Word 文档。

20.3 Excel 和 PowerPoint 之间的协作

Excel 和 PowerPoint 经常在办公中合作使用，在文档的编辑过程中，Excel 和 PowerPoint 之间可以很方便地进行相互调用，制作出更专业高效的文件。

20.3.1 在 PowerPoint 中调用 Excel 工作表

在 PowerPoint 中调用 Excel 工作表的具体操作步骤如下。

第1步 打开随书光盘中的"素材 \ch20\ 调用 Excel 工作表 .pptx"文档，选择第 2 张幻灯片，然后单击【新建幻灯片】按钮，在弹出的下拉列表中选择【仅标题】选项。新建一张标题幻灯片，在【单击此处添加标题】文本框中输入"各店销售情况"，并根据需要设置标题样式，效果如图所示。

第2步 单击【插入】选项卡下【文本】组中的【对象】按钮，弹出【插入对象】对话框，单击选中【由文件创建】单选按钮，然后单击【浏览】按钮。

第3步 在弹出的【浏览】对话框中打开随书光盘中的"素材 \ch20\ 销售情况表 .xlsx"文档，然后单击【确定】按钮。返回【插入对象】对话框，即可看到插入的文档，单击【确定】按钮。

第4步 此时即可在演示文稿中插入 Excel 表格，双击表格，进入 Excel 工作表的编辑状态。

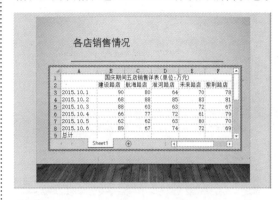

第5步 单击 B9 单元格，单击编辑栏中的【插入函数】按钮，弹出【插入函数】对话框，在【选择函数】列表框中选择【SUM】函数，单击【确定】按钮。

第6步 弹出【函数参数】对话框，在【Number1】文本框中输入"B3:B8"，单击【确定】按钮。

第7步 此时就在 B9 单元格中计算出了总销售

额，使用快速填充功能填充 C9:F8 单元格区域，计算出各店总销售额。

第8步 退出编辑状态，适当调整图表大小，完成在 PowerPoint 中调用 Excel 报表的操作，最终效果如下图所示。

20.3.2 在 Excel 2016 中调用 PowerPoint 演示文稿

在 Excel 2016 中调用 PowerPoint 演示文稿的具体操作步骤如下。

第1步 打开随书光盘中的"素材 \ch20\ 公司业绩表 .xlsx"工作簿，单击【插入】选项卡下【文本】选项组中的【对象】按钮 对象。

第2步 弹出【对象】对话框，单击【由文件创建】选项卡下的【浏览】按钮，选择随书光盘中的"素材 \ch20\ 公司业绩分析 .pptx"演示文稿，单击【插入】按钮。返回【对象】对话框，即可看到插入的文件，单击【确定】按钮。

第3步 即可在 Excel 中新插入演示文稿，单击插入的幻灯片，在弹出的快捷菜单中选择

【Presentation 对象】→【编辑】选项。

第4步 进入幻灯片的编辑状态，可以对幻灯片进行编辑操作，编辑结束，在任意位置单击完成幻灯片的编辑操作。

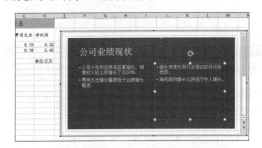

第5步 退出编辑状态后，双击插入的幻灯片，即可放映插入的幻灯片。

20.4 Outlook 与其他组件之间的协作

Outlook 也可以和其他 Office 组件之间进行协作，使用 Outlook 编写邮件的过程中，可以调用 Excel 表格，具体操作步骤如下。

第1步 打开 Outlook 2016，单击【新建电子邮件】按钮。

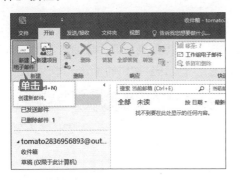

第2步 弹出邮件编辑窗口，在【收件人】文本框内输入收件人地址，在【主题】文本框内输入"销售情况"文本，输入邮件正文内容，单击【插入】选项卡下【文本】选项组中的【对象】按钮。

第3步 弹出【对象】对话框，单击【由文件创建】选项卡下的【浏览】按钮。

第4步 弹出【浏览】对话框，选择随书光盘中的"素材 \ch20\ 销售情况表 .xlsx"工作簿，单击【插入】按钮。

第5步 返回【对象】对话框，可以看到插入文档的路径，单击【确定】按钮。

第6步 即可将表格插入邮件，效果如图所示。

第7步 双击工作表可以进入编辑状态，单击 B9 单元格，单击编辑栏中的【插入函数】按钮，弹出【插入函数】对话框，在【选择函数】列表框中选择【SUM】函数，单击【确定】按钮。

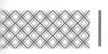

第8步 弹出【函数参数】对话框，在【Number1】文本框中输入"B3:B8"，单击【确定】按钮。

第9步 此时就在 B9 单元格中计算出了总销售额，使用快速填充功能填充 C9:F8 单元格区域，计算出各店总销售额。

◇ 在 Excel 2016 中导入 Access 数据

在 Excel 中导入 Access 数据的具体操作步骤如下。

第1步 在 Excel 2016 中，单击【数据】选项卡下【获取外部数据】选项组中的【自Access】按钮。

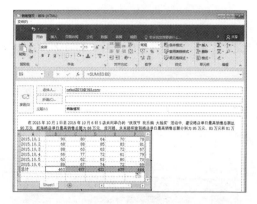

第10步 单击工作表外的区域即可退出编辑状态，单击【发送】按钮即可发送邮件。

提示

除了可以插入 Excel 工作簿，还可以在邮件内容中插入 Word 文档和演示文稿文档。

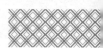

第2步 弹出【选择数据源】对话框，选择随书光盘中的"素材 \ch20\ 通讯录.accdb"文件，单击【打开】按钮。

第3步 弹出【导入数据】对话框，单击【确定】按钮。

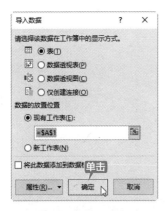

第4步 即可将 Access 数据库中的数据添加到工作表中。

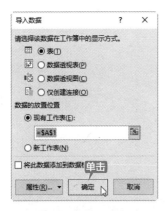

◇ 将 Excel 中的内容转换为表格并放入 Word 文档中

将 Excel 文件转换成表格并放入 Word 中的具体操作步骤如下。

第1步 打开随书光盘中的"素材 \ch20\ 销售情况表.xlsx"工作簿。单击【文件】选项卡，在左侧选项列表中单击【导出】选项，选择【导出】窗口中【更改文件类型】选项下的【另存为其他文件类型】，然后单击【另存为】按钮。

第2步 弹出【另存为】对话框，在【保存类型】下拉列表中选择"单个文件网页"选项，选中【整个工作簿】单选按钮，单击【保存】按钮。

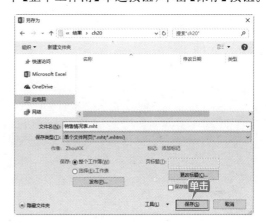

第3步 在弹出的【Microsoft Excel】提示框中单击【是】按钮，完成文件的保存。

第4步 选择保存的文件并单击鼠标右键，在弹出的快捷菜单中选择【打开方式】选项下的【Word 2016】选项。

第5步 即可将 Excel 中的内容转成表格并放入 Word 中，效果如下图所示。

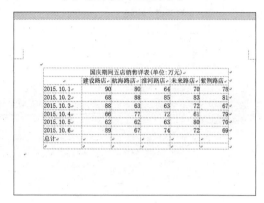